主キーと正規形

主キー：データを特定するのに使う

  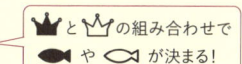
主キー　データ　データ　　で
や　　が決まる！

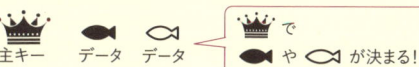
複合キー　データ　データ　　と　　の組み合わせで
や　　が決まる！

（複数の値の組み合わせによるキー）

この状態が大前提

……という中で以下状態を発見したら要注意！

部分関数従属

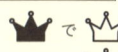
で　　が決まる

解消できれば
第2正規形

（複合キーの一部でデータが決まる）

推移的関数従属 | 非キー同士に注目

で　　が決まる

解消できれば
第3正規形

（主キーではないデータで別のデータが決まる）

推移的関数従属 | キーの一部に注目

で　　や　　が決まる
で　　が決まる

解消できれば
BC正規形

（複合キーの一部やデータから
別の複合キーの一部やデータが決まる）

複合キーについて

◐ 複数の値を組み合わせることでデータを特定できる
◐ 組み合わせの状態が他と重複してはいけない

　※実用上扱いにくい場合は連番などで代替することがあるが（➡3.4節）正規化の際は複合キーで考える

第1正規形　➡4.2節
データをテーブルに格納できる形になっている

◐ (001,タヌ吉), (002,亜由子) のように同じ関係を持つ組み合わせの集合が「テーブル」、学生番号の列、名前の列のように関係を列で表した列×行の表の形を取ることができる
◐ 各列には同じかデータ型の値が1つだけ
◐ 導出項目（計算等で求められる値）を取り除く
◐ 繰り返し項目を取り除く

第2・第3正規形・ボイスコッド正規形　➡4.3節
主キーと主キーで決定できる値のみになっている

◐ ある値から別の値が決まる関係（IDから名前がわかる）が**関数従属**
◐ 第2正規形　➡第1正規形かつ複合キーの一部から決まる値（部分関数従属）がない
◐ 第3正規形　➡第2正規形かつ非キー同士で関数従属（推移的関数従属）がない
◐ BC正規形　➡第3正規形かつキー以外の項目や復号キーの一部からの関数従属がない

他の観点からの正規形もある。
◐ 第4正規形・第5正規形　➡4.4節
◐ ドメインキー正規形・第6正規形　➡4.5節

他のテーブルに登録されていなければならない値は参照約（外部キー）で設定　➡2.3節
例 試験テーブルの学生番号は学生マスターにある
注文テーブルの商品番号は商品マスターにある　など

テーブルの定義やどんなテーブルがあるのかを確認する方法

テーブルの定義
テーブルはCREATE TABLEで定義する（➡2.2節, 3章）。テーブルの構造は各[　　　　　]以下。

Ⓜ⒨ `SHOW CREATE TALBLE` テーブル名 `;`
Ⓟ `\d` テーブル名 　\は環境によって円マークかバックスラッシュで表示
Ⓢ `EXEC sp_help '`テーブル名`';`　テーブル名にはシングルクォーテーションが必要

テーブルの一覧
各データベースに情報管理用のテーブルがありSELECT文で取得可能。Ⓜ⒨

Ⓜ⒨ `SHOW TABLES;`
`SELECT table_name FROM information_schema.tables WHERE table_schema = '`データベース名`';`
Ⓟ `\dt`
Ⓟ `SELECT tablename from pg_tables WHERE schemaname = 'public';`
Ⓢ `SELECT name FROM sys.tables;`

データベースの一覧
Ⓜ⒨ `SHOW DATABASES;`
Ⓜ⒨ `SELECT schema_name FROM information_schema.schemata;`
Ⓟ `\l`　\の後に小文字のエル
Ⓟ `SELECT datname FROM pg_database WHERE datistemplate = false;`
Ⓢ `SELECT name FROM sys.databases;`

データベースの切り替え
サーバー接続時にデータベース（sampledb等）を指定。Ⓜ⒨Ⓟは専用コマンドがある。

Ⓜ⒨Ⓢ `use` データベース名 　末尾に;は不要だが付けてもOK

『標準SQL+データベース入門　RDBとDB設計、基本の力』
（西村めぐみ著、技術評論社）[特別収録]コンテンツ

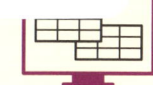

MySQL
MariaDB
PostgreSQL
SQL Server
対応

標準SQL
&DB設計
Quickリファレンス　1/2

（左ページ断片）

るSQL入門　データベース&設計の基礎から楽しく学ぶ』（西村めぐみ著、技術に、以下のような大幅な加筆/修正、対応環境の拡充、目次構成の変更、最新ト等を行ったものです。

パターンを学習できるように、取り上げるSELECT文の種類を拡充Serverへの対応を追加。MySQL/MariaDBとPostgreSQLについては現行執月）の最新バージョンに対応サンプルデータも同じものが使用可能）は仮想環境VMwareのセットアップに対応

標準

+

技術評論社

　本書は、SQL（エスキューエル）が「どのようなものなのか」「どんなことができるのか」「なぜ、このようになっているのか」を案内する本です。SQLの入門書であるとともに、データベース設計の入門書として書かれているのが特徴です。SQLで扱うデータはどうしてこのような形になっているのか、どういう形になっているべきなのか、の解説にとくに力を注いでいます。

　巷（ちまた）にあふれる膨大な事柄を、情報として役立て、活用していくにはどのようにしたらよいでしょうか。一つの解がデータベース（Database, DB）です。とくに、ビジネスとデータベースは互いに密接な関係で成り立っています。そして、ビジネスの規模やデータベースの用途に合わせてさまざまなデータベース管理システム（Database Management System, DBMS）が開発されています。

　「データベース」には、管理方法や得意分野によって、さまざまな種類があります。その一つであるリレーショナルデータベース（Relational Database, RDB）は、データを2次元の表の形で管理するデータベースで、個人のPC（Personal Computer）で使えるものから、大規模なものまで幅広い分野で利用されています。

　そして、RDBを操作するための言語が本書のテーマである「SQL」です。RDBを活用していく上で、欠かせない言語です。

　RDBを管理するためのデータベースシステムにもまたさまざまな種類がありますが、SQLは共通して使える言語です。ただ、DBMSによって若干の違いがあります。本書は「標準SQL」と呼ばれる、国際規格をベースに解説しています[a]。

　本書は「SQLの入門書」にしてはデータベースの設計に多くの紙面を割いています。もちろん、SELECT文（必要なデータを取り出すための文）についても力を注いで解説しています。SQLでデータをどんな風に取り出せるか知っていること、そしてデータベース設計を知っていること、これが両輪です。

　データベースを設計するにはいろいろなことを考える必要があります。そもそも何をデータとして管理したいのか、どういう形で管理するのか、登録したデータを書き換えることがあるのか、蓄積していくだけなのか、それにはどんなシステムがふさわしいのか ── そういったことを考えて、「ではRDBで」と決めたら、RDBで管理できる形に落とし込んでいく、本書で扱っている「データベース設計」は、この「RDBで管理できる形」のあたりです。すなわち、SQLはどんな形のデータを管理し操作するための言語なのか、という内容です。

---

a　規格書の入手方法はp.98のコラム「『標準SQL』規格と入手先❶」を参照。

解説にあたっては、SQLやデータベースの専門的な解説を読むためのヒント、きっかけとなるような説明を心がけました。

　SQLやデータベースについて詳しく知りたいと思うとき、書籍、Webや雑誌の記事などを参照することが多いでしょう。このとき、しばしば起こるのが「解説で使われている用語をまだ知らない」「前提となる知識が多過ぎる」という問題です。SQLの解説を見たら、データの構造やデータベースの設計については知っている（あるいは誰かが面倒見てくれている）とみなされていた。データベースの設計について調べたら、SQLは当然知っているものとして話が進められていた。どちらも心当たりのある話ではないでしょうか。

　そこで、本書では、SQLとデータベース設計、およびそれらを支える理論について、すべて知らないところからスタートできるように解説を行いました。このため、SQLの基礎、データベース設計、改めてSQL詳細、という少々変わった構成になっています。

　データベース設計の解説は、外国語の学習書で喩えるなら、その言語が使われている文化や社会的な背景の解説にあたるかもしれません。したがって、「SELECT文の書き方をさくっと知りたいのだ」という方には少々煩わしい場合もあるでしょう。その場合は、第2章のあと、データベース設計の章（第3章〜第5章）はいったん飛ばして第6章に進んでいただくのがお勧めです。

　一方で、すでにSQLを使ったことがあるけれど、どうも便利だという実感が持てない、なんだか複雑だ、思ったように操作できない、そのように感じている方は、RDB用のデータベース設計を知ってみてください。なぜこうなっているのかがわかれば、スマートに、効率良くデータベースを利用できるようになるはずです。いま使っているシステムの改善に役立つかもしれません。

　なお、本書は、必ずしも手を動かしながら読む必要はありません。実行結果も掲載していますので、「こんなことができるのだな」と思い描きながら読み進めることができます。自分の手で試してみたい方は本書で使用しているデータをダウンロードできるのでぜひお試しください。たとえ書いてあることをそのまま実行するだけでも、言語は実際に試すのが一番です。

　本書が、RDBのより効果的な活用につながることを、あるいは、学習の助けになることを願っています。

2024年9月　西村 めぐみ

本書の構成

本書の章構成は、以下のとおりです。SQLおよびデータベース設計について解説を行っています。なお、他の開発言語からDBMSに接続する方法などは扱っていません。

第1章 SQL&データベースの基礎知識　SQLって何だろう?

データベースシステムの役割やSQLを使用する「リレーショナルデータベース」とはどのようなデータベースなのかを概説します。

第2章 スタートアップSQL　実際に書いて試してみよう

SQLの書き方をぎゅっとまとめた章です。データの入れ物である「テーブル」の作成と削除、データの登録や削除、更新、そしてデータを選択し抽出する基本的な書き方を解説しています。全編を通じて、「標準SQL」をベースとしたサンプルを掲載しているので、サンプルで試しながら読み進めると理解が深まるでしょう。

第3章 CREATE TABLE詳細　[DB設計❶]テーブルではどんなことを定義できるのか

ここからの3つの章は、SQLそしてリレーショナルデータベースを利用する上で重要な「データベース設計」について扱っています。まず、データベース設計における基礎知識として、テーブルを作成する際にどのような指定ができるのかを具体的な書き方とともに説明しています。

第4章 正規化　[DB設計❷]RDBにとっての「正しい形」とは

リレーショナルデータベースにおける設計の指針となる「正規化」についての章です。各項目の内容だけではなく、項目同士の関係性も正しく保てるようなテーブルを設計するための考え方を解説します。

第5章 ER図　[DB設計❸]「モノ」と「関係」を図にしてみよう

本章では、リレーショナルデータベースの設計を行う際によく利用されている「ER図」を押さえます。ER図の書き方と、ER図の元となる「ERモデル」という考え方について取り上げます。

第6章 データ操作　データを自在にSELECTしよう

必要なデータを選択し抽出する「SELECT文」の章です。第2章で取り上げた基礎事項の確認から、やや高度なテクニックまで詳しく解説します。

第7章 ケーススタディー　DB設計&SELECT文の組み立て方

フクロウ塾のデータを使ったケーススタディーです。DB設計、CROSS JOINや外部結合を用いた集計、CASE式によるデータ整形、サブクエリーとウィンドウ関数の使ったやや複雑なSELECT文の組み立て方を紹介しています。

本書の想定読者や想定する前提知識

本書は「SQLとデータベースについて学びたい方」を対象にしています。とくに、データベースにはじめて触れる方や、すでにリレーショナルデータベースを使用していて、よりステップアップしたSELECT文を書くための基礎知識を必要としている方を想定しています。

サンプル（後述）の実行にあたっては、PCの使用経験があり、手順説明を見ればファイルのダウンロードやインストールが可能である方を想定しています。

キャラクター紹介

森 茶太郎
中学生向けの学習塾「フクロウ塾」の講師。塾の拡大に伴い、場当たり的に行ってきた管理に限界を感じている。授業や生徒の情報を一元管理したいと考え、データベースの学習を開始。

藤倉 ネコ太
IT企業（中規模）に勤務。専門はデータベースで、会社ではシステム全般の導入支援を担当。茶太郎の大学時代のサークル仲間。

解説中のデータベースの表（テーブル）について

❶操作の対象となっているデータの表
（本書サンプルデータにも収録）

列名1	列名2

❷操作の実行結果の表
（件数が多い場合は適宜省略）

列名1	列名2

本書掲載のSQL文は、以下の4種類のデータベース管理システム（ソフトウェア）を使用して動作確認を行いました。サンプルデータによる実行結果は、MariaDBによるものを掲載しています。

- MySQL 8.0.37（一部の例を除き、5.7でも実行可能）
  URL https://www.mysql.com
- MariaDB 11.3　**URL** https://mariadb.com
- PostgreSQL 16.2　**URL** https://www.postgresql.org
- SQL Server 2022 Express
  URL https://www.microsoft.com/ja-jp/sql-server/

上記はいずれも無償で入手できます。それぞれ、ビジネスの現場で広く利用されており、MySQL、MariaDB、PostgreSQLはLinuxのほか、Windows、macOSにも対応しています。本書の動作確認では、OSはWindowsおよびUbuntu 24.04 LTS[a]を使用しました。

テスト環境およびサンプルデータについて

本書では、実践的な技術の習得を目指す方々に向けて、掲載しているすべてのサンプルが実行できるサンプルデータをサポートサイトで公開しています。

はじめに、テスト環境や勉強用の環境を作りたいときには、VMwareやVirtualBox[b]のような「仮想化環境」が便利です。仮想化環境を利用することで、普段使っているOSはそのままで、別途OSを動かし、そこでデータベースを動かすことができます。環境の作り直しも簡単で、テスト環境が不要になったら仮想環境ごと削除することもできます。VMwareは、Windows、macOS、Linux環境で利用でき、個人利用は無償版がダウンロード可能です。本書のサポートサイトでは、VMwareにLinux系のOSのUbuntuを導入し、MariaDBをインストールする例、およびWindows環境に上記4種類のDBMSをインストールする例を紹介しています **図a** 。

---

a　**URL** https://jp.ubuntu.com
b　・VMwarre（VMware LLCは本書原稿執筆時点で米国Broadcom傘下）
　　URL https://www.vmware.com
　・VirtualBox　**URL** https://www.virtualbox.org

● **図a** VMwareやVirtualBoxを利用した環境構築※

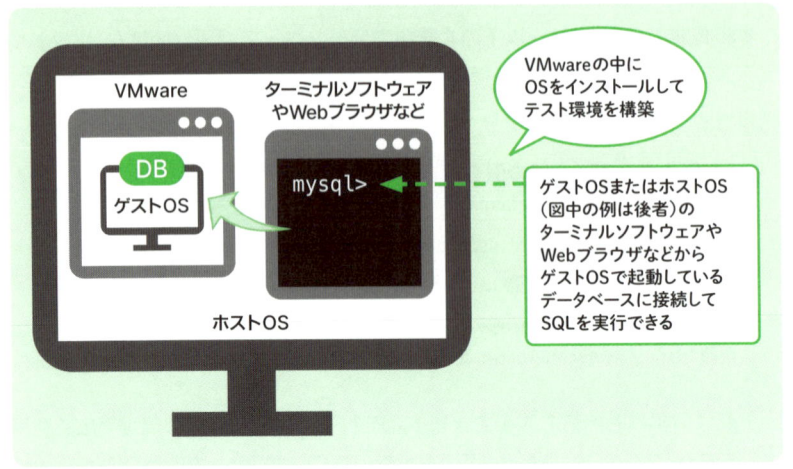

※VMwareを導入する側のOSは「ホストOS」、VMwareの中で動かすOSは「ゲストOS」と呼ばれる。

　セットアップ後、MariaDBは、クライアント側のターミナルソフトウェア[c]からデータベースのクライアントコマンドなど[d]を使用して、データベースに接続してSQLを実行することができます **画面a** 。また、データベースを使用するアプリケーションを開発する際は、開発言語のインターフェースを通じてSQLを実行し、データベースから結果を受け取り、画面表示などを行います。

　なお、練習やテスト用にSQLを入力し、簡易的に実行結果を確認する用途であれば、DBeaverというデータベースクライアントツールを利用することもできます **画面b** 。DBeaverはJavaベースのオープンソースソフトウェアで、Windows、Linux、macOS環境で、MariaDBを含むさまざまなデータベースサーバーに接続し、GUI環境でSQLを実行できます。入手先および導入方法はサポートページにて掲載しています。また、ソフトウェアをインストールせずに、Webブラウザで簡単に試せるサイトもあります[e]。

---

[c] コマンド入力用ツール。「端末」や「ターミナル」などと呼ばれています。

[d] MySQLの場合、Linux系OSやmacOSでは`mysql`コマンドを用います。Windows環境ではmysql.exeで起動用ショートカットが[スタート]メニューにインストールされ、それを利用できます。

[e] サポートサイトでは以下を例に、Webブラウザで試すサンプルデータで試す方法を紹介しています。
　・SQL Fiddle　**URL** https://sqlfiddle.com

● **画面a** コマンドラインツール（MariaDBの例）

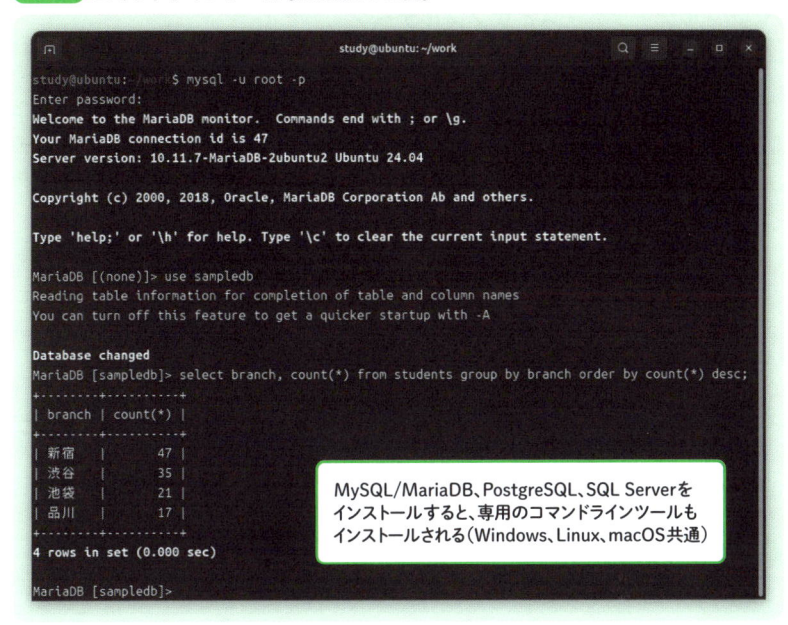

MySQL/MariaDB、PostgreSQL、SQL Serverを
インストールすると、専用のコマンドラインツールも
インストールされる（Windows、Linux、macOS共通）

● **画面b** データベース管理ツール「DBeaver」

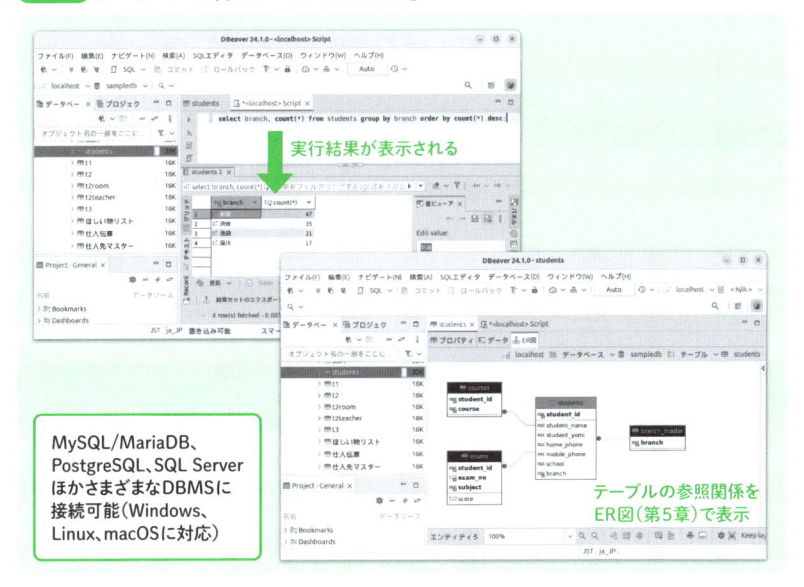

実行結果が表示される

MySQL/MariaDB、
PostgreSQL、SQL Server
ほかさまざまなDBMSに
接続可能（Windows、
Linux、macOSに対応）

テーブルの参照関係を
ER図（第5章）で表示

サンプルデータベースとサンプルデータ

リレーショナルデータベースでは、データを**テーブル**に登録して使用しますが、MySQL や PostgreSQL では、テーブルの格納先として CREATE DATABASE で作成した**データベース**が使用されます。データベースには複数のテーブルを作ることができ、「テスト用のデータベース」「フクロウ塾用のデータベース」のように、切り替えて使用することができます。

本書で使用するデータベースは **表a** 、データベースにサンプルデータを登録するためのファイルは **表b** のとおりです。サポートサイトよりダウンロードできますので、各データベースにインポートして利用してください。登録用ファイルの拡張子は「.sql」となっていますが、すべてテキストファイルでデータ登録用の SQL 文が書かれています。

データベースの作成やサンプルデータ登録の具体的な手順は、サポートサイトを参照してください。

● **表a** 本書で使用するサンプルデータベース

データベース名	用途
testdb	第1章用の簡単なテストデータを登録するためのデータベース。第2章のテーブルの作成と削除もこのデータベースでの実行を想定
sampledb	メインで使用するフクロウ塾のサンプルデータ、および第6章で使用するサンプルデータ用のデータベース
sampledb2	第7章のケーススタディーで新たな定義を加えたフクロウ塾のサンプルデータ用のデータベース

● **表b** 本書で使用するサンプルデータ

ファイル名	内容	インポート先
testdb.sql	第1章用サンプルデータ（生徒マスター、選択コース）	testdb
sample.sql	第2章〜第6章用サンプルデータ（フクロウ塾ほか）	sampledb
sample2.sql	第7章用サンプルデータ（フクロウ塾）	sampledb2

本書の補足情報について

本書の補足情報やサポートページは、以下から辿れます。

URL https://gihyo.jp/book/2024/978-4-297-14469-2/

※サンプルデータを含む、サポートページの公開およびダウンロードサービスは、予告なく終了させていただく場合があります。あらかじめご承知おきください。

目次 🐾 **標準SQL＋データベース入門**
RDBとDB設計、基本の力[MySQL/PostgreSQL/MariaDB/SQL Server対応]

第1章 SQL＆データベースの基礎知識
SQLって何だろう？　　　　1

第2章 スタートアップSQL
実際に書いて試してみよう　　　　23

第3章 CREATE TABLE詳細
[DB設計❶]テーブルではどんなことを定義できるのか

第4章 正規化
［DB設計❷］RDBにとっての「正しい形」とは

91

第5章　ER図
［DB設計❸］「モノ」と「関係」を図にしてみよう
115

第6章 データ操作
データを自在にSELECTしよう

第7章 ケーススタディー
DB設計&SELECT文の組み立て方
273

Column

［特別収録］

SQL＆データベースの基礎知識

SQLって何だろう？

SQLは、リレーショナルデータベースと呼ばれるデータベースで使われる言語です。最初に、データベースの役割やリレーショナルデータベースの特徴を見ていきましょう。

1.1
データベース用の言語「SQL」
まずはどんな姿か見てみよう

 こんど、うちの塾でシステムを見直そうっていう話が出てるんだ。

 塾って「フクロウ塾」? システムは自分のところで作ってるんだっけ。

 そうそう、生徒の出席管理には出席管理用のシステムを導入しているんだけど、成績管理とか、どれもバラバラになっちゃってるから、まずはその辺のデータを整理したいんだ。

 それって最初は全部手作業でできても、データが増えるにつれて難しくなっていくよね。

 そうなんだ。で、調べてみると、データベースを使えばいいらしいと……。

 そうだね。データをきちんと管理しようってなったら**データベース**(*Database*)だ。ボクの専門だよ!

 よかった。さっそくだけど、聞きたいことが……。データベースについて勉強してみようと思ったんだけれど、どこから手を付けたらいいかわからなくて。データを表にしているようだからExcelみたいなもの? って思ってたら、急に「SQL」というのが出てきて。このSQLって何だろう?

 SQLっていうのは、**データベースを操作するための言語**なんだ。

 データベース用の言語? プログラミング言語とは違うの? うちの卒業生は高校の「情報I」でJavaScriptを勉強するって言ってたし、僕はExcelのVBAなら見よう見まねで使ったことがあるんだけど[1]。

---

[1] JavaScriptはおもにWeb開発で使われるプログラミング言語で、ユーザーの操作に応じてブラウザの表示内容を変える場合などに使われます。VBA(*Visual Basic for Applications*)はMicrosoft Office用のプログラミング言語で、操作の自動化や、標準機能では難しい処理を行う場合などに使用します。どちらも、条件によって実行内容を変えたり繰り返したりするような処理が可能です。

それがね、ちょっと違うんだ。そうだ、まずは SQL がどんなものか見てみようよ。

SQL は、**リレーショナルデータベース**（*Relational Database*, **RDB**）という種類のデータベースを操作するための言語です。たとえば、Oracle や Microsoft SQL Server、MySQL や MariaDB、PostgreSQL などで使われています。

リレーショナルデータベースは、データを**2次元の表**の形で管理するデータベースです [2]。

データを管理する「テーブル」

 実際に見た方が早いと思って、生徒の基礎情報を保存する入れ物として「生徒マスター」というテーブルを作ってみたよ 図1.1 。とりあえず「生徒番号」と「氏名」、あと、キミの塾は新宿校と池袋校、品川校があるから「校舎」という項目を作った。

● 図1.1 テーブル

生徒マスター（テーブル）

生徒番号	氏名	校舎
C0001	谷内 ミケ	渋谷
C0002	山村 つくね	池袋
C0003	北川 ジョン	新宿
C0011	泉 観音	新宿
C0018	神谷 かりん	品川

> 生徒マスターには生徒番号と、氏名と、校舎を入力するんだね
>
> 生徒番号「C0001」の氏名は「谷内 ミケ」で校舎は「渋谷」だ！

 生徒マスターには生徒番号と、氏名と、校舎を入力して管理するんだね。ちなみに、校舎を増やす計画もあるんだよ。

 順調に拡大してるんだね。きっとデータベースが役に立つよ。イメージしやすいように何件かデータを登録したから、これでSQLを書いてみよう。これから書くのがいちばんの基本になるSQL文で、「**SELECT文**」と呼ばれているよ。

2　リレーショナルデータベースのデータは、列（*column*）と行（*row*）を持つ2次元の表と表現されることが多いのですが、厳密には管理対象の属性（IDと氏名など）の組み合わせの集合であり、行や列の順が意味を持たない、表の中に表を作ることができないなど、表計算ソフトなどで使用する表とは性質が異なります（第3章以降で詳述）。

SELECT文の構造

SQLで、「生徒マスター」というテーブルからデータを取得したい場合は、次のように記述します。❶の例は、「生徒マスター」のうち、新宿校舎に通っている生徒の生徒番号と氏名を取得するためのSQL文です[3]。以下のSELECT文はサンプルデータのtestdb (p.x)で実行できます。

```
SELECT 生徒番号, 氏名 FROM 生徒マスター WHERE 校舎='新宿';    ←❶
       表示したい項目        テーブルの名前        条件
```

❷の例は、「生徒マスター」の全件/全項目を取得するためのSQL文です。

```
SELECT * FROM 生徒マスター;                                ←❷
```

 ええと、❶の文を読んでみるね。「生徒マスター」がテーブルの名前で、「生徒番号」と「氏名」が項目だ。ふむ、**SELECT** の後に**ほしい項目の名前**を書いて、**FROM** の後ろに**テーブルの名前**を書く、と。

 そのとおり!「生徒マスター」は生徒の基礎情報を入れておくテーブルだ。「マスター」には一覧や元帳という意味があってこういったデータは「○○マスター」と呼ばれることが多いけど、名前は基本的には自由だよ[4]。

 WHERE の後が「校舎='新宿'」ってことは、ここが**条件**だ。校舎が新宿と一致していることって指定だから、これで新宿校の生徒の、生徒番号と氏名が表示されるんだね。

 うん、そういうことだよ。

 ❷の文はやけに短いね。まず SELECT の後ろが「*」(アスタリスク)1文字になってる。

 これは**すべての列**って意味になるよ[5]。

 WHERE もないね。

---

3 SQL文を入力できるGUIツールやコマンドラインツールを使うと、取得したデータが画面に表示されます(p.ix)。

4 テーブル名や列名には原則として半角英数字と「_」(アンダースコア)を使いますが、本書で使用しているMySQLやMariaDB、PostgreSQLなど多くのDBMSが日本語にも対応しています(p.34)。

5 「*」は、コンピューター/情報処理関連の分野では「すべて」に対応する「ワイルドカード」(*wild card*)を表す記号としてよく使われています。

そう。だから❷の方は、生徒マスターの全データが表示されるよ。結果を見てみよう。

　❶と❷を実行すると、それぞれ以下のような結果になります。サンプルデータを使って試す方法についてはp.xを参照してください。

SQL文の実行結果

生徒番号	氏名
C0003	北川 ジョン
C0011	泉 観音

生徒番号	氏名	校舎
C0001	谷内 ミケ	渋谷
C0002	山村 つくね	池袋
C0003	北川 ジョン	新宿
C0011	泉 観音	新宿
C0018	神谷 かりん	品川

複数のテーブルからデータを取得する

 もう一つ、次は「選択コース」っていうテーブルを作ったよ。

 こんどはマスターじゃないの?

 そうだね、これは、どの生徒がどのコースを選んでいるか、というデータを登録するテーブルだから「選択コース」って名前にしてみたんだ。とりあえず「国語」「数学」「英語」の3種類のコースを自由に選べればいいかな。

 そうだね、1科目だけ通ってる子もいるし、3科目全部通う子もいる。さらに、実際はそれぞれ難易度別のコースがあるんだけど……。

 最初は簡単な方がいいから、3種類にしておこうか。後で増やせるようにしよう。

 うん、とりあえず3種類にしておこう。ええと、「選択コース」テーブルをぜんぶ表示したいなら「SELECT ＊ FROM 選択コース」だね。

　以下は、「選択コース」テーブルのすべてのデータを取得するSELECT文と、実行結果(次ページを参照)です。

```
SELECT ＊ FROM 選択コース;
```

生徒番号	コース
C0001	国語
C0001	数学
C0001	英語
C0002	数学
C0002	英語
C0003	国語
C0003	数学
C0003	英語
C0011	国語
C0011	数学
C0011	英語
C0018	英語

※ データの表示順はDBMSの種類やデータの登録状況によって異なることがある。表示順を固定させたい場合はORDER BYを使用する(p.44)。

 あれ、こっちは生徒番号とコースだけで、生徒の名前が出ていないよ。

 そう、そこが大事なポイントの一つなんだ。生徒の名前は「生徒マスター」の方に入ってるから、「選択コース」はこれでいいんだよ。SQLではこういうとき、テーブルを組み合わせて表示するんだ。まずはSELECT文を書いてみよう。

SQLでは、多くの場合、複数のテーブルを組み合わせてデータを取得します。以下は、「選択コース」テーブルから「生徒番号」と「コース」を、「生徒マスター」から「氏名」を取得するというSELECT文です。

```
SELECT 選択コース.生徒番号, 氏名, コース FROM 選択コース
          ❶              ❷    ❸       ❹
JOIN 生徒マスター ON 選択コース.生徒番号 = 生徒マスター.生徒番号;
     ❺
```

実行結果は以下のようになります。テーブルに保存されているデータは2次元の表の形で表すことができますが、複数のテーブルを組み合わせた結果もまた2次元の表になります。

生徒番号	氏名	コース
C0001	谷内 ミケ	国語
C0001	谷内 ミケ	数学
C0001	谷内 ミケ	英語
C0002	山村 つくね	数学
C0002	山村 つくね	英語
C0003	北川 ジョン	国語
C0003	北川 ジョン	数学
C0003	北川 ジョン	英語
C0011	泉 観音	国語
C0011	泉 観音	数学
C0011	泉 観音	英語
C0018	神谷 かりん	英語

 書かないといけないことが急に増えた感じだね。まず、SELECTで指定する列は、最初に見たSELECT文では「生徒番号」と指定していたけど今回は❶「選択コース.生徒番号」に変わっている。次の❷「氏名」は生徒マスターにある列の名前、❸「コース」は選択コースにある列の名前だね。そして、FROMの後が今回は❹「選択コース」で、そして、❺JOINの後に、ああそうか、氏名を取得するために生徒マスターを見にいってるんだね。

 生徒番号は、選択コースと生徒マスターの両方のテーブルに入っているから、SELECTでの指定は「選択コーステーブルの生徒番号がほしい」という意味で「選択コース.生徒番号」と指定しているよ。ただ、ONのあとで「選択コース.生徒番号 = 生徒マスター.生徒番号」、つまり選択コースの生徒番号と生徒マスターの生徒番号を一致させるっていう指定をしているから、SELECTでの指定を「生徒マスター.生徒番号」としても結果は同じだ。「氏名」は生徒マスターに、「コース」は選択コースにしかないから、テーブル名は指定していない。

 ふむふむ。ONのあとで「生徒番号が一致していること」という指定をしているんだ。ExcelのVLOOKUP関数[6]みたいな操作をしているのかな。

たしかにExcelで同じことを行おうとするとVLOOKUPやXLOOKUP関数を使うことになるかな。でも、SQLでは1件1件探す（lookupする）

---

6 VLOOKUP関数やXLOOKUP関数は、Excelでほかの場所に書かれている内容を検索して取得したい場合に使う関数。「XLOOKUP(検索したい値, 検索する範囲…)」のように使用します。

という指定ではなくて、「2つのテーブルを組み合わせて作った表を取得する」という操作になる。こういう操作を **JOIN**（結合）というんだよ。

 なるほど。これで、生徒番号と、氏名と、コースが表示できるんだね。

新しい列を作って表示する

 それにしても、さっきの選択コースの一覧って、同じ生徒番号が何回も表示されていて少し見にくい感じがしたよ。国語 / 英語 / 数学という列で表示されてほしいなあ。

 そうだね、その方が一覧としては見やすいかもしれない。じゃあ、さっきの「生徒マスター」と「選択コース」で、キミの言ったようなコースが横に並んだ表を作って見ようか。こういった SELECT 文の書き方は、後で詳しく説明するからここでは雰囲気だけ見ておいてね。

先ほどの「生徒マスター」と「選択コース」のテーブルを使って、次のような表を作ることもできます。ここでは、それぞれの生徒が選択しているコースの列には「選択」という文字列を表示するようにしています。

生徒番号	氏名	国語	英語	数学
C0001	谷内 ミケ	選択	選択	選択
C0002	山村 つくね		選択	選択
C0003	北川 ジョン	選択	選択	選択
C0011	泉 観音	選択	選択	選択
C0018	神谷 かりん		選択	

この表を作っている SELECT 文は以下のとおりです。SQL では、今回のデータの場合分けに使っている「CASE 式」のほかにも、集計を行ったり並べ替えたりするなど、さまざまな操作ができるようになっています。具体的な方法については、第2章と第6章以降で扱います。

```
SELECT 生徒番号, 氏名,
CASE WHEN 生徒番号
    IN (SELECT 生徒番号 FROM 選択コース WHERE コース= '国語')
    THEN '選択' ELSE '' END AS 国語,
CASE WHEN 生徒番号
```

```
      IN（SELECT 生徒番号 FROM 選択コース WHERE コース='英語'）
      THEN '選択' ELSE '' END AS 英語,
CASE WHEN 生徒番号
      IN（SELECT 生徒番号 FROM 選択コース WHERE コース='数学'）
      THEN '選択' ELSE '' END AS 数学
FROM 生徒マスター;
```

 SELECTのあとの「生徒番号」と「氏名」まではさっきと同じだね。その後、国語の列を作ってるのが2行め?

 そうだよ。ここからはいくつかのやり方があるけど、この書き方ならCASEの3行を見ればなんとなく意味がわかるんじゃないかな。

 じゃあ2行めのCASEからの3行を見てみるね。カッコの中のSELECT～の部分は、いままで見てきたSELECT文と一緒だ。取得してるのは「生徒番号」で、「選択コース」テーブルから、コースが「国語」と一致するデータ、と指定している。

 そのとおり! そうすると、カッコの中には「国語を選択している生徒の生徒番号一覧」がある、という意味になる。実行結果の1件めは生徒番号が「C0001」だけど、この「C0001」がカッコの中のリストにあったら、「国語」の列に「選択」という文字を表示する、という操作を行っているんだ。英語と数学でも同じ操作をしているよ。

 わかったようなわからないような……。でも、こういった表も作れるんだ、ってことはわかったよ。

 よかった。いまは、そこがわかれば十分。SQLを使うとこういうふうに、ほしいデータをいろんな形で取得できるんだ。だから、「**どのようなデータを管理するのか**」と「**どうやって表示するのか**」は**別々に考えることができる**んだ。

SQLでは、今回データの場合分けに使っている「CASE式」のほかにも、集計を行ったり並べ替えたりするなど、さまざまな操作ができるようになっています。具体的な方法については、第2章で概要を、第6章で詳細を解説します。

なぜ複数のテーブルに分かれているのか

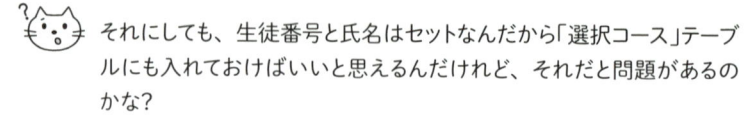

それにしても、生徒番号と氏名はセットなんだから「選択コース」テーブルにも入れておけばいいと思えるんだけれど、それだと問題があるのかな？

すべてのデータに氏名を入れておくということ？

そうそう。だって、登録するときにコピーすればいいかなって思えるんだ。

たしかに登録だけなら、それでいいかもしれないね。でも、変更があったらどうする？ 姓が変わったら全データを書き換える？

うん。ちょっと大変かもしれないけど、コピーするなら、なんとかなるんじゃないかな。

変更漏れや入力ミスで「谷内 ミケ」が1件だけ「谷山 ミケ」になってしまったらどうする？ 同じ内容があちこちに保存されていて、その都度全部確認する羽目になったりするってこと、経験あるでしょ。

あ、あるねえ……。

全体の件数が少なければその都度確認できるかもしれないけど、やっぱりそれは無駄なことだよ。データを信頼できる状態にしておくには、**「1つの事実は1回だけ記録」**するようにしておくことが重要なんだ **図1.2**。SQLならいつでも結合して表示できるから、必要なことは1回だけ記録する、それが大切なポイントだよ。

リレーショナルデータベースでは、「生徒マスター」と「選択コース」のように、**データを複数のテーブルに分けて格納して管理**します。

そして、「生徒マスター」に登録する生徒番号は重複してはいけない、あるいは「選択コース」テーブルに登録されている生徒番号は、「生徒マスター」に登録されていなければならない、のようなルールも設けます。

このようにすることで、**データを正しい状態に保ちやすくなる**だけでなく、**柔軟なデータの取得が可能**になります。

● **図1.2** 1つの事実は1回だけ記録

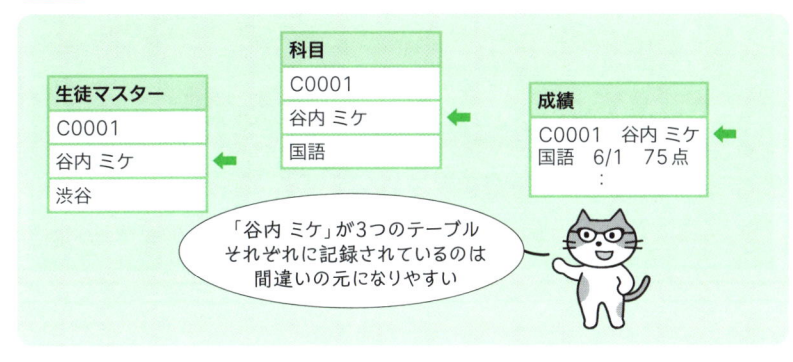

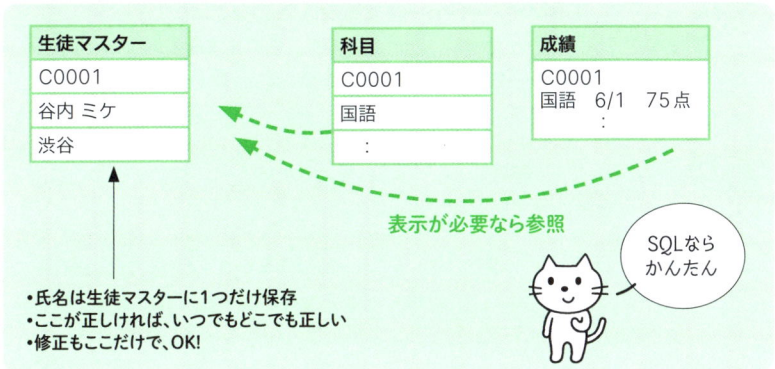

 なるほどね。たしかに氏名を取りにいくのは簡単だったし、別テーブルでもいいのかな。でも、「選択コース」テーブルが生徒番号1つとコース1つの組み合わせになっているってのはどうだろう。コースが横に並んでる方が見やすいし、大抵その形で見るんだから最初からそうすればいいんじゃないかな。

 うん、気持ちはわかるよ。ここはリレーショナルデータベースについて、もう少し知ってからじゃないと納得しにくいかもしれない。

 データベースについて、じゃなくて、リレーショナルデータベースについて、なんだね?

 そうなんだ。データベースにはいろいろな種類があるんだけど、SQLはリレーショナルデータベースという種類のデータベースのための言語なんだ。そのあたりをもう少し確認しておこう。

1.2
DBMSの基本機能
データベース管理システムの役割って何？

 そもそも、**DBMS**（データベース管理システム）はどんなことをしている
のか、どんなことができる必要があるのか、を考えてみよう。たとえば、
ここに名刺の束がある。××商事の担当さんの名前と電話番号を確認
するにはどうする？

 そうだね、とくに整理してないように見えるから……。枚数も少ないし、
上から順番に見ていくしかないよね。

 もしかしたら古い名刺が混ざってるかもしれないから、念のため最後
まで見た方がいいよ。受け取った本人である僕の頭にはなんとなくそ
の情報も入っているから、見ればわかる……つもりなんだけど。

 ちゃんと整理しておこうよ……。

 そのとおり！ つまり、この名刺箱はデータベースとして使える状態には
なっていない。**データを、使える状態に保ち、必要に応じて取り出
せるようにする**。これが「DBMSの役割」なんだ。

　系統的に整理/管理されたデータの集まりを**データベース**（*Database*, DB）とい
います。**データベース管理システム**（*Database Management System*, DBMS）は、このデー
タベースを管理するためのシステムです **図1.3** 。

　DBMSは、一般に、ユーザー向けの表示や操作などを担うアプリケーション
ソフト（*Application Software*）とは独立しており、**データの一貫性（整合性）を保ちつつ、
データを操作する機能を提供**します。このデータ操作を行うための言語が**SQL**
です。

● 図1.3 DBMSの仕事

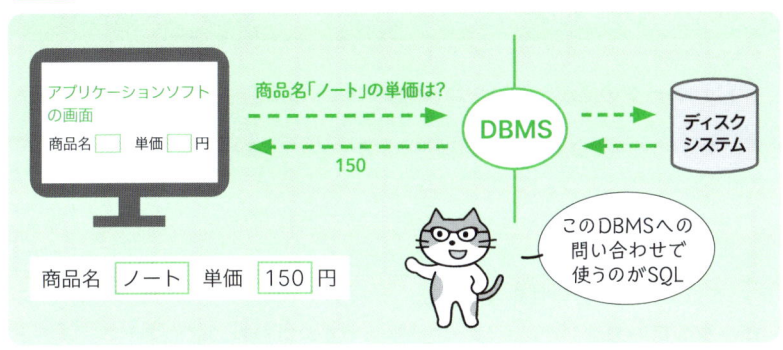

 アプリケーションソフトというと？

 塾経営に関するソフトでいえば、たとえば出席管理や成績管理用のシステム。講師の管理も行ってるかな。物流関係だったら在庫管理であったり伝票を発行するシステムだったり。ポイントは、それぞれのシステムが個別にデータを管理するのではなく、共通のデータを使えるようにすることなんだ。

 うちの塾では、出席管理と成績管理でデータがバラバラになっていた。DBMSを入れることで、同じデータを使えるようになるんだね。

 データをどう見せるか、データを使って何を行うか、の部分がアプリケーション。DBMSは、いろんなシステムからの要求に応えてデータの操作を行う。

 ここで使う言語が「SQL」なんだね。

 そのとおり！ ここで、DBMSにはどんな機能が必要なのかをざっと確認しておこう。次の5つについて、一つ一つ見ていくよ。

- データ操作機能
- 同時実行制御
- トランザクション管理
- 機密保護
- 障害回復

データ操作機能

 データの操作というと、さっき出てきたSELECT文だね。

 そうそう。SELECT文のほかに、**データの定義**や**更新**もあるよ。

　データ操作機能は、データの構造や型を定義し、データの更新(追加/削除/変更)を行い、問い合わせ処理を行う、データベースシステムの基本機能です。
　データの定義では、たとえば、生徒番号であれば重複のないように、テストの成績であれば「0〜100までの数値」のように、どのようなデータが入るべきなのかを定めます。そして、データの更新時は、データの定義に沿って、一貫性が保たれるようにします。

同時実行制御

 複数のシステムで共通のデータベースを使うってことは、同じデータを同時に使ってもいいってことだね?

 もちろんそのとおり。複数のユーザーが同じデータを同時に操作できるようになっていることが大切だ。

　同時実行制御(*concurrency control*, **並行性制御**)は、複数のユーザーが同じデータベースを同時に使用できるようにする機能です。同時実行制御には、単に同じデータを同時に参照できるようにするだけではなく、データ更新時に矛盾を生じさせないようにするための機構が必要となります。
　たとえば、データの更新時には、更新が完了するまでは参照させないようにします。このような制御を**排他制御**(*exclusive control*, **図1.4**)といいますが、DBMSでは、排他制御のためにデータを**ロック**(*lock*)できるようになっています。

トランザクション管理

 1つの処理で、複数のデータを更新しないといけないケースがある。DBMSにはそういったときのための機能も備わっている。

それってどういう場合だろう。

たとえば銀行の口座振替だったら、出金と入金がセットだ。出荷なら
伝票の記録と在庫のマイナスがセット。

あー、そういうことね。うちの塾だと、出題ミスなら全員加点がセット、
っていうのがあるかな……。業務によってはそういうこともたくさんある
だろうね。

ユーザーから見たひとまとまりの処理を**トランザクション**（transaction）といいま
す。たとえば販売ならば、入金と在庫のマイナスがひとまとまりです。トラン
ザクション内の処理は、**「すべて成功」または「すべて失敗」以外の状態は許され
ません**。入金処理ができても在庫がそのままでは、全体の整合性がとれなくな
るためです。

トランザクション全体の処理が成功し、結果をデータベースに反映させるこ
とを**コミット**、途中で処理が失敗したなどの理由でトランザクション開始前の
状態に戻すことを**ロールバック**といいます（p.40）。

● **図1.4** 排他制御※

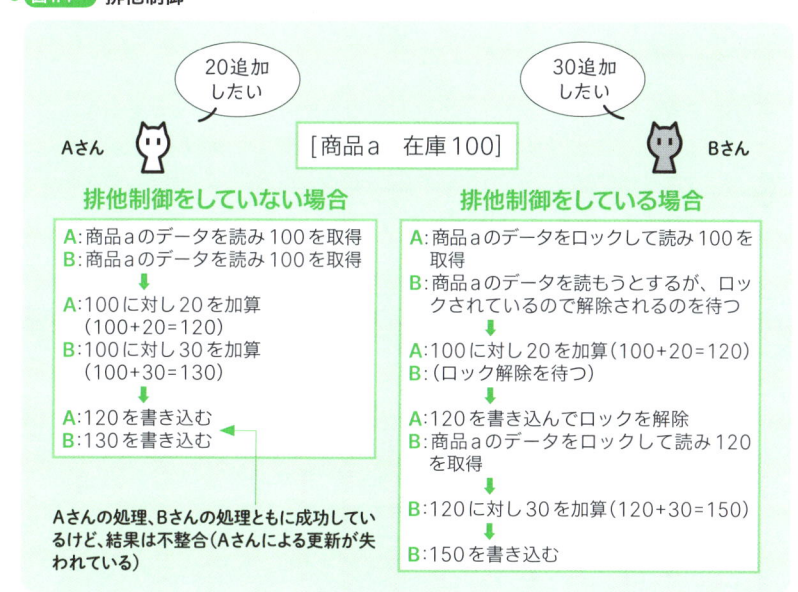

※ 排他制御には複数の方式があり、この図の方式は悲観的ロック（pessimistic concurrency control, 悲観的並行性制
御）と呼ばれている。トランザクションについては 6.12 節も参照。

機密保護

 データの使用を誰に許すか、書き換えてよいのは誰か、といったことを制御する機能も必要だね。

 この大切さはよくわかるよ。僕たちが扱っているのは個人情報だもん。

~~~~~~~~~~~~~

機密保護（*security*）には、**ユーザーの認証**と、**アクセス制御**（*access control*）、そして**暗号化**などの機能が必要です。

DBMSでは、どのデータに対してどのような操作を行う権限があるかを、ユーザーごとに管理します。たとえば、Aというユーザーはデータの更新が行えるが、Bというユーザーは参照のみ、などという制御です。

障害回復

 障害への対応も大切だ。データベースの場合は、データの回復だね。

 データのバックアップでしょ？

 そうなんだけど、システムによってはひっきりなしにデータが更新されるから、バックアップの取り方にも工夫が必要になってくるんだ。データの更新記録、こういう記録のことを**ログ**（*log*）と言うんだけど、ログを使って元に戻すこともあるよ。

~~~~~~~~~~~~~

障害回復（*recovery*）とは、システムダウンやディスク（SSD/*Solid State Drive*, HDD/*Hard Disk Drive*）の破損などに備える機能です。復旧作業は、おもに、バックアップデータおよび更新作業を記録したログファイルを元に行います。

~~~~~~~~~~~~~

 データを有効な状態に保つにはいろんな処理が必要なんだね。DBMSはこういった基本的な処理をすべて受け持ってくれているのか。

 そういうこと！ でも、データを有効に保つのはこれだけじゃ足りない。

 十分なように思えるけど……。

一番の肝は**何をどういう形で管理するのか**だよ。

 「何を」、っていうのはボクの場合は塾の、おもに生徒の名前や校舎に選択コース、あと成績だよね。「どういう形」ってのはどういうこと?

 そこなんだ。「どういう形」というところで「データベースの種類」という話が出てくる。じゃあ、次はリレーショナルデータベースについて簡単に説明するね。

Column

データベースはSQLだけじゃない?!　NoSQLの基礎知識

　リレーショナルデータベースは大変普及していますが、もちろん万能というわけではありません。2次元の表の形では扱いにくい、データの形を厳格に定めずに蓄積しておきたい、リレーショナルデータベースが得意とする結合処理（JOIN）が必要ないデータなどは、他の形で管理した方が効率が上がることがあります。このような、リレーショナルデータベースで管理しない、つまりSQLで操作しないデータベースは、NoSQL系DBMSと総称されることがあります。NoSQLは元々は何かの略語というわけではありませんが[a]、現在は「Not only SQL」と解釈されるようになっています。

　NoSQL系データベースには、キーバリュー型ストアやドキュメント指向データベース、カラム型データベースなどがあります。

　キーバリュー型ストア(*key-value store*, KVS)は、キーと値の組み合わせでデータを管理するというデータベースでGoogleのBigtable（Cloud Bigtableとして一般に提供）、オープンソースのApache HBaseなどがあります。

　ドキュメント指向データベース(*document-oriented database*, *document store*)とは、XMLやJSONで記述された自由な形式のデータを保存するデータベースで、事前にテーブルの構造を決めておく必要がないという特徴があります。オープンソースのMongoDBやApache CouchDBなどがあります。

　カラム型データベース(*columnar database*)とは、データを列の単位で格納するデータベースで、カラム指向データベース(*column-oriented DBMS*)とも呼ばれています。必要な項目だけを高速に取得できることから、大量なデータを分散処理するのに向いています。オープンソースで開発されているApache CassandraやAmazon Redshiftなどがあります。なお、エンタープライズRDB（大規模環境用のリレーショナルデータベース）にはカラム指向の機能が備わっており、両者のメリットが活かせるようになっています。

a 🔗 https://blog.sym-link.com/posts/2009/10/30/nosql_whats_in_a_name/

1.3
RDBの特徴
リレーショナルデータベースってどんなDB?

 そもそもデータベースにはいくつかの種類がある。SQLを使うのは「リレーショナルデータベース」と呼ばれる種類のデータベースで、リレーショナルデータベースは、データを2次元の表の形にして管理する、最も一般的なデータベースだよ。

 ほかにはどんなものがあるの？

 たとえば、キーとそれに関連付けされた値のセットで管理する「キーバリュー型ストア」(*key-value store*, KVS)とか、「ドキュメント指向データベース」(*document-oriented database*)などがあって、これらはまとめてNoSQL系DBMSと総称されることがあるよ。NoSQLは「Not only SQL」という意味だ(p.17)。

 SQLだけじゃない……「SQLか、それ以外」って感じだ。

 うん。いろいろな種類があるといっても、データベースの中で圧倒的多数を占めているのはリレーショナルデータベースなんだ。

 そのリレーショナルデータベースを使うために、SQLを覚えようってことなんだね。

　データを管理したいという場合、何を、どのように管理すべきかを考える必要があり、**リレーショナルデータベース**の場合は、データを2次元の**表**(*table*)の形で管理します[7]。

---

[7] 「表」はtableの訳語ですが、リレーショナルデータベースではデータを保存する入れ物のことをテーブル(*table*)または実表(*base table*)、SELECT文の結果は導出表(*derived table*)と言います。本書では基本的に前者のみを「テーブル」と呼び、SELECT文の結果など列×行の状態で表現されているデータ全般を「表」と呼んでいます。

常に「表」で考える

 リレーショナルデータベースは2次元の表でデータを管理する、か。データベースだからって、表とは限らないんだね。

 うん。データをどういう形にすればコンピューターで管理できるのか、というのは大きなテーマなんだと思うよ。で、表になってると見やすいし、いかにもコンピューターで処理しやすそうでしょ。

 そうだね。

 データを常に表の形にするのがリレーショナルデータベースなんだよ。

　先ほどの「生徒マスター」には「生徒番号」「氏名」「校舎」という3つの項目があり、たとえば生徒番号「C0001」、氏名「谷内 ミケ」、校舎「渋谷」という組み合わせや、生徒番号「C0002」、氏名「山村 つくね」、校舎「池袋」という組み合わせが保存されていました。

　これを表の形で表すと **図1.5** のようになります。同じ項目は縦方向に並ぶように書き、データの組み合わせを横方向に並べ、縦方向を**列**(column)、横方向を**行**(row)と呼びます。

● **図1.5** 列と行※

生徒マスターを表の形で表す

生徒番号	氏名	校舎
C0001	谷内 ミケ	渋谷
C0002	山村 つくね	池袋
C0003	北川 ジョン	新宿
C0011	泉 観音	新宿
C0018	神谷 かりん	品川

行

列

> 同じ項目が
> 縦方向で「列」、
> 値の組み合わせが
> 横方向で「行」だよ

※ リレーショナルデータベースの元になった関係モデルでは、列を「属性」、行を「タブル」と呼ぶ(第5章)。

　データベース管理システムに対してほしいデータを要求することを**問い合わせ**(query)といいますが、SQLによる問い合わせの結果も2次元の表になります。

一意性制約と参照制約

 データをただ表の形に並べただけだと、まだ不十分だ。さらに**制約**と呼ばれるルールを設定することができる。

 制約と聞くと、なんとなく面倒で不自由って感じがしてしまうな。

 そうでもないんだよ。データを正しい状態で管理したいなら、制約を決めて、DBMSに制約を守らせておく方が楽なんだ。

　それぞれの生徒に個別の生徒番号が付けられている場合、「生徒マスター」の「生徒番号」は重複した値を保存できないようにします。これを**一意性制約**（*unique constraint*）といいます **図1.6** 。

　また、先ほどは「生徒マスター」のほかに、「選択コース」というテーブルも使用しました。「選択コース」テーブルには「生徒番号」と「コース」という列がありましたが、選択コーステーブルの「生徒番号」は必ず生徒マスターにも登録されているはずです。このルールのことを**参照制約**、または**参照整合性制約**（*referential integrity constraint*）といいます。参照制約は後述する「外部キー」で宣言するので、**外部キー制約**（*foreign key constraint*）と呼ばれることもあります。

● **図1.6** 制約

生徒マスター

生徒番号	氏名	校舎
C0001	谷内 ミケ	渋谷
C0002	山村 つくね	池袋
C0003	北川 ジョン	新宿
C0011	泉 観音	新宿
C0018	神谷 かりん	品川

選択コース

生徒番号	コース
C0001	国語
C0001	数学
C0001	英語
C0002	数学
C0002	英語

・一意性制約 ➡ 生徒マスターの生徒番号は重複不可
・参照整合性制約 ➡ 選択コースの生徒番号は生徒マスターに登録されていなければならない

 なるほど！「制約」はDBMSにチェックさせる、っていう意味になるのか。まあ、DBMSを使わずに管理するなら「自分で気をつける」ってことだったんだもんね。

そういうこと。逆に、使い手がすべて管理できる量なのであれば、わざわざDBMSで管理する必要はないかもしれない。あと、この先どう使うかわからないし、どんな要素が加わるかどうかもわからない、とにかくデータを蓄積しておこう、という場合は、きっちり2次元の表の形で管理するリレーショナルデータベースではないタイプのDBMSの方が向いているかもしれない。

 そして、うちの塾のように生徒と成績を管理したい、とか、経理とか、いわゆる日々業務に関わるデータには、リレーショナルデータベースが向いているわけだ。

RDBと3層スキーマ

 さて、リレーショナルデータベースを使おうってことになると、どのようなテーブルでデータを管理するかを考えることになる。こういうときは3層スキーマで考えることがポイントになるよ。

 3層スキーマ？

　データベースに限らず、何らかのシステムを設計をするときには、枠組み/構造を考えることが大切です。このような枠組みのことを**スキーマ**（*schema*）といいます。データベースの設計では、**3層スキーマ**（*three schema structure*）と呼ばれる、3つの層で枠組みを考えます 図1.7 。

　1つめは**外部スキーマ**（*external schema*）です。これは、エンドユーザーからの視点からとらえた枠組みです。リレーショナルデータベースでは、**エンドユーザーが**「見たい」と思うデータを**SELECT文で柔軟に取り出す**ことができます 図1.7① 。

　一方、コンピューターで管理するデータは、最終的にはディスク（SSDやHDD）に保存されます。データをファイルに保存するときの構造（物理構造）などを扱う部分は**内部スキーマ**（*internal schema*）と呼ばれます。ここはDBMSの内部で行われている処理で、エンドユーザーが直接触れることはありません 図1.7③ 。

　そして、外部スキーマと内部スキーマの橋渡しとなるのが**概念スキーマ**（*conceptual schema*）です。**データベース設計の中心は、この「概念スキーマの設計」にあたります** 図1.7② 。

図1.7 では、左側の「アプリケーション」でデータを画面に表示したり、入力を行ったりしている部分が外部スキーマにあたります。そして、アプリケーションにデータを提供するDBMSのうち、テーブルの定義をはじめとするデータベース設計部分が概念スキーマ、データを記憶装置に保存し、読み書きを行う部分が内部スキーマです。

● **図1.7**　システムを設計するときの3つのスキーマ（3層スキーマ）

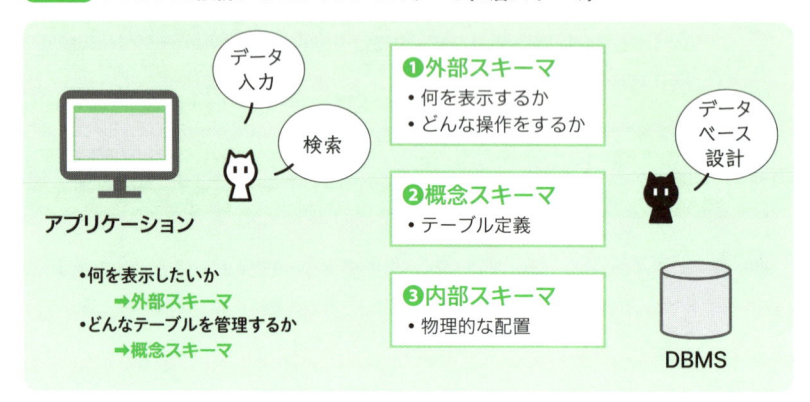

 またややこしい話になっちゃった。

 ここでのポイントは、**どういうデータを見たいのか**（外部スキーマ）、と、**どういうテーブルにするのか**（概念スキーマ）は別ってことなんだよ。

 それってつまり、テーブルを作るときは、使いたい項目をなんとなく並べていくだけじゃダメってことかな。

 そういうこと！ 表示したい項目や表示順を考えるのは「外部スキーマ」なんだ。SQLでは、SELECTで列を指定して、JOINでテーブルを結合して……のような操作を行った「結果」の方にあたる。

 そして、「テーブル」は「概念スキーマ」なんだね。

 そのとおり！ 要は「**別に考える**」ってことがポイントなんだ。リレーショナルデータベースで一番重要なのはこの**テーブルの設計**。しっかりと設計されたテーブルがあれば、ほしいデータはSELECTで作ることができるんだよ。

第2章

スタートアップ SQL

実際に書いて 試してみよう

データベースの設計に入る前に、SQLの
基本的な書き方を把握しておきましょう。
本章では、テーブルの作成と削除、そして、
データの取得や更新と削除の基本的な書き
方を解説します。

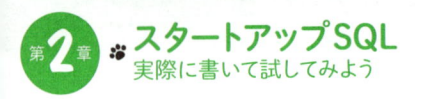
2.1
標準SQLと基本的な書式
書き方のルールを確認しよう

 さて、テーブル設計の話に入る前に、SQLの基本的な書き方を見ていくことにしよう。実際に試してみたいときにも便利だからね。

 さっき見た**SELECT**文だよね?

 そう、メインはSELECT文だね。「問い合わせ」や「クエリー」と呼ばれる、**データを取得する操作**に使う文だ。このほかに、テーブルの作成やデータの追加や削除があるし、問い合わせにももっとたくさんのバリエーションがあるんだよ。

 ああそうか、SQLはSELECT文だけじゃないんだね。

 うん。DBMSの機能（1.2節）では「データ操作機能」とまとめたけど、この「データの操作」も操作の内容に着目すると「データの操作」「データの定義」「データの制御」に分けることができる。SQLはこの3つをカバーしているんだ。

 ぜんぶ覚えておいた方がいいかな。

 まずは、このような分類があるということを少し知っておくと、使い方を調べたりするときにきっと役立つよ。ざっと眺めておこう。

　データベースを操作する言語には、**データ操作言語**（*Data Manipulation Language*, DML）、**データ定義言語**（*Data Definition Language*, DDL）、**データ制御言語**（*Data Control Language*, DCL）という3つの種類があります。

　DML（データ操作言語）は、問い合わせやデータの更新を行うための言語で、SQLでは、最初に見たSELECTや、INSERT（登録）、UPDATE（更新）、DELETE（削除）が該当します。SELECTはデータ問い合わせ言語（*Data Query Language*, DQL）

として分類されることもあります。

　DDL（データ定義言語）は、テーブルやビューの定義をするもので、CREATE（作成）やDROP（削除）、ALTER（定義の変更や追加）があります。

　DCL（データ制御言語）は、権限を操作するもので、GRANT（権限を与える）とREVOKE（権限を取り消す）があります。

　トランザクションは、制御という観点でDCLに分類されたり、データの操作を伴うという観点からDMLに分類されることがありますが、トランザクション制御言語（*Transaction Control Language*, TCL）として別に分類されるのが一般的です。TCLにはCOMMIT（処理の確定）やROLLBACK（処理の取り消し）などがあります。

●●● 標準SQLの基礎知識　標準SQLと、実装ごとに異なる対応状況や独自機能について

 ところで、MySQLとかOracleとか、いろんなデータベースの名前を聞くけど、これはみんなリレーショナルデータベースだよね。ってことは、みんな同じSQLが使えるの？

 うーん。実は、そうでもない面があるんだ。ISO（*International Organization for Standardization*, 国際標準化機構）が定めた「標準SQL」というものがあるんだけど、どこまで対応しているかはDBMSによって異なるし、独自の機能が追加されていることもある。「SQLの方言」なんて言われることがあるよ。

 標準化されている内容に従って開発すればいいんじゃないの？

 そうなんだけど、標準化には時間がかかるし、用途によって必要な機能も違ってくる。標準化が終わってから、さぁ開発しましょう、だと、間に合わないという現実もあるんだ。それに、標準SQLといってもいろいろなバージョンがあるし。

 えっ。標準SQLがいろいろあるの？　だって「標準」なんでしょ？

 SQLも進化しているんだよ。基本的には機能の拡張や追加だけど、中には廃止予定だから非推奨（*deprecated*）となるものもある。非推奨となっている書き方はなるべく避けておいた方がいいね。

 そんなものなのか。それで、SQLの方言ってどの程度違うの？

 基本的なところは変わらないよ。ただ、複雑なSELECT文や、テーブル作成時に指定するデータ型の書き方が異なることがある。SQLの勉

強をするときには、なるべく自分が実際に導入する予定のDBMSを使って試すのがいいだろうね。

リレーショナルデータベースは、1969年にEdgar Frank Codd（エドガー・F・コッド）が考案した**関係モデル**（*relational model*）が元となって開発されており、現在も数多くの製品が発売、あるいは公開されています。

SQLの最初の規格は「SQL-86」で、ANSIが1986年に制定しました[1]。SQL-86では、表とビューの定義、選択（SELECT）、追加（INSERT）、更新（UPDATE）、削除（DELETE）の基本操作が可能です。続いて策定された「SQL-89」ではCREATE TABLEが追加されました。

次のメジャーバージョンは1992年に制定された「SQL-92」で、データ型の拡張やCASE文の追加が行われました。SQL-92は「SQL2」とも呼ばれています。SQL-92はEntry（初級）、Intermediate（中級）、Full（完全）という3種類の水準が定められており、EntryクラスはSQL-89と同等で、Intermediateクラスでは日付時刻型やドメイン（DOMAIN）の定義、FullクラスではALTER文や表明（ASSERTION）などの構文が追加されました。DBMSが「SQL-92対応」と謳うにはEntryクラスのサポートが必要とされています。

3番めのメジャーバージョンが「SQL:1999」（SQL-99、SQL3）で、画像などのデータを格納するためのラージオブジェクト（*Large Object*）型や配列型などが追加されています。また、初級/中級/完全という水準は廃止され、コア（*Core SQL*）と呼ばれる中心機能と、パッケージあるいはモジュールと呼ばれる拡張機能とで構成されるようになりました。続く「SQL:2003」ではXML用の拡張やウィンドウ関数（6.10節）などが追加、その後も、SQL:2011（時系列の取り扱いを強化）、2016（JSONのサポート）、2023（SQL/PGQ、グラフモデル[2]用の拡張）など新しいバージョンの策定が進められています。

SQLにおける5つの記述ルール

 最初に、基本的な記述ルールを確認しておこう。SELECTは半角で書くけど、大文字でも小文字でもよい、とか。

1 　1987年にISOによって批准されたことから「SQL-87」とも呼ばれています。
2 　グラフモデルはデータを頂点（*vertex*）とエッジ（*edge*）で表現するモデルで、ネットワークモデルに似ていますがより柔軟性を高めた設計となっています。頂点とエッジはノード（*node*）とリンク（*link*）とも呼ばれています。

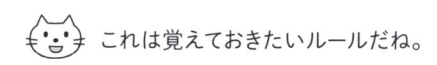 これは覚えておきたいルールだね。

❶各単語は半角スペースまたは改行で区切り、文末には「;」を付ける

単語は半角スペースまたは改行で区切り、**文末**には「;」を付けます [3]。長い文の場合は、適宜改行を入れると読みやすくなるでしょう。また、行頭にスペースを入れてもかまいません。

以下はすべて同じ内容です。ここでは、studentsテーブルにあるstudent_id（生徒のID）およびstudent_name（生徒の氏名）という列を表示しています。WHEREで指定しているbranchには、生徒が通っている校舎の名前として池袋や新宿などの文字列が入っています（p.41）。sampledb（p.x）で実行できます。

```
SELECT student_id, student_name FROM students WHERE branch=
'新宿';                                                  実際は改行なし
```

```
SELECT student_id, student_name
FROM students
WHERE branch='新宿';                                        改行あり
```

```
SELECT student_id, student_name
    FROM students              改行＋行頭スペース
    WHERE branch='新宿';       （インデント/indent, 字下げ）あり
```

❷キーワードは大文字でも小文字でもよい

SELECTやFROMなど、SQL文を構成するための単語は、**キーワード**（*keyword*）と呼ばれます。キーワードは大小文字が区別されないので、たとえば「SELECT」と「select」と「Select」は同じものとして扱われます（本書ではキーワードを大文字で統一しています）。

```
select student_id, student_name
  from students
  where branch='新宿';                            ❶と同じ内容を表す
```

なお、SQLのキーワードは、DBMSのマニュアルなどで「予約語」と表現されることがあります。標準SQLでは、キーワードは「SELECT」「TABLE」「AS」な

3　SQL文を1つだけ実行する場合の末尾の「;」が省略可能となっているツールもあります。この場合、複数の文を書いた際の途中の文には末尾の「;」は必須ですが、一番最後の「;」については省略できます。

どの**予約語**（reserved word）と「VIEW」「ASC」「DEC」などの非予約語（non-reserved word）に分かれていますが、使用する際には両者の区別はとくにありません。SQLのバージョンによって、同じ単語が予約語から非予約語（またはその逆）に変更されることもあります（p.37）。

❸テーブル名や列名には（原則として）半角英数字と「_」を使う

標準SQLでは、**テーブル名**や**列名**に使用できる文字として英語のアルファベットのほか、さまざまな言語の文字と数字、および「_」（アンダースコア）が使用できるとされていますが、一部のDBMSでは英語のアルファベットと数字と「_」に限定されていることがあります（p.34）。したがって、英数字と「_」だけにしておくのが安全です。

テーブル名の大小文字の扱いについてはDBMSやOSによって異なります。たとえば、MySQLおよびMariaDBでは、大小文字の区別は設定によって異なり、LinuxやmacOSにインストールした場合の初期値は「区別あり」、Windows環境にインストールした場合は「区別なし」となっています。PostgreSQLでは、テーブル名は常に小文字で保存され、SELECT文では大小文字が区別されませんが、テーブル名を「"～"」（ダブルクォーテーション）で囲んで定義した場合は設定時の文字列が維持され、大小文字が区別されるようになります。トラブルを避けるために「すべて小文字」や「先頭文字だけ大文字」など、DBMSの仕様に合わせつつ、何らかの形で統一しておくことをお勧めします。本書ではすべて小文字で統一します。

キーワードはテーブル名や列名に使用することはできませんが、引用符で囲むことで使用可能になります。この場合、MySQLやMariaDBでは「`」（バッククォート）、PostgreSQLでは「"」、のようにDBMSによって記述方法が異なることがあるので、使用するDBMSでの対応を確認しましょう。常に引用符を付ける、あるいは、テーブル名の先頭には「t_」を付けるなどのルールで「キーワードとのバッティングを避け、かつ、テーブルであることを明確に示す」という方法もあります。

❹文字列や日付は「'～'」で囲む

入力や検索に使用する**文字列**や**日付**は「'～'」（シングルクォーテーション）で囲み、数値は囲まずに書きます。

```
SELECT * FROM students WHERE branch='新宿';
SELECT * FROM exams WHERE score >= 80;
```

studentsテーブルは生徒の基本的な情報で、branch（列）は生徒が通っている校舎の名前が文字列で保存されています。examsは試験成績のテーブルで、score（列）には得点が数値で保存されています（p.42）。

❺コメントは「--」の後ろか、「/*」と「*/」の間に書く

SQL文に**コメント**を書き添えておきたい場合は、「--」または「/*~*/」を使用します。

「--」の場合、「--」という文字から行末までがコメントとなります。なお、MySQLとMariaDBの場合は「--」の直後にスペースが必要です。

文中にコメントを入れたい場合や、複数行のコメントを書きたい場合は「/*~*/」を使用します。「/*~*/」部分がコメントの扱いになります。

```sql
SELECT * FROM students WHERE branch='新宿'; -- 新宿校舎に通っている生徒の一覧
SELECT * FROM exams /* 試験成績を保存するテーブル */ WHERE score >= 80;

/*
 新宿校舎で90点以上を取ったことがある生徒の一覧
*/
SELECT DISTINCT student_name FROM students
JOIN exams ON students.student_id = exams.student_id
WHERE branch = '新宿' AND score >= 90;
```

 書き方はすぐに慣れると思うよ。DBMS付属のコマンドラインツールで実行結果やエラーメッセージは確認できるし、SQL文を入力して結果を確認できるツールを使って、エラー箇所をチェックすることもできるよ（p.ix）。

 テーブル名の扱いとかがちょっと複雑だね。

 同じDBMSをずっと使うぶんには、DBMSに合わせておけばいいんだけどほかの環境にプログラムを移す可能性がある場合は、なるべく安全な、つまり、なるべく厳格なルールに合わせておくのがよい。テーブル名や列名は半角英数字のみで、小文字で統一する、とかね。

 日本語の方がわかりやすいんだけどなあ。

 DBMSが対応していれば大丈夫だよ！ ただ、SQL文を入力するときはアルファベットに統一しておく方が入力が楽という面もあるよ。ローマ字にしておくという運用もあるし。

2.2
テーブルの作成と削除
CREATE TABLE、DROP TABLE

 ここまでで、基本的な書き方のルールが把握できたね。さっそくSQL
文を書いてみよう。まずは、テーブルの作成と削除だ。

●● テーブルの作成　CREATE TABLE

　テーブルの作成は**CREATE TABLE**で行います。書式は「CREATE　TABLE
テーブル名　( )；」で、括弧の中で列を定義します。列は「列名　データ型　制約」
のように書きます。**データ型**(*data type*)とは、列にどのようなデータを格納する
かを指定するもので、「CHAR(5)」は5バイトの文字列、「VARCHAR(255)」は
最大255文字の文字列を表しています。CHARは長さが固定なのに対し、
VARCHARは可変であるという違いがあります。このほか、数値を指定する
「INTEGER」や、日付を表す「DATE」などがあります。使用できるデータ型は
DBMSによって異なります(p.64)。

　なお、sampledbに同名のテーブルがあるため、以下のサンプルを試す場合
はtestdbを使用してください。

```
-- studentsテーブルを作成する
CREATE TABLE students (
    student_id CHAR(5) NOT NULL PRIMARY KEY,
    student_name VARCHAR(255) NOT NULL,
    branch VARCHAR(255) NOT NULL
);
```

　制約(*constraint*)は列の値に関するルールを指定するもので、詳しくは第3章で
扱います。今回使用している「NOT NULL」は、「NULLは禁止」という意味で、
NULL(ヌル、ナル)は空の値(空値)を表しています。つまり、student_idや
student_nameには何らかの値を入力する必要があり、このテーブルは

「student_idが決まっていないデータは入力できない」ということになります。

また、student_idは「PRIMARY KEY」である、とも定義しています。**主キー**（*primary key*, **プライマリーキー**）であることを示すもので、studentsテーブルでは、データを特定するのにstudent_idを使用するという意味です。

PRIMARY KEYは、列の定義とは別に書くことができます。データによっては複数の列を組み合わせてプライマリーキーにすることがありますが、その場合は別に書く必要があります（次ページに使用例）。

このように、studentsというテーブルにはstudent_idという列がある、student_idはPRIMARY KEYである、と定義していくことを**宣言**（*declaration*）といいます。

サンプルは読みやすくするためにSQLのキーワードを大文字で書いていますが、小文字でもかまいません。

また、行頭にスペースを入れているのも読みやすくするためのものなので、入力は不要です。「−−」以下はコメント（p.29）です。

 生徒のIDと名前の列を作ったんだね。後から列の追加はできるの?

 できるよ。テーブルの定義の変更は「ALTER TABLE」を使うんだ（p.83）。でも、慣れないうちは、テーブルの定義はDBMSのツールを使ってもいいかもしれない。GUI画面でテーブルを作った後に「このテーブルを作るためのCREATE文」を確認することもできるよ。

●● テーブルの削除　DROP TABLE

テーブルの削除は「DROP TABLE テーブル名;」で行います。先ほど作成したstudentsテーブルを削除するなら、次のようにします。

```
DROP TABLE students;
```

 CREATEで作って、DROPで削除、と。DELETEじゃないんだね。テーブルがあっさり消えてしまうのは怖いな。

 SQLでは、CREATEしたものを削除するときにはDROPを使うことが多いよ。**データベースをまるごと削除するのも簡単にできる**から、運用が始まったら気をつけてね。

2.3
参照制約（外部キー）の設定
FOREIGN KEY、REFERENCES

 選択コースの生徒番号は生徒マスターに登録されている、というルールはどうやって設定するの？

 テーブルを作るときに**参照制約**を付けることで設定できるよ。今回は、studentsテーブルを参照するexamsテーブルを作ってみよう。

　参照制約（参照整合性制約）は、**外部キー**（*foreign key*, FK）を使って宣言します。外部キーの宣言は「FOREIGN KEY（列名）REFERENCES 参照先のテーブル（列名）」のように行います。複数の列で参照する場合は「（列名1, 列名2…）」のように「,」で区切って指定します。なお、参照先のテーブルが先に作成されている必要があります。

　以下の実行例は、試験の結果を記録するexamsテーブルを参照制約付きで作成しています。先ほどのstudentsテーブルを改めて作成してから実行してください。

```
-- examsテーブルを参照制約付きで作成
--  （先にp.30のCREATE文でstudentsテーブルを作成する）
CREATE TABLE exams (
  student_id CHAR(5) NOT NULL,
  exam_no INTEGER NOT NULL,    -- 試験番号（第41回の試験、のように使用）
  subject VARCHAR(255) NOT NULL, -- 科目
  score INTEGER NOT NULL,      -- 得点
  PRIMARY KEY (student_id, exam_no, subject),
  FOREIGN KEY (student_id) REFERENCES students (student_id)
);
```

　なお、「PRIMARY KEY」は1つのテーブルに1つのみですが、「FOREIGN KEY」は1つのテーブルにいくつでも宣言できます。

2.4
データの追加
INSERT INTO

 データの追加 は INSERT INTO で行うよ。先に参照される側、
studentsから登録しよう。

データの追加は、「INSERT INTO テーブル名 (列名 1, 列名 2…)
VALUES (値 1, 値 2…)」のように行います。students テーブルの「student_
id」という列に「C0001」という値を入れる場合は、「INSERT INTO
students(student_id) VALUES('C0001')」とします。

```
INSERT INTO students(student_id, student_name, branch)
VALUES('C0001','谷内 ミケ','渋谷');
```

テーブルの後に指定する列名を省略した場合は、「VALUES( )」で、テーブル作
成時に宣言したすべての列に対する値を、宣言したとおりの順番で指定します。

```
-- 列名を省略した場合
INSERT INTO students VALUES('C0002','山村 つくね','池袋');
INSERT INTO students VALUES('C0003','北川 ジョン','新宿');
```

INSERTは、複数の行をまとめて登録することもできます(6.11節)。
登録した内容は、「SELECT * FROM students;」で確認できます。

●● 外部キーがあるテーブルにデータを登録する

 exams テーブルにも登録してみよう。

 外部キーを設定したテーブルだね。

外部キーが宣言されているテーブルの場合も、同じように INSERT 文でデータを登録します。students に登録されていない値を exams に登録しようとすると、エラーになります。

```sql
INSERT INTO exams VALUES('C0001', 41, '国語', 90);
INSERT INTO exams VALUES('C0001','41','英語', 93);
INSERT INTO exams VALUES('C0002', 41, '国語', 95);
INSERT INTO exams VALUES('C0002','41','英語', 92);
-- student_idがstudentsテーブルにない場合はエラーになる
INSERT INTO exams VALUES('C9999','41','英語', 80);
```

 ふむ、たしかにstudents テーブルにはない生徒は登録できないね。

 そう。この「正しく参照できるデータだけが登録できる」というのが参照制約のメリットだよ。

Column

識別子に使用可能な文字

SQL において、テーブル名やカラム名は「識別子」(*identifier*) と総称され、標準SQL では、1文字めはアルファベットやひらがな、漢字などを含む一般的な文字、2文字めはさらに数字や「_」(アンダースコア) なども使用可能とされています[a]。このほか、「"〜"」(ダブルクォーテーション) で囲んだ任意の文字が使用可能です。

ただし、実際にどのような文字が使用できるかは、DBMS 次第です。識別子に限りませんが、標準SQL では許容されていても対応していないDBMS、逆に標準SQL では許容されていない内容に対応しているDBMSなどさまざまです。テスト用途であれば「エラーが出なければOK」ですが、今後も使用していくシステム、とくに他の環境への移行が視野にある場合は、各DBMSのドキュメントを確認して方針を決めましょう。

---

a JIS X 3005-2：2015 (ISO/IEC 9075-2：2011)での構文規則は「<識別子開始>はUnicode一般カテゴリクラス『Lu』『Ll』『Lt』『Lm』『Lo』または『Nl』中のいずれかの文字とする。<識別子拡張>はU+00B7の『Middle Dot』(中点) またはUnicode一般カテゴリクラス『Mn』『Mc』『Nd』『Pc』または『Cf』のいずれかの文字とする」のように示されています。
<識別子開始>(1文字め)のLuとLlはラテン文字の大文字と小文字、Loにひらがな漢字、Nlでローマ数字などが定義されており、<識別子拡張>(2文字め以降)はたとえばNdで1、2、3などの数字、Pcでは「_」(アンダースコア) が定義されています。U+00B7は「・」(いわゆる半角の中黒)です。

2.5
データの変更
UPDATE

 データの変更は**UPDATE**で行うんだけど、変更する対象の指定には
SELECT文と同じ**WHERE**（句）を使うんだよ。

 データの特定にはWHERE、なのかな。

 特定というわけではなくて、**どんな対象かを指定**するんだ。1件ずつ
更新する必要はないんだよ。「先月の売上が1000個以上の商品は、
標準価格を1割下げる」なんてのもUPDATE文1つでできる。SQLを
使うときは、**データの「集合」を操作している**、と考えるのがポイント
なんだ。まずは簡単なデータで試してみよう。

　データの変更は「UPDATE　テーブル名　SET　列名＝値　WHERE　条件」のよう
に行います。複数の列を変更したい場合は、「SET　列名1＝値1，列名2＝値2」
のように、「 , 」で区切って並べます。「値」の部分には、80や'新宿'などの値の
ほか、計算式や、関数を用いた文字列の置き換えなどを入れることができます。
　WHERE句による指定の結果は1件でなくてもかまいません。たとえば、以下
は先ほどのexamsテーブルを使っています。まずSELECT文で書くと、C0001
のデータが2件あり、それぞれ90、93点であったことがわかります。

```
SELECT * FROM exams WHERE student_id = 'C0001';
```

SELECT文の実行結果

student_id	exam_no	subject	score
C0001	41	国語	90
C0001	41	英語	93

　次のように、同じWHERE句を使ってUPDATEを実行すると、ここでは、該
当する2件のデータについて、「score = score + 5」によってscoreが

5点追加されます。なお、WHERE句がない場合は、テーブルの全データが変更の対象となります。

```
UPDATE exams SET score = score + 5
WHERE student_id = 'C0001';
```

UPDATE文自体は結果のデータを返さず、成功したかどうか、および、書き換えたデータの件数だけが表示されます。再度、先ほどと同じSELECT文で確認すると、点数が変更されていることがわかります。

student_id	exam_no	subject	score
C0001	41	国語	95
C0001	41	英語	98

同じ条件で「score = score - 5」とすれば、5点減点され、元の得点に戻ります。

```
UPDATE exams SET score = score - 5
WHERE student_id = 'C0001';
```

更新できないデータが含まれていた場合

 そういえば、「まとめて10点追加」で100点を超えちゃう場合はどうしたらいいんだろう。

 テーブルのCHECK制約で制限する方法や、CASE式を使って値を操作する方法があるよ。制約やCASE式の詳しい書き方は改めて説明するから、今は簡単に書き方だけ見ておこう。

たとえば、examsテーブルのscore列にCHECK制約で0〜100までという範囲制限がかかっていた場合、SETの結果、scoreが100を超えるデータがあるとUPDATE文がエラーになり実行できません[4]。この場合、2件とも更新されないということになります。

もし、1件ずつUPDATEを行うようなSQL文になっていた場合、個別に更新

[4] サンプルデータsampledbのexamsテーブルには「scoreは0〜100」というCHECK制約が設定されています。CHECK制約については第3章で解説します。

がかかることになるため、一部のデータだけが更新されることになってしまいます。1件でもエラーが出たらすべて取りやめとしたい場合は、1回のUPDATEで実行できるようにするか、明示的なトランザクション（BEGIN〜COMMITまたはROLLBACK、p.40）を使用する必要があります。

　また、次のようにCASE式を使い、「10を加算したら100を超える場合は100をセット」のようにすることもできます。これなら、CHECK制約に違反せずデータを更新できます。CASE式については、6.7節で解説します。

```
UPDATE exams
SET score = CASE WHEN score + 10 > 100
    THEN 100 ELSE score + 10 END
WHERE student_id = 'C0001';
```

 データの更新がまとめてできるってのはおもしろいなあ。ここでもWHEREを使うんだね。

 先にSELECT文で試してみると安心だよ。SELECTとWHEREで望みどおりの対象が指定できたら、同じWHEREを使ってUPDATEを実行すればいいんだ。

Column

DBMSのキーワード　予約語

　標準SQLで定められているキーワードとは別に、DBMSでも、それぞれのシステムで使用するための予約語が定められています。これらの予約語は、引用符を付ければテーブル名や列名として使用可能であったり、文法上の曖昧さがない状況では引用符なしで使用できることもあります。しかし、そのような単語は、後々「局面によってうまくテーブル名が指定できない」、「引用符の有無によって動作が異なる」など、思いがけない事態につながることがあります。

　現在使用しているDBMSや、時には、将来移行するかもしれないDBMSについても確認できるようにしておくと安心です。各DBMSの予約語は、インターネットで公開されているドキュメントやマニュアルで確認できます。

2.6
データの削除
DELETE

データの削除は**DELETE**で行う。UPDATEと同じで、削除の対象はWHEREで指定するんだけど、WHEREの指定を忘れると全件削除されてしまうから注意してね。先にSELECT文でWHEREの結果を確認してから実行するといいよ。

ああそうか、WHEREの部分はSELECTと同じでいいんだもんね。

データの削除は、「DELETE FROM テーブル名 WHERE 条件」という構文で行います。WHERE句が指定されていない場合、すべてのデータが対象となります。なお、全データを削除しても空のテーブルは残ります。

```sql
-- データの表示（これから削除されるデータの確認）
SELECT * FROM exams
WHERE student_id = 'C0001';

-- 同じWHERE指定でデータを削除
DELETE FROM exams
WHERE student_id = 'C0001';
```

●● 参照されているデータの削除

全件あっさり削除されちゃうのも怖いね。これってどんなデータでも削除できるの?

参照制約がある場合、参照されている側のデータが削除できるかどうかは設定次第だよ。

参照制約（外部キー）で参照されている側のデータについては、削除や変更ができないことがあります。これは、参照制約で「ON DELETE RESTRICT」、「ON UPDATE RESTRICT」が設定されている場合で、この場合はほかのテーブルから参照されている値を含む行は削除や変更はできません。一方、「ON DELETE CASCADE」の場合は、参照されている側のテーブルから削除すると、参照しているデータも一緒に削除されます 図2.1 。同様に、「ON UPDATE CASCADE」の場合はほかのテーブルも変更されることになります。

● 図2.1 ON DELETEの設定

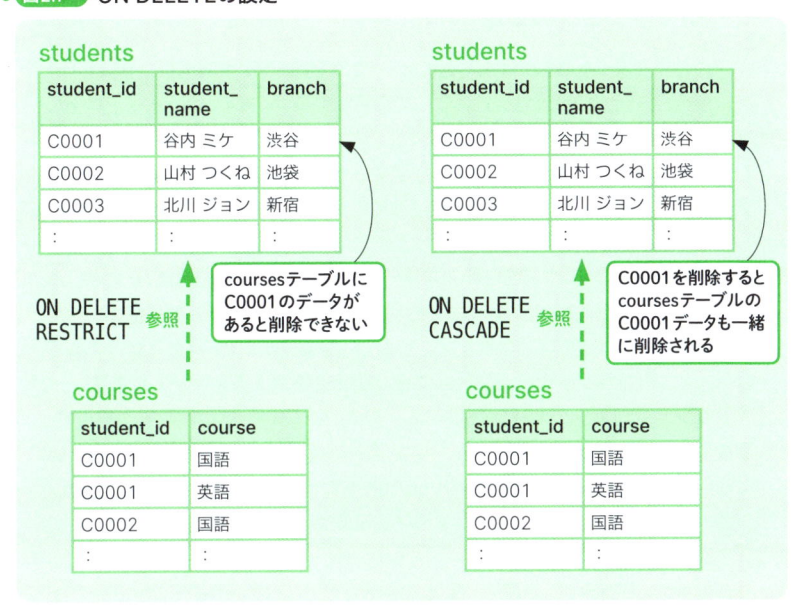

 削除や変更時にどうなるかも、**テーブル次第**なんだね。

 そうなんだ。だからやっぱり「**設計が大事**」ということになる。生徒のマスターだけ登録していて、まだコースや試験などは登録していないのであれば、student_idは変更してかまわないかもしれない。だけど、登録済みなら変更しちゃダメな場合は「ON UPDATE RESTRICT」、ほかのデータも一括して変更するならOKってことなら「ON UPDATE CASCADE」。生徒が退会してstudent_idを削除するときに、一括で削除したいなら「ON DELETE CASCADE」だね。

 そこは、データの性質によるって感じかな。

そうだね。商品コードなんかは、たとえ廃番になっても過去のデータは削除しない方がいいかもしれないし、退会した生徒のデータは、部分的に何らかの形で保管しておくにしても、普段使っているデータからは関連データも含めてすべて削除された方がいいかもしれない。

 そういったことも考えながら、設計しなくちゃいけないんだね。

Column

トランザクションの活用　START TRANSACTION、ROLLBACK、COMMIT

　1つのまとまった処理に対する更新（データのINSERT、UPDATE、DELETE）を、複数のSQL文で行う場合、「すべての更新に成功」あるいは「すべて実施しない」という状態にする必要があります。たとえば、テストの成績を一律で変更したいという場合、一部の成績だけが変更され、ほかのデータはエラーのため変更できなかった、という事態は避けなくてはなりません。これを行うためのしくみが**トランザクション**です。

　たとえば「テストの成績を一律で変更」という処理を1つのUPDATE文で行うのであれば、自動的に「どれか1つでも変更できないデータがある場合はすべて変更しない」という処理になります。しかし、複数のUPDATE文で実行する場合は、1つのトランザクションとして扱う範囲を指定する必要があります。

　トランザクションの開始は「START TRANSACTION」で示します。そして、途中でエラーが発生するなどで、トランザクションが失敗であった、としたい場合は「ROLLBACK」とします。ROLLBACKを実行すると、データはトランザクション開始時の状態に戻ります。すべての処理が成功した場合は「COMMIT」でデータを確定します。

　このトランザクション処理は、SQLの学習などで「このUPDATE文やDELETE文を実行したらどうなるか試してみたい」というときにも役立ちます。先に「START TRANSACTION」を実行しておいた上で、UPDATEやDELETEなどの処理を試して、SELECT文で結果を確認した後で、「ROLLBACK」を実行することで、データを変更前の状態に戻すことができます。

　以下は、トランザクションを開始してから「選択コース」テーブルのデータをすべて削除し、ROLLBACKでデータを元に戻しています。ROLLBACKの前後で「SELECT ＊ 選択コース；」を実行するとデータが元に戻る様子が確認できます。

```
START TRANSACTION; -- トランザクションを開始する※
DELETE FROM 選択コース; -- データをすべて削除する
ROLLBACK;  -- データを元に戻す（ロールバック）
```

※ PostgreSQLでは BEGIN TRANSACTION も使用可能。SQL Server では BEGIN TRANSACTION を使用。

2.7
データの問い合わせ
SELECT

 テーブルを作成して、データを登録したら、いよいよ**問い合わせ**だ。

 SELECT文だね！

 うん。まずは最初に見たようなシンプルな問い合わせを確認しよう。

　データを取得する手続きやコマンドを**問い合わせ**（*query*, **クエリー**）といいます。SQLでは**SELECT文**で行います。

　本節からは、サンプルデータベース「sampledb」のテーブルを使用します。テーブルの構成は **表2.1** のとおりです。このような構成になっている理由は第5章で解説します。branch_masterとcourse_masterはそれぞれ校舎とコースを登録する際に参照しているもので、本節のSELECT文ではstudentsとcoursesの2つのテーブルを使用します。テーブルの概要や関係は **図2.2** に示します。

● **表2.1**　sampledbのテーブルの構成

テーブル名	概要
branch_master	branch（校舎）のマスター、studentsから参照する
course_master	course（コース）のマスター、coursesから参照する
students	生徒の情報（氏名や校舎など）、branch_masterを参照する
courses	生徒の選択コース、studentsとcourse_masterを参照する
exams	模擬試験の結果、studentsを参照する

テーブルを表示する　問い合わせ❶

 まずは基本の基本。**テーブルの表示**だ。

 「SELECT　列名　FROM　テーブル名　WHERE　条件」だね。

そのとおり！ 「SELECT 列名」の部分を**SELECT句**、FROMの部分を**FROM句**、WHEREの部分を**WHERE句**と呼んだりするよ。

 そういえば、WHERE句で指定する列って、SELECT句で指定しなくてもいいんだね。

 そうなんだ。どの列を取得したいのかと、どの列で絞り込むかは別々に指定できるんだよ。

　テーブルのデータを表示するには「SELECT 列名 FROM テーブル名 WHERE 条件」のように指定します。SELECTで指定する列が複数ある場合、表示したい順番で、「列1，列2，列3…」のように「，」記号で区切って並べることができます。このほか、「すべての列」という意味で「*」を指定することも可能です。

　なお、WHERE句で使用している列をSELECT句で指定する必要はありませ

● **図2.2** 各テーブルの概要とテーブルの関係

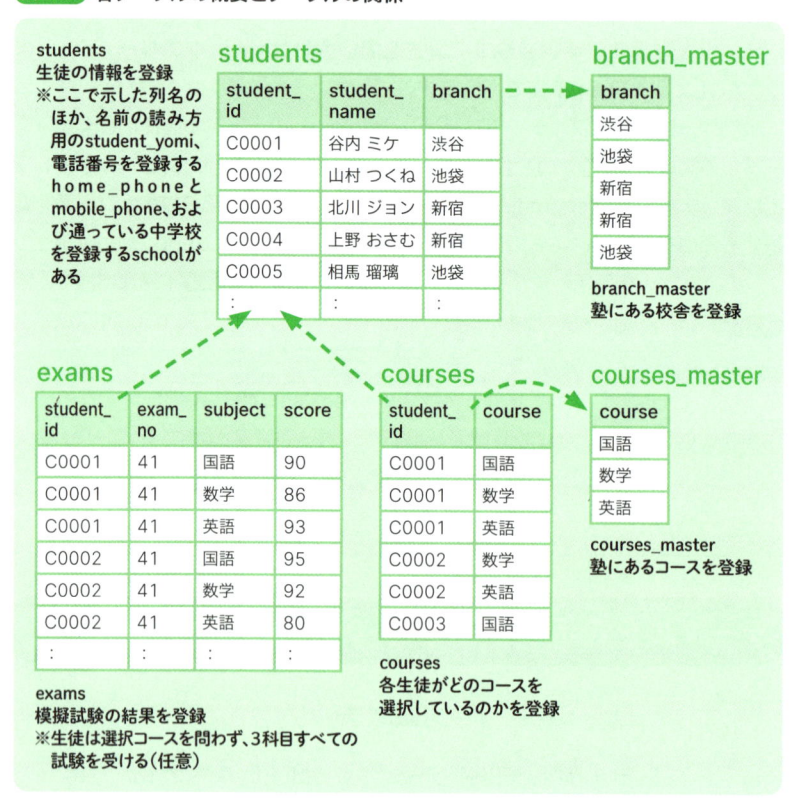

ん。SELECT句ではあくまで表示したい列だけを指定します。また、WHERE句がない場合は全件が対象となります。

このような、SELECTから始まるSQL文は**SELECT文**（*SELECT statement*）と呼ばれています。SELECT文は、通常、列を指定する**SELECT句**（*SELECT clause*）、テーブルを指定する**FROM句**（*FROM clause*）、条件を指定する**WHERE句**（*WHERE clause*）で構成されています。このように、SQLの**文**（*statement*）を構成するひとまとまりのことを**句**あるいは**節**（*clause*）と呼びます[5]。

条件を指定せず全件を表示

```
SELECT * FROM students;
```

student_id	student_name	student_yomi	home_phone	mobile_phone	school	branch
C0001	谷内 ミケ	タニウチ ミケ	036570242X	0906297314X	港第五中学校	渋谷
C0002	山村 つくね	ヤマムラ ツクネ	043629229X	NULL	三毛猫学院中学校	池袋
C0003	北川 ジョン	キタガワ ジョン	039214134X	0803409789X	新宿第六中学校	新宿
C0004	上野 おさむ	ウエノ オサム	031318452X	0907548352X	足立第三中学校	新宿
C0005	相馬 瑠璃	ソウマ ルリ	045132617X	0803982904X	大和猫東中学校	池袋
：以下略、全120行						

WHEREで指定した条件に一致する行だけを表示

```
SELECT student_id, student_name FROM students
WHERE branch = '新宿';
```

student_id	student_name
C0003	北川 ジョン
C0004	上野 おさむ
C0007	井坂 ライカ
C0008	入江 あおい
C0010	春日 ゆず
：以下略、全47行	

5　英語などの自然言語の文法用語では、phraseを「句」、clauseを「節」と訳しますが、SQL用語ではclauseを句と訳されることが多く、本書もそれに従っています。

データを並べ替える　問い合わせ❷

 もう一つ、大切なことを先に言っておこう。**データの順番**についてだ。

 表示順ね。なんとなくstudent_id順になっている感じだけど?

 そうなることは実は保証されていないんだ。まあ通常はプライマリーキーや、テーブルを結合している場合は結合の条件に使った列の順番になることが多いけどね。だから、この順番にしたい、っていう希望がある場合は**ORDER BY**で指定するんだ。

　データの並べ替えは「ORDER BY 列名」で指定します。複数の列の組み合わせで並べ替えたい場合は「ORDER BY 列名1, 列名2」のように「,」で区切って並べます。この場合、先に指定した列が優先されます。また、並べ替えには昇順（小さい値が先）、降順（逆順、大きい値が先）を指定することも可能で、**昇順**は「ORDER BY 列名 ASC」、**降順**は「ORDER BY 列名 DESC」で指定します。デフォルトの順番は昇順（ASC）です[6]。

　以下の❶と❷は同じ条件のSELECT文で、❶生徒が通っている中学校を登録している「school」の順と❷「student_id」の降順で並べ替える例を示します[7]。

❶schoolの順で並べ替え

```
SELECT student_id, student_name, school FROM students
WHERE branch = '新宿'
ORDER BY school;
```

student_id	student_name	school
C0103	東山 ミント	あつぎ寒猫中学校
C0084	佐藤 茜	おうめ時枝中学校
C0027	知念 マック	ハシビロ付属中学校
: 以下略、全47行		

6　ORDER BYの昇順/降順の具体的な順番は、列を定義する際に指定された文字コードに依存します。列定義時に指定しなかった場合はデータベースのデフォルトの設定に、データベース作成時に指定しなかった場合はDBMSのデフォルト設定に従います。使用できる文字コードはDBMSおよびバージョンに依存するので、特殊な文字を使いたい場合は確認し、必要ならばアップデート等を検討してください。文字コードに関する有名なトラブルとしては、「utf-8（utf8_general_ci等）」で作成した列に、いわゆる「絵文字」が登録できないというものがあります。絵文字は1文字で4バイト使用する文字なので、「utf8mb4（utf8mb4_unicode_ci等）」で作成する必要があります。なお、「utf8mb4_」の後ろは、大小文字の区別をするかどうかなどを表しています。

7　ここでは並べ替えに使用した列を表示していますが、ORDER BY句で指定した列をSELECT句で指定する必要はありません（古いOracleなど、一部のDBMSではSELECT句での指定が必須です）。

❷student_idの降順で並べ替え

```
SELECT student_id, student_name, school FROM students
WHERE branch = '新宿'
ORDER BY student_id DESC;
```

student_id	student_name	school
C0120	左近 するめ	世田谷第八中学校
C0116	木村 幸水	港第三中学校
C0115	久米 セル	新宿第一中学校
：以下略、全47行		

データを集計する　問い合わせ❸

 データの件数を調べることもできる？　条件に合うデータは何件、とか、校舎ごとに何人、とか。

そういう場合は**COUNT()**を使う。「○○ごとに」という場合は、さらに**GROUP BY**と組み合わせるんだ。

データの件数や平均値などは、**集約関数**（*aggregate function*, **集計関数**、**集合関数**）を使って求められます。たとえば「該当するデータの件数」は、「SELECT COUNT(*) FROM テーブル名 WHERE 条件」のように指定します。COUNT以外の集約関数については6.6節で解説します。

```
SELECT COUNT(*) FROM students WHERE branch='新宿';
```

COUNT(*)
47

「○○ごとに」のようにグループ単位の件数を求めたい場合は、WHERE句の後に「GROUP BY 列名」で指定します。次の例ではWHERE句がないため、FROM句の後にGROUP BY句を指定しています。GROUP BY句で複数の列を指定したい場合は「,」で区切って並べます。実際の使用例は次節で示します。

GROUP BYが指定されている場合、SELECT句に書けるのはGROUP BYで指定した列名または集約関数のみ、集約関数で指定できる列はGROUP BYで指定した列名または「*」のみです。

```
SELECT branch, COUNT(*) FROM students GROUP BY branch;
```

branch	COUNT(*)
品川	17
新宿	47
池袋	21
渋谷	35

集計結果で並べ替える　集計補足❶

 集計も簡単だね。これって集計の結果で並べ替えできないかな。

 この場合も **ORDER BY** を使うよ。

件数順に並べ替えたい場合、GROUP BYの後に「ORDER BY COUNT(*)」を指定します。

```
-- ❶branchごとに件数を数えて、branchと件数を、件数の少ない順に表示
SELECT branch, COUNT(*) FROM students GROUP BY branch
ORDER BY COUNT(*);
```

```
-- ❷branchごとに件数を数えて、branchを、件数の多い順に表示
SELECT branch FROM students GROUP BY branch
ORDER BY COUNT(*) DESC;
```

❶の実行結果

branch	COUNT(*)
品川	17
池袋	21
渋谷	35
新宿	47

❷の実行結果

branch
新宿
渋谷
池袋
品川

別の列名で表示する　集計補足❷

 結果の❶に「COUNT(*)」と表示されるね……。「人数」と表示したいな。

 COUNTに限らず、違う列名を付けて表示したい場合は **AS** を使うよ。

「列名 AS 別名」で、SELECTの結果として表示される列名に別名(*alias*, エイリアス)を付けることができます(❶)[8]。SELECT句で付けた別名はGROUP BY句やORDER BY句でも使用できます(❷❸)[9]。

```
SELECT branch AS 校舎, COUNT(*) AS 人数
FROM students GROUP BY branch;     ←❶

SELECT branch AS 校舎, COUNT(*) AS 人数
FROM students GROUP BY branch
ORDER BY COUNT(*);     ←❷

SELECT branch AS 校舎, COUNT(*) AS 人数
FROM students GROUP BY 校舎
ORDER BY 人数;     ←❸
```

❶の実行結果

校舎	人数
品川	17
新宿	47
池袋	21
渋谷	35

❷❸の実行結果(同じ)

校舎	人数
品川	17
池袋	21
渋谷	35
新宿	47

●● テーブルを結合する　問い合わせ❹

 さて、そろそろテーブルを増やしてみよう。

 結合っていうんだっけ。

 そうだよ。**JOIN**を使うんだ。

テーブルを組み合わせることを、**結合**(*join*)といい、「SELECT 列名 FROM テーブル1 JOIN テーブル2 ON 結合条件」のように指定します。たとえば、選択コースが格納されているcoursesテーブルと、生徒の名前などが格納されているstudentsテーブルを結合して、すべての列を表示する場合は次のよう

8　ASを省略して「COUNT(*) 人数」のように指定することも可能です。MySQL/MariaDBやPostgreSQLはどちらの書き方も使用できますが、OracleのようにASを入れるとエラーになるDBMSもあります。

9　Microsoft SQL Serverの場合、ASで付けた名前をORDER BYで使用することはできますが、GROUP BYでは使用できません。このため、❸はGROUP BY branchとする必要があります。

にします。この例では、まずcoursesテーブルの列が表示され、続いてstudentsテーブルの列が表示されます。

```
SELECT *
FROM courses
JOIN students ON courses.student_id = students.student_id;
```

student_id	course	student_id	student_name	student_yomi	…	school	branch
C0001	国語	C0001	谷内 ミケ	タニウチ ミケ		港第五中学校	渋谷
C0001	英語	C0001	谷内 ミケ	タニウチ ミケ		港第五中学校	渋谷
C0001	数学	C0001	谷内 ミケ	タニウチ ミケ		港第五中学校	渋谷
C0002	英語	C0002	山村 つくね	ヤマムラ ツクネ		三毛猫学院中学校	池袋
C0002	数学	C0002	山村 つくね	ヤマムラ ツクネ		三毛猫学院中学校	池袋
：以下略、全283行（home_phone、mobile_phoneの列も省略）							

　SELECT句で列を指定する場合、どのテーブルの列であるかを明示する必要があります。たとえば、「student_id」はどちらのテーブルにも存在するので「テーブル名.student_id」のようにテーブル名を付けます。今回の場合、student_idは結合の条件に使っており、「students.student_id」と「courses.student_id」は同じ値が入っているはずです。したがって、どちらの名前を使っても結果は同じです。

　「student_name」や「course」は片方のテーブルにしか存在しないため、テーブル名の指定は不要ですが、指定してもかまいません。以下の2つのSELECT文は同じ結果になります。複雑な構成のテーブルであったり、3つ以上のテーブルを結合しているような場合、どのテーブルの列なのかをすべて明示しておくと、後々のメンテナンスに役立つことがあります。

```
SELECT students.student_id, student_name, course
FROM courses
JOIN students ON courses.student_id = students.student_id;
```

```
SELECT students.student_id, students.student_name, courses.
course
FROM courses
JOIN students ON courses.student_id = students.student_id;
```

student_id	student_name	course
C0001	谷内 ミケ	国語
C0001	谷内 ミケ	英語
C0001	谷内 ミケ	数学
C0002	山村 つくね	英語
C0002	山村 つくね	数学
：以下略、全283行		

結合した結果を絞り込む、並べ替える　結合補足❶

 結合した結果も、絞り込んだり、並べ替えたりできるのかな。

 同じだよ。**WHERE**と**ORDER BY**を使うんだ。

「JOIN～ON」の後にも、WHERE句やORDER　BY句を付けることができます。ここで使用する列も、必要に応じてテーブル名を明示します。

　次の例では、先ほどのcoursesテーブルとstudentsテーブルの結合に、WHERE句で新宿校舎のみ、ORDER　BY句でcourse順とする指定を加えています。

```
SELECT students.student_id, student_name, course
FROM courses
JOIN students ON courses.student_id = students.student_id
WHERE branch='新宿'
ORDER BY course;
```

student_id	student_name	course
C0011	泉 観音	国語
C0055	五十嵐 ポン太	国語
C0068	内村 離寛	国語
：中略		
C0114	青木 空	数学
C0022	駒田 萌黄	数学
C0003	北川 ジョン	数学
：中略		

続き

student_id	student_name	course
C0084	佐藤 茜	英語
C0104	志木 トップ	英語
C0114	青木 空	英語
：中略		
C0067	飯田 小麦	英語
C0073	国生 タマリ	英語
C0110	東 福太郎	英語

※ courseごとのデータ順は環境によって異なる。一定にしたい場合はORDER BYにstudent_idを加えるなどする。

結合した結果を集計する　結合補足❷

 集計も同じように**COUNT**と**GROUP BY**を使えばいいんだね。

 そう。せっかくだから、複数の列で集計する方法も確認しておこう。

COUNTやGROUP　BYも同じように指定できます。以下のSELECT文は「校舎とコースごとに人数を集計する」というもので、coursesとstudentsを結合した結果をcourseごとに集計し、件数が少ない順に並べています。

```
SELECT course, COUNT(*)
FROM courses
JOIN students ON courses.student_id = students.student_id
GROUP BY course
ORDER BY COUNT(*);
```

course	COUNT(*)
国語	71
数学	104
英語	108

複数の列で集約する場合、「GROUP BY 列1, 列2…」のように「,」で区切って指定します。以下のSELECT文では、coursesとstudentsを結合した結果を、各branchについてcourseごとに集計しています。また、並び順もbranchとcourseの順にしました。

```
SELECT branch, course, COUNT(*)
FROM courses
JOIN students ON courses.student_id = students.student_id
GROUP BY branch, course
ORDER BY branch, course;
```

branch	course	COUNT(*)
品川	数学	16
品川	英語	14
新宿	国語	37
新宿	数学	39
新宿	英語	43
池袋	国語	9

続き

branch	course	COUNT(*)
池袋	数学	20
池袋	英語	17
渋谷	国語	25
渋谷	数学	29
渋谷	英語	34

 へえ、品川校舎には国語選択の子がいないんだね。

 今のところ、品川は英数のみなんだ。

 品川校舎で国語選択の生徒がたまたま存在しないのか、それとも存在しちゃいけないのか、どっちなんだろう。もし「品川校舎は英語と数学のみ」というルールがあるなら、テーブルもそのように設計した方が良いかもしれない。これは後でじっくり検討しようね。

 質問されてはじめて気づくルールって、いっぱいありそうだ。

 意外とそういうもんなんだよね。だからこそ、データベースの設計は大変だし、大切なんだ。

2.8
ビューの作成と削除
CREATE VIEW/DROP VIEW

 SELECT文でいろんなことができるってのが、だんだんわかってきた
よ。でも、毎回書くのはちょっとおっくうで……。

 しょっちゅう使う組み合わせなら、**ビュー**を作っておくと便利だよ。

リレーショナルデータベースでは、データを格納する入れ物としてのテーブ
ルのほかに、**ビュー**（view）という仮想的な表を作成できます。ビューは、SELECT
文でテーブルと同じように参照できます。

●● ビューの作成

 ビューの作成は簡単なんだ。「CREATE VIEW ビュー名 AS」を
SELECT文の前に付ければいいんだよ。

 なるほど、まずはSELECT文を書いて、気に入ったら名前を付けてお
くって感じだね。

ビューの作成は「CREATE VIEW ビュー名 AS SELECT文」で行います。
以下は、先ほど、校舎とコースごとに人数を集計したSELECT文を「コース別
人数一覧」というビューにしています[10]。

---

10 SQL Serverほか、DRMSによっては ORDER BY が入った SELECT文はビューにできないことがあ
  ります。この場合は ORDER BY branch, course を削除してビューを作成し、VIEW を使用する
  際に必要に応じ ORDER BY を指定します。

```
CREATE VIEW コース別人数一覧 AS
SELECT branch, course, COUNT(*) AS 人数
FROM courses
JOIN students ON courses.student_id = students.student_id
GROUP BY branch, course
ORDER BY branch, course;
```

　作成したビューは、テーブル同様、SELECT文で表示できます。今回作成したビューは参照のみのビューとなりますが、ビューの構造によってはデータの追加や削除、変更も可能です。ビューについて、詳細は第3章で改めて取り上げます。

```
SELECT * FROM コース別人数一覧 WHERE 人数>=25;
```

branch	course	人数
新宿	国語	37
新宿	数学	39
新宿	英語	43
渋谷	国語	25
渋谷	数学	29
渋谷	英語	34

●●● ビューの削除

 ビューの削除は「DROP VIEW」で行うよ。

 データはどうなっちゃうの?

 ビューはいわば「名前の付いたSELECT文」で、データの方には影響しないから心配は要らないよ。

　ビューの削除は「DROP VIEW ビュー名;」で行います。先ほど作成した「コース別人数一覧」を削除するには、次のようにします。

```
DROP VIEW コース別人数一覧;
```

　ビューを削除してもデータには影響しませんが、「ビューを使ったビュー」が存在した場合、別のビューから参照されているビューを削除すると、その後の操作でエラーが出る場合があるので注意が必要です。

```
-- view1を作成する
CREATE VIEW view1 AS
SELECT students.student_id, student_name, course
FROM courses
JOIN students ON courses.student_id = students.student_id;

-- view1を参照しているview2を作成する
CREATE VIEW view2 AS
SELECT student_id, student_name FROM view1 WHERE course='国語';

-- view2を表示
-- （国語を選択している生徒のstudent_idとstudent_nameが表示される）
SELECT * FROM view2;

-- view1を削除する※
DROP VIEW view1;

-- 改めてview2を表示
-- （view1が存在していないためエラーになる）
SELECT * FROM view2;
```

※ PostgreSQLの場合、view1はview2を参照しているため削除できない。view2を先に削除するか、
「DROP VIEW view1 CASCADE;」のように「CASCADE」を指定することで、view1を参照している
view2も同時に削除できる。

 なるほど、普段使いたいと思うような表はVIEWで作ればいいんだね。

 そういうこと。テーブルと同じように使えるからね。

 ビューとビューを組み合わせてもいいの?

 もちろん大丈夫だよ。JOINでもなんでも好きにやればいい。ただ、
あまりやりすぎるとパフォーマンスが落ちることがあるから、ビューをた
くさん組み合わせる場合は、テーブルから直接同じビューが作れない
か考えてみた方がいいかもしれない。大抵のことはSELECT文一発
で書けるからね。

 おもしろいね。そして、そういうことができるかどうかも……?

 そう、テーブル設計次第ってことだ。

2.9
バッカス記法（BNF）
読めると便利！ マニュアルの書式

 ざっと見てきたけど、どんな感じかな。もちろん、ほかにもたくさんの構文があるけれど、おもなところはこのぐらいだ。

 なんとなくつかめてきたかな、という感じだね。もっと詳しく知りたい場合はどうするの？

 この後、もう少し踏み込んで説明はするけれど、そうだな、**バッカス記法**の読み方を知っておくといいね。

 バッカス記法？

 たとえばSELECTの構文とか、どのようなキーワードが使えるか、どういう順番で書くかといったことは、「バッカス記法」という決まったスタイルで書かれていることが多いんだよ。

 ああ、マニュアルを読むときに必要なんだね。

 そういうこと。慣れてくればわかるんだけど、最初は少しとっつきにくいかもしれないから、ちょっと見ておこう。

　SQLにはさまざまな構文があり、どの場所でどのキーワードが使用できるか、列名やテーブル名はどこで指定できるかなどは構文ごとに決まっています。SQLの構文は標準SQLの規格文書や、各DBMSのマニュアルなどで確認できます。
　以下は、SELECT文の構文（ISO/IEC 9075-2:2023、p.98）です。このような記述方法を**バッカス記法**（*Backus Normal Form*, BNF）といいます。

```
❶
<query specification> ::=
SELECT [ <set quantifier> ] <select list> <table expression>

❷
<set quantifier> ::=
DISTINCT
| ALL

❸
<select list> ::=
<asterisk>
| <select sublist> [ { <comma> <select sublist> }... ]
```

URL https://www.iso.org/obp/ui/#iso:std:iso-iec:9075:-2:ed-6:v1:en
「7.16 <query specification>」より。番号は筆者。

　大文字部分はSQLのキーワードで、そのまま記述します。<小文字>で示されている箇所は、別の場所で定義されているので適宜参照します。[〜]（大括弧）の部分は、囲まれている箇所が省略可能であることを示しています。したがって、❶の部分は、

> 仕様で query specification と書かれている箇所の書式は、SELECTに続いて、set quantifier（省略可能）と <select list> と <table expression> を指定する

のように読むことができます。
　次のブロックで使われている | は「または」という意味の記号です。したがって、❷の部分は、

> <set quantifier> の箇所には、DISTINCTまたはALLを書く

という意味になります。
　繰り返し書くことができる箇所については {}（中括弧）で示されています。そこで、❸の部分は、

> <select list> の箇所には、<asterisk>（別の場所で「*」と定義されている）または <select sublist> を書く、<select sublist> は <comma>（「,」）で区切って繰り返し書くことができる

と読み取ることができます。
　MySQLやMariaDB、PostgreSQLのマニュアルの場合、「<>」は使われていませんが、同じように読むことができます。以下は、MariaDBのSELECT

文です。

```
SELECT
  [ALL | DISTINCT | DISTINCTROW]
  [HIGH_PRIORITY]
  [STRAIGHT_JOIN]
  [SQL_SMALL_RESULT] [SQL_BIG_RESULT] [SQL_BUFFER_RESULT]
  [SQL_CACHE | SQL_NO_CACHE] [SQL_CALC_FOUND_ROWS]
  select_expr [, select_expr ...]
  [FROM table_references
    [WHERE where_condition]
    [GROUP BY {col_name | expr | position} [ASC | DESC], ...
[WITH ROLLUP]]
    [HAVING where_condition]
    [ORDER BY {col_name | expr | position} [ASC | DESC],
...]
```

URL https://mariadb.com/kb/en/select/

　「SELECT」に続いて「ALL または DISTINCT または DISTINCTROW のいず
れか（省略可能）」「HIGH_PRIORITY（省略可能）」「STRAIGHT_JOIN（省略可
能）」……というキーワード、そして「select_expr」を「,」区切りで複数（select_
expr部分には取得したい列を記載する旨が別途書かれている）のように書かれ
ています。なお、「DISTINCTROW」や「HIGH_PRIORITY」「STRAIGHT_
JOIN」は標準SQLでは定義されていない、MySQL/MariaDB独自のキーワー
ドです。

 ゆっくり読めば読めないこともない、かなあ。

 ここをいきなり読まなきゃいけないってことは、あまりないよ。だいた
いサンプルを真似しながら、覚えていくものだからね。

 よかった……。

 たとえば、参考書やWebサイトを見て真似して書いたのに文法エラー
になってしまったような場合、自分の使っているDBMSのバージョンで
使える構文なのかを確認するときに必要になる。対応しているかどう
かを見るだけなら、キーワードが掲載されているかどうかでだいたい判
断できるから、あとは、徐々に慣れていけば十分だと思うよ。

Column

SQLによる「権限」の設定 GRANT、REVOKE

　テーブルやビューに対する権限の操作は、「GRANT 権限 ON 対象 TO ユーザー名；」で権限の付与、「REVOKE 権限 ON 対象 FROM ユーザー名；」で権限を取り除くことができます。

　データの操作に関する権限は、SELECT、INSERT、UPDATE、DELETEで指定します。たとえばデータの表示などを行うためにはSELECT権限が必要なので、「GRANT SELECT ON テーブル名 TO ユーザー名；」のように指定します。GRANTとREVOKEで設定できる権限には、このほか、テーブルの作成や削除、ALTERによる定義の変更や、ほかのユーザーに権限を与えるための権限などがありますが、設定できる内容や設定方法はDBMSによって異なります。

テーブルに対する権限設定

　以下は、ユーザー「testuser1」に「生徒マスター」テーブルの、「testuser1」と「testuser2」に「選択コース」テーブルのデータを取得する権限を与えています。サンプルデータベースtestdbで実行可能ですが、実行に先立ち、ユーザーの追加等の操作が必要です。試してみたい場合は、事前にサポートサイトの手順に従って設定を行ってください。

　❶ではユーザーtestuser1に「生徒マスター」のデータを取得する権限を付与、❷ではユーザーtestuser1とtestuser2に「選択コース」のデータを取得する権限を付与しています。なお、PostgreSQLの場合は `ユーザー名`@`localhost`部分はユーザー名のみにして下さい。

```
-- （ユーザーstudyまたはDBMS管理権限のあるユーザーで実行）
-- ❶ユーザーtestuser1に「生徒マスター」のデータを取得する権限を付与
GRANT SELECT ON 生徒マスター TO `testuser1`@`localhost`;

-- ❷ユーザーtestuser1とtestuser2に「選択コース」のデータを取得する権限を付与
GRANT SELECT ON 選択コース TO `testuser1`@`localhost`,
`testuser2`@`localhost`;
```

　testuser1で接続した場合、❶と❷のSELECT文が実行可能ですが、testuser2の場合、実行できるのは❶のみで、❷は実行できません。

```
-- ❶testuser1、testuser2ともに実行可能
SELECT * FROM 選択コース;

-- ❷testuser1は実行できるが
-- testuser2は生徒マスターのデータを取得できないため実行できない
SELECT * FROM 選択コース
JOIN 生徒マスター ON 選択コース.生徒番号=生徒マスター.生徒番号;
```

権限を取り除く場合はREVOKEを使用します。たとえば、ユーザーtestuser1が、「選択コース」のデータを取得できないようにするには次のようにします。

```
-- （ユーザーstudyまたはDBMS管理権限のあるユーザーで実行）
-- ユーザーtestuser1から、「選択コース」のデータを取得する権限を取り除く
REVOKE SELECT ON 選択コース FROM `testuser1`@`localhost`;
```

ビューに対する権限設定

ビューに対して権限を設定することもできます。この場合、ビューで取得可能なデータに対する権限になるので、特定のデータ閲覧だけをユーザーに許可する、という使い方ができるようになります。

以下のサンプルでは、testuser1には生徒番号「C0001」の、testuser2には生徒番号「C0002」のデータを参照できるようにしています。

❶では、データを参照するためのビューを作成しています。「生徒マスター」テーブルと「選択コース」テーブルのJOINで、WHERE句で生徒番号「C0001」と「C0002」をそれぞれ指定しています。なお、ビューの場合、同じ列名が複数あるとエラーになるため「SELECT ＊」ではなく「SELECT 生徒マスター.*, コース」のように指定しています。❷では、❶で作成したビューに対するSELECT権限を、testuser1とtestuser2にそれぞれ付与しています。

```
-- （準備、確認用) testuser1とtestuser2から
-- 「生徒マスター」と「選択コース」に関するすべての権限を取り除く
-- MySQL/MariaDBの場合（付与してある権限を指定して取り除く必要がある）
REVOKE SELECT ON 生徒マスター FROM `testuser1`@`localhost`;
REVOKE SELECT ON 選択コース FROM `testuser2`@`localhost`;
-- PostgreSQLの場合
REVOKE ALL ON 生徒マスター, 選択コース FROM testuser1, testuser2;

-- ❶「生徒C0001」と「生徒C0002」というビューを作成
CREATE VIEW 生徒C0001 AS
SELECT 生徒マスター.*, コース FROM 選択コース
JOIN 生徒マスター ON 選択コース.生徒番号=生徒マスター.生徒番号
WHERE 選択コース.生徒番号='C0001';

CREATE VIEW 生徒C0002 AS
SELECT 生徒マスター.*, コース FROM 選択コース
JOIN 生徒マスター ON 選択コース.生徒番号=生徒マスター.生徒番号
WHERE 選択コース.生徒番号='C0002';

-- ❷testuser1とtestuser2にそれぞれのビューへの権限を付与
-- MySQL/MariaDBの場合
GRANT SELECT ON 生徒C0001 TO `testuser1`@`localhost`;
GRANT SELECT ON 生徒C0002 TO `testuser2`@`localhost`;
-- PostgreSQLの場合
GRANT SELECT ON 生徒C0001 TO testuser1;
GRANT SELECT ON 生徒C0002 TO testuser2;
```

CREATE TABLE 詳細

［DB設計❶］
テーブルではどんなことを定義できるのか

ここからは、SQLそしてリレーショナルデータベースを利用する上で重要な「データベース設計」について3つの章に分けて解説します。まずはデータの入れ物となる「テーブル」を作成する際に、どのような定義ができるのかを見ていきましょう。

3.1
実表と導出表
SELECTできる2つの「表」

 さて、SQLの雰囲気がわかったところで、**テーブルの設計**について考えていこう。

 なんで細かいテーブルに分かれているのか、などの話だね?

 そう、その話だよ。リレーショナルデータベースでは、データを**列×行**という2次元の表の形にするよね。

 うん。たしかにテーブルも列×行だったし、SELECT文の結果も列×行だったね。SELECT文は**ビュー**として名前を付けておくこともできるんだったね。

 そのとおり! そして、使うときのイメージで「こんなテーブルがほしいな」って思うのは、得てしてビューの方だったりするんだ。

 テーブルを作るときは、ほしい項目をざざざっと並べればいいんだと思ってたよ。でも、それはビューの方だったんだね。

　リレーショナルデータベースでは、データを**列×行**の表形式で保存します。これを**テーブル**(*table*)または**実表**(*base table*)といいます。

　テーブルからは新たなテーブルを作ることができます。データ操作の結果作られる表は**導出表**(*derived table*)、あるいは**仮想表**(*virtual table*)と呼ばれています。導出表には名前を付けて使うことが可能で、これを**ビュー表**(*view table*)といいます **図3.1** 。

● 図3.1　実表と導出表

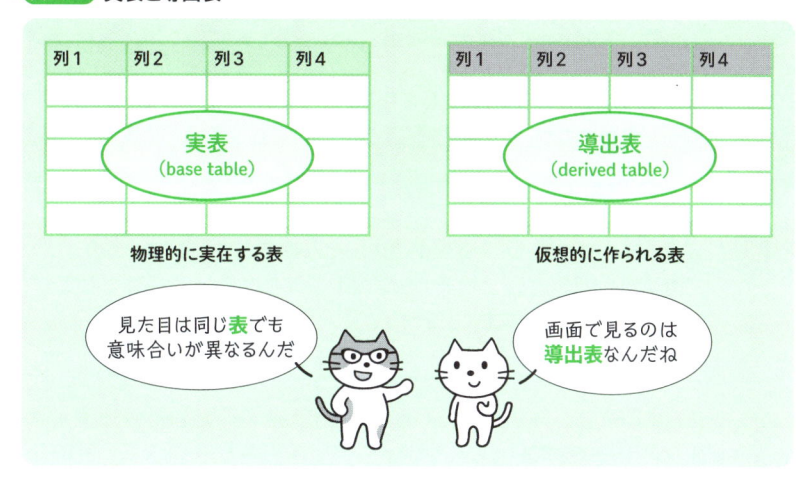

このほか、SQL-92では最初の標準規格にはなかった**一時テーブル** (*temporary table*) が規定されました。一時テーブルは、SELECT文の結果をメモリーの中に保持したいようなときに使うもので、「CREATE TEMPORARY TABLE テーブル名（……）;」のように、CREATE TABLE文のTABLEの前に「TEMPORARY」を指定します。

Column

更新可能なビュー

　古いDBMSでは、ビューに対して実行できるのはSELECTのみで、ビューに対する更新を行うことはできませんでしたが、昨今のDBMSでは一定の条件が満たされているビューに関してはデータの更新が可能です。

　更新可能かどうかの細かい条件はDBMSによって異なりますが、原則として、FROMで参照するテーブルが1つだけであることや、GROUP BYや集約関数でデータを集約していないこと、DISTINCTやLIMITが指定されていないことが挙げられます。

61

テーブルとビューの定義

 テーブルはCREATE TABLEで作る。ここではどんな列があり、どんなデータ型なのか、を定義する。

 ビューはCREATE VIEWで作るんだったね。

 そう。まずはSELECT文があって、それに名前を付けておくのがCREATE VIEWだ。別に作らなくてもいいんだけど、同じ条件を何度も使う場合には作っておくと便利だよ。

テーブルはCREATE TABLE文で、ビューはCREATE VIEW文で作成します。基本的な構文は 図3.2 のとおりです。

● 図3.2 テーブルとビューの定義

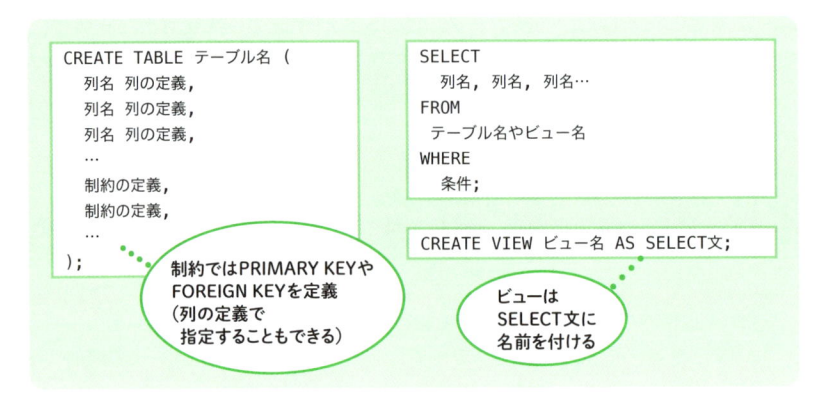

 OK、**テーブルの設計**では、ビューではなく**テーブル**、**実表**の方を考えるべし。

 そう。説明を聞いているときには理解していても、実際に作り始めるとついつい忘れてしまうことがあるから、この区別は常に意識しておいてね。

3.2
「列」（カラム）の設定
どんなデータを保存したいか考えよう

 改めて、テーブルの定義について、何ができるのかを確認して行こう。まずは**列**からだ。

 了解。「列」について改めて考えてみるってことだね。

 そういうこと。まずしっかり押さえておくべきことは、リレーショナルデータベースでは、それぞれの列には値を1つずつ入れるのが大原則だってこと。たとえば「生徒番号」の列には生徒番号が1つだけが入る。

 生徒番号は1つだけだから、とくに問題ないよね？

 そうだね。でも問題になることもある。たとえば電話番号だ。君は電話をいくつ持ってる？

 自宅と携帯と……。あ、なるほど。携帯電話の電話帳には1人に対して複数の電話番号を登録できるようになっているもんね。

　リレーショナルデータベースの**列**（column, カラム）には、1つのデータを登録します。生徒番号の列には生徒番号を1つだけ、電話番号の列には電話番号を1つだけ登録する、ということです。このようなデータを**アトミック**（atomic）なデータと呼ぶことがあります。アトミックとは、**これ以上分割できない**ことを意味します **図3.3** 。

　また、1つの列には、同じ種類のデータを登録します。Excelなどの表計算ソフトのセルのように、あるときは名称、あるときは金額、あるときは小計といった入力はしません（データ型の定義によっては入力してもエラーになる）。

● **図3.3** アトミックなデータを入れる

データの「型」とは何か

 列にはアトミックなデータを入れる。そして、データには**型**というものがある。データ型とは、文字列や数値のような、**データの種類**のことだ。

 ああ、CREATE TABLE で CHAR とか INTEGER とか指定していたね。あれのことでしょ?

 そのとおり! 大まかには文字列/数値/日付時刻の3種類。Excelなんかでもそうだよね。数値なら四則演算ができる、のように、データ型によって処理できる内容が異なってくる。

 リレーショナルデータベースでは、この列には文字列、この列には数値、とあらかじめ決めておくんだね。

　SQLでは、テーブルを作成するときに**データ型**を指定することで、登録できるデータの種類を制限します。リレーショナルデータベースで扱うデータ型には、大きく分けて文字列/数値/日付時刻の3種類があります。

　文字列型は、文字数が決まっている**固定長型**(CHAR)と、**可変長型**(VARCHAR)があります[1]。また、多くのDBMSでは、文章のような長い文字列を格納するた

---

[1] CHAR型の場合、一般に、指定した長さに満たない文字列の場合はスペースを埋めた状態で保存されます。「必ず5文字」や「英数文字で8〜10文字」のような制約を設けたい場合はCHECK制約を使用するとよいでしょう。本書では、固定長を想定しているIDや商品コードなどを想定しているフィールドには「CHAR(文字数)」、住所など、とくに長さを定める必要がないものについては「VARCHAR(255)」で定義しています。

めのTEXT型も使用されています。また、文字列型では、多くの場合、使用する文字コード（文字セット）や並び順が指定できます。

　数値型には、整数用の型と実数用の型があります。**整数用**の型はおもにINTEGERが使用され、**実数用**はおもにNUMERICとFLOATが使用されます。INTEGERは全体の桁数、NUMERICとFLOATは有効桁数と小数部の桁数を設定できます。NUMERICとFLOATの違いは精度と処理速度で、金銭のように速度を犠牲にしても端数まで正確な値が必要な場合はNUMERIC、それ以外の場合は高速に処理できるFLOATを使用します。

　日付時刻型には、日付型（DATE）と時刻型（TIME）、日時型（TIMESTAMP）のほか、日数や時間数を管理する期間型（INTERVAL）などがあります。

●● 列の初期値　DEFAULT句

そういえば、初期値を設定しておくことってできるの？　とりあえず「0」にするとか、今現在の日時を入れるとか。

できるよ！　DEFAULT句を使うんだ。

　データの追加時、値を指定しなかった場合に自動で入る値を**初期値**（*default value*）といいます。列の初期値は、データ型の後に「DEFAULT 値」で指定します。

　以下は、「在庫マスター」というテーブルを作成するCREATE文です。

```
CREATE TABLE 在庫マスター (
  商品コード CHAR(5) PRIMARY KEY,
  商品名 VARCHAR(255),
  在庫数 INTEGER DEFAULT 0,
  登録日時 TIMESTAMP DEFAULT CURRENT_TIMESTAMP※
);
```

※ ほかの制約（後述する「NOT NULL」や「UNIQUE」など）がある場合はDEFAULT句の後に続けて書く（使用例、p.68）。MySQL/MariaDBとPostgreSQLの場合、制約の後にDEFAULT句が来ても問題ないが、標準SQLではDEFAULT句が先と規定されているため、エラーになるDBMSもあるので注意。SQL Serverの場合、TIMESTAMPではなくDATETIME2型を使用（TIMESTAMP型はレコードのバージョンを自動生成するのに用いられる）。

　5桁の商品コードがあり、これが主キーと指定されています。そして、商品名、在庫数、登録日時という列があり、在庫数に初期値として「0」、登録日時には初期値として「CURRENT_TIMESTAMP」を指定しています。CURRENT_TIMESTAMPは標準SQLで規定されている値で、現在の日時という意味です。

つまり、INSERTを実行した日時が保存されることになります。

テーブル名と列名は任意です。以下のサンプルでは定義の趣旨をわかりやすくするため日本語のテーブル名と列名を使用していますが、英数文字を使用するのが原則です（p.34）。環境に合わせて、入力しやすい名前を使用してください。いろいろな設定値で試してみたい場合は、別のテーブル名を使用するか「DROP TABLE テーブル名；」でテーブルを削除してから改めてCREATE文を実行するとよいでしょう。

次のINSERT文では、在庫マスターに、商品コード「A0001」と商品名「鉛筆」というデータを登録しています。在庫数と登録日時には何も指定していないため、初期値である「0」と「INSERT文を実行した日時」が入ります。どのような値が入ったかは、SELECT文で確認できます。

```
-- データを1件追加
INSERT INTO 在庫マスター(商品コード, 商品名) VALUES ('A0001', '鉛筆');

-- 登録されているデータを表示して確認
SELECT * FROM 在庫マスター;
```

●● 登録できる値の制限　CHECK制約

 試験の点数は整数ってだけじゃなくて、0〜100までの整数ってしたいんだけどできるのかな。

 CHECK制約でできるよ。数値の範囲とか、試験科目なら「国語」「数学」「英語」の3つ、とか。

 なるほど、文字列でもできるんだね。別のマスターが必要になるのかと思ってたよ。

 変更があるかどうかと、ほかに管理したい情報があるかどうかがポイントだ。単なる選択肢で入力可能な値を限定したいだけならCHECK制約を使うけど、ほかに変更の可能性があったり、管理したい情報があったりするならばマスターを作った方がいい。

 ふむ。うちの「校舎」は、今は単に「池袋」「新宿」「渋谷」「品川」の4択だけど、増える予定があるし、いずれは講師の方も管理したいし、やっぱり「校舎マスター」があった方がよさそうだ。

ちなみに、標準SQLではCHECK制約でかなり複雑な指定もできるようになっているけど、実際にどこまで対応しているかはDBMSによって異なる。ここでは簡単に値の範囲だけ設定してみよう。

テーブルで列を定義する際に、「CHECK( )」を使って保存できる値を限定できます。これをCHECK制約（check constraint）といいます。

以下は、第2章で使用しているexamsテーブルの定義です。ここでは、「subjectの値は国語、数学、英語のいずれか」「scoreは0以上100以下」としています。

CHECK制約では、括弧の中の式が「FALSE（偽）」になるとエラーとなり、データの追加や変更ができなくなります。たとえば「(subject='国語' OR subject='数学' OR subject='英語')」の場合、「subjectと国語が一致、または、subjectが数学と一致、またはsubjectが英語と一致」に該当しなかった場合はFALSEとなり登録できません。なお、この部分はINを使って「CHECK(subject IN ('国語', '数学', '英語'))」のように書くこともできます。また、scoreのCHECK制約はBETWEEN（6.2節）を使い「CHECK(score BETWEEN 0 AND 100)」とすることも可能です。

```
-- CHECK制約を定義する
CREATE TABLE exams (
  student_id CHAR(5) NOT NULL,※
  exam_no integer NOT NULL,
  subject VARCHAR(255) NOT NULL CHECK (subject='国語'
                    OR subject='数学' OR subject='英語'),
  score INTEGER NOT NULL CHECK(0 <= score AND score <= 100),
  PRIMARY KEY (student_id, exam_no, subject),
  FOREIGN KEY (student_id) REFERENCES students (student_id)
    ON DELETE RESTRICT ON UPDATE CASCADE
);
```

※ NULLについては後述（3.3節）。SQL Serverの場合はRESTRICTの代わりにNO ACTIONを使用（p.81）。

PRIMARY KEY等と同様に、列の定義とは別に宣言することもできます。複数の列の値を参照する必要がある場合や、複数のCHECK制約をまとめておきたい場合、CHECK制約に名前を付けたい場合などは別に書いた方がわかりやすいでしょう。

制約の名前は「CONSTRAINT 制約名」で指定します。制約の名前は、ALTER TABLE文で定義を変更する際に使います（3.6節）。また、制約に違反した際にDBMSから返されるエラーメッセージにも使用されます。

　以下は、荷物の受け付けを記録するテーブルの定義です。主キーは「受付番号」で、「受付日時」には現在の日時が自動登録されます。サイズとして、「W」「D」「H」の入力が必要ですが、それぞれの値が10を超えている必要があり、また、合計が80以上、180以下という制約を設定しています。合計サイズについては、「最小サイズ」と「最大サイズ」という2つの制約に分けました。

```
CREATE TABLE 荷物受付(
  受付番号 CHAR(6) PRIMARY KEY,
  受付日時 TIMESTAMP DEFAULT CURRENT_TIMESTAMP NOT NULL,
  W INTEGER NOT NULL CHECK(W>=10),
  D INTEGER NOT NULL CHECK(D>=10),
  H INTEGER NOT NULL CHECK(H>=10),
  CONSTRAINT 最小サイズ CHECK(W + D + H >=80),
  CONSTRAINT 最大サイズ CHECK(W + D + H <=180)
  -- 「CONSTRAINT 制約名」の部分は省略可能※
  -- 2つの制約をまとめるのであれば、たとえば次のようにする
  -- CONSTRAINT サイズ制限 CHECK(W + D + H >=80 AND W + D + H
  -- <=180)
);
```

※ PostgreSQLとSQL Serverの場合、列の定義にCHECK制約を付けた場合も「CONSTRAINT 制約名」が指定可能。この場合、「列名 データ型 NOT NULL CONSTRAINT 制約名 CHECK(条件式)」のように書く。

文字列/数値/日付時刻以外のデータ型

 SQLで扱うのは基本的に文字列や数値、日付時刻のようなシンプルな値だけど、データベースで管理したいデータはそれだけじゃない。たとえば、画像のように大きなデータもある。

 ああ、たしかに一緒に管理したいこともあるよね。商品写真とか。うちだと、筆記試験なんかはスキャンデータを管理している講師もいるよ。

 リレーショナルデータベースの元になった関係モデルで扱っているのは数値や文字にできるデータだし、リレーショナルデータベースが作られて実際に使われ始めた1970年代のコンピューターの処理能力から見ても、画像のようなデータを管理するようにはできていない。でも、リレーショナルデータベースはとても便利だから、画像なんかも一緒に管理したいってニーズも当然あるんだ。

 一緒に管理できれば楽だよね。

 そういうわけで、SQL:1999ではそういったデータを扱うためのBLOB

型などが新しく作られたし、JSONやXMLなどの扱いについても規定されている。各DBMSで独自の拡張も行われているよ。ただ、画像や音声のようなデータはサイズが大きいし、文字列や数値と違って、リレーショナルデータベースでは構造が定義されていない**非構造化デー**

タ（unstructured data）で、検索のパフォーマンスも悪い。だから、DBMSとは別に管理して、DBMSでは保管場所やファイル名を管理するという方法もしっかり検討しよう。

標準SQLでは画像などの大きなデータを格納するための**BLOB**（Binary Large Object）**型**や、**ARRAY**（配列）**型**、さらには**JSON**（JavaScript Object Notation）[2]や**XML**（Extensible Markup Language）[3]などが扱えるよう規定されていますが、DBMSによっては標準化の前からこれらのデータを独自の形でサポートしていたり、逆に、まったくサポートしていないDBMSもあり、扱い方は製品によって異なります。自分が使うDBMSでどのような対応になっているか、メンテナンス用のツールがあるかなどを確認の上、慎重に検討してください。

●● ドメイン（定義域）とは何か

 データ型について、実際に使うわけではないんだけど、ちょっとだけ意識しておくといいことがある。**ドメイン**だ。

 ドメインなら知ってるよ。インターネットで使うあれでしょ？ WWW（World Wide Web）とか、メールアドレスとか。

 それもドメインだけど、ここで言うドメインってのは**データの集合**のこと。「人名」とか、もう少し狭く「生徒の名前」とか。リレーショナルデータベースの列（カラム）には、同じドメインの値を入れる、と考えるんだ。

2　JavaScriptをベースに規定されたデータ記述言語で、「{"キー1": "キー1の値","キー2": "キー2の値",……}」のように表現します。名前（name）が「谷内 ミケ」で校舎（branch）が「新宿」の生徒（student）であれば「{"name": "谷内 ミケ", "branch": "新宿"}」のように表すことができます。標準SQLでは2016（ISO/IEC 9075:2016）からJSONに関する規定が追加されています。

3　文章中に「タグ」（tag）で印（マーク）を付けることで構造を表す言語。タグは「<要素名 属性="値">内容</要素名>」となっており、名前（name）が「谷内 ミケ」で校舎（branch）が「新宿」の生徒（student）であれば、「<student><name>谷内 ミケ</name><branch>新宿</branch></student>」あるいは名前と校舎を属性と捉えて「<student name="谷内 ミケ" branch="新宿" />」のように表すことができます。標準SQLでもデータの一部としてXMLが使用可能で、詳しくはISO/IEC 9075-14で規定されています。

えーと、人名のカラムには人の名前が入るってことか。たしかにそうじゃないと変だね。

同じ性質を持つ値の集合のことを**ドメイン**（*domain*）または**定義域**といいます。たとえば、「生徒マスター」というテーブルの「氏名」という列のドメインは人の名前の集合です。

リレーショナルデータベースの元となった**関係モデル**（*relational model*）では、異なるドメイン間での値の比較を禁じています。たとえば、身長と体重はどちらも数値型で表せますが、両者を比較するのは意味がありません。両者のドメインが異なるためです。

しかし、リレーショナルデータベースでは、ここまで厳しくはなっていません。数値同士や文字列同士のように、互換性のある型ならば比較や演算が許されています。

標準SQLでは、ドメインは「CREATE DOMAIN」で定義すると規定されており、OracleやPostgreSQLでは「CREATE DOMAIN」が使用できます。MySQLとMariaDBは2024年現在未対応です。

参考に、PostgreSQLの「CREATE DOMAIN」による定義例を示します。なお、SQL ServerおよびPostgreSQLでは「CREATE TYPE」でデータ型を定義することも可能です。

```
-- ドメインの定義
--  （MySQL/MariaDBではサポートされていないが、PostgreSQLでは実行可能）
CREATE DOMAIN course_type AS CHAR CHECK(VALUE IN ('S', 'R', 'N'));
CREATE DOMAIN grade_type AS INTEGER DEFAULT 0
                            CHECK(VALUE BETWEEN 0 AND 10);
CREATE TABLE 成績表 (
  生徒番号 CHAR(5) PRIMARY KEY REFERENCES 生徒マスター,
  コース種別 course_type,
  成績 grade_type
);
-- コース種別はcourse_type型。SまたはRまたはNのみ入力可能
-- 成績はgrade_type型。初期値は0で、0～10の数値が入力可能
```

 ドメインってどう扱えばいいのかな。ボクはMariaDBを使うつもりだし。

 実際には、データベースで行いたいことは「入力可能な値の範囲を指定する」ことがほとんどじゃないかな。それならCHECK制約でできるし、あと、MariaDBならENUM型（列挙型）を使って、「列名 ENUM（値1，値2……）」と、入力できる値を決めておくこともできるよ。

3.3
特別な値「NULL」
わからない値だって保存したい

 ここでもう一つ、**列に入れるべき値がない**、ってケースについて考えてみよう。

 どういうこと？

 そうだな、キミの塾では、入会するときに校舎を決める？

 うん。校舎ごとにコースが違っていたり、定員もあるからね。ただ、今後は通信制を取り入れたり、もう少しフレキシブルにやっていくかもしれないから、その場合は校舎が決まっていない生徒が出てくるかもしれない……。あ、そうか、それだと「校舎」の列に入れるべき値がないんだ。

 そういうこと！ 不明だったり未定だったり、理由はいろいろだけど、実際にはよくある話だよね。リレーショナルデータベースでは、こういった値のわからないデータを NULL（ヌル、ナル）で表現できるんだ。

 わからないところはNULLにしておけばいいのか。便利だね。

 便利なんだけど、扱いにくい値でもあるんだ。NULLは、あらゆる演算やSELECT文に影響を及ぼすからね。

　データベースにデータを蓄積しようというとき、値のわからないデータに出会うことがあります。値がわからない理由はさまざまで、たとえば、未定（新入社員の配属先）だったり、適用外（社長の配属先）だったりします。また、不明ということもあるでしょう。リレーショナルデータベースでは、こういった「わからない値」をNULLという特別な値、あるいは特別な状態として表現します。

　NULLは空値ともいわれます。空っぽの値という意味で、数値の０やスペー

スとは異なります。使用する際はNULLと表記し、'NULL'のように引用符は付けません（引用符を付けると「NULL」という文字列という意味になります）。

NULLは「わからない値」なので、計算や比較に使うことはできません。どんな値とも比較ができないので、列の値がNULLかどうかは「列名 = NULL」ではなく「列名 IS NULL」で調べます（6.3節）。

NULLの禁止

 「わからない」ってのは現実問題としてはよくある話だし、便利なんじゃないかな。何が問題なの？

 データを登録するときは、まあ、便利かもしれないよね。でもデータを使うときのことを考えてみよう。たとえば、UPDATE文で試した「10点加算」だ。NULLに数値は足せる？

 足しようがないね。

 わからない値にどんな数を足しても結果は「わからない」、だ。文字列だってそうだよね。

 0とか空の文字列とみなしちゃえばいいんじゃないの？

 うん。処理の負荷を下げるためにそうしていたDBMSもあったし、簡易版のDBMSでは今でもそうかもしれない。でも本来は違うよね。つまりDBMSによって動作が異なることがあるんだ。

 それは困るな。混乱の元になるね。

 それに、NULLは比較ができない。NULLのデータが1件でもあると、SELECT文が予想外の結果を返すことがあるんだよ。もちろん落ち着いて考えればわかるんだけど、難しいんだ。

 「わからない値」なんて、使い慣れてないものね。

 そうなんだ。そして、これが一番大事な話なんだけど、そもそも、列の値が決まらないようなデータを登録していいのかって問題もある。わからないものはとりあえずNULLにしておく、ではなく、必要事項がわかっているデータだけを登録すべきだし、そういうテーブルにしておくべきだ。そういった列の場合はNULLを禁止しておくことが大切になってくる。

　列の値としてNULLを許すかどうかは、テーブル作成時に指定できます。列の定義で「NOT NULL」を指定すると、列へのNULLの入力が禁止されます。

　以下は、サンプルデータの「students」テーブルの定義です。ここでは、「mobile_phone」という列だけNULLを許可し、ほかはすべてNULLを禁止しています。

```
CREATE TABLE students (
  student_id char(5) NOT NULL PRIMARY KEY,
  student_name VARCHAR(255) NOT NULL,
  student_yomi VARCHAR(255) NOT NULL,
  home_phone VARCHAR(255) NOT NULL,
  mobile_phone VARCHAR(255),
  school VARCHAR(255) NOT NULL,
  branch VARCHAR(255) NOT NULL,
  FOREIGN KEY (branch) REFERENCES branch_master (branch)
);
```

　なお、「PRIMARY KEY」が指定されている列は、自動的にNULLの入力が禁止されます。PRIMARY KEYは主キーであり、データを特定するのに使う値となるためです。したがって「student_id」列は「NOT NULL」の指定がなくてもNULLが禁止となります。

　重複を禁止する「UNIQUE」の場合、NULL値は入力可能なので重複禁止かつNULL禁止にするには、「UNIQUE」と「NOT NULL」の両方を指定する必要があります。

　NULLが入っているデータを扱うSELECT文については第6章以降で詳しく取り上げますが、NULLはしばしば予想外の結果を招きます。トラブルを避けるために、なるべくNOT NULLを指定するようにしましょう。また、NULLを許さなくてはならない列があった場合、データベースの設計を見直し、なぜNULLが必要なのか、本当にNULLが必要なのかを慎重に見極めてください。

 NULLを入れたくなったら、運用面での問題があるかもしれないってことかもね。

 そうだね、だいたい運用か設計に問題がある。それでも、NULLはうまく使えば便利だし、とても重要な値なんだ。NULLについてはテーブルの定義がひととおりできたら、SELECT文で改めて取り組もう。

3.4
キー（識別子）
PRIMARY KEY、UNIQUE、NOT NULL

 今度は**キー**について考えてみよう。たとえば、生徒マスターの生徒は「生徒番号」で識別できるよね。

 そうだね。生徒番号がわかれば誰のことだかわかる。

 そういう値のことをキー（識別子）というんだ。

　データを識別するのに使える項目を**識別子**（*identifier*）、あるいは**キー**（*key*）といいます。たとえば、生徒を生徒番号で識別しているのであれば、生徒番号が識別子です。

●● 主キーと候補キー

 キーって1つだけかな？ 生徒なら氏名でも識別できるよね。

 そう、そこなんだ！ 同姓同名の生徒がいなければ氏名もキーにできる。とはいえ、今後もずっといないとは断定できないからキーにはできない。でも、たとえば自社商品を管理する商品マスターがあったとして、同じ商品名は付けないと決まっているんだとしたら商品名だってキーになるよ。

 へー、複数のキーもアリなんだ。

 うん。キーにできる列は**候補キー**と呼ばれているよ。そして、候補キーの中でおもに使うものを**主キー**っていうんだ。

 ああ、それで「主」なんだ。候補キーの中でどれを主キーにするかっていう決まりはあるの？

こうしなきゃいけないってルールはないけど、なるべくシンプルな方を選ぶかな。

 たしかに、生徒番号や商品番号を使うだろうね。

 そうだよね。主キーはほかのテーブルから参照されることが多いから、原則として、**一度決めたら変更しない項目**を使う。あとは、**曖昧さがない**方がいいよ。だから、「××コード」とか「××番号」と呼ばれる項目があったら、大抵の場合、それが主キーになるよ。

キーにできる項目は1つとは限りません。キーの中で、任意の1つを**主キー**、または**1次キー**（*primary key*, **PK**）、そのほかのキーを**2次キー**（*secondary key*）、または**代理キー**（*alternate key*）と呼びます。キーとなる項目は、主キーとなりうるという意味で、**候補キー**（*candidate key*）とも呼ばれます[4]。

たとえば、商品を識別するのに、商品コードと商品名の両方が使えるとします。つまり、どちらも重複がないため、商品コードがわかればどの商品かわかる、商品名がわかればどの商品かわかる、という状態です。この場合の候補キーは、商品コードと商品名です。生徒の場合、生徒番号と氏名で特定できそうですが、氏名には重複があり得るので、候補キーは生徒番号のみとなります。したがって、生徒番号が主キーとなります。

主キーとそのほかの候補キーの宣言

 主キーは**PRIMARY KEY**で宣言するよ。

 第2章の**CREATE TABLE**で出てきたね。候補キー用の宣言ってのはないの?

 主キー以外の候補キー専用の宣言があるわけではなくて、**重複不可**であることと、**NULLが禁止である**ことを示すんだ。

 ああそうか、重複不可ならデータを特定するのに使えるもんね。

 重複不可、かつ、NULL禁止ね。細かくてごめんね。

---

4 文脈によっては、候補キーという言葉が「主キー以外の候補キー」を指していることもあります。また、後述する「サロゲートキー」の意味で「代理キー」という言葉が使われていることもあります。

主キーはテーブル作成時に「PRIMARY KEY」で宣言します。

以下は「商品コード」と「商品名」を持つ「商品マスター」というテーブルの定義例です。商品コードも商品名も商品を特定できますが(候補キー)、ここでは商品コードを主キーとしています。なお、「PRIMARY KEY」は常にNULLが禁止となるので、「NOT NULL」の指定は省略できます。

それ以外の候補キーは、重複禁止を意味する「UNIQUE」とNULLを禁止する「NOT NULL」で宣言します。「UNIQUE」だけの場合はNULLが登録できるため、「NULL以外の値は重複しない」という意味になります。NULLは「NULLである/NULLではない」という判定ができるのみで、一致する/しないの判定の対象にはならないことから、UNIQUEが指定されていてもNULLのデータは何件でも登録できます[5]。したがって、「UNIQUE」だけではデータを特定する「識別子」ということにはなりません。

```
CREATE TABLE 商品マスター (
  商品コード CHAR(5) NOT NULL PRIMARY KEY,
  商品名 VARCHAR(255) NOT NULL UNIQUE
);
```

以下のように、PRIMARY KEYやUNIQUEを列の定義とは別に宣言することもできます。後述するように、複数の列を組み合わせて指定したい場合はこちらの書式で宣言します。別に宣言した場合は、「CONSTRAINT」で制約名を付けることも可能です。

```
CREATE TABLE 商品マスター (
  商品コード CHAR(5) NOT NULL,
  商品名 VARCHAR(255) NOT NULL,
  CONSTRAINT 商品コード_主キー PRIMARY KEY(商品コード),
  CONSTRAINT 商品名_重複不可 UNIQUE(商品名)
);
--  「CONSTRAINT 制約名」は省略可能※
```

※ MySQL/MariaDBの場合、「PRIMARY KEY」や「UNIQUE」を列名のところで宣言した場合も「CONSTRAINT 制約名」で名前を付けられる。

候補キーはデータを識別するのに使えるので、外部キーから参照されることもできます。逆に言えば、外部キーから参照したい列は、候補キーであること、つまり「PRIMARY KEY」または「UNIQUEかつNOT NULL」が指定されている必要があります。

5　簡易的なデータベースや古いデータベースの場合、内部ではNULLを「0」や「長さ0の文字列」として扱っており、この場合、UNIQUE指定の列にはNULLが1件だけ登録可能です。

複合キーの宣言

 そういえばうちの生徒番号って、今は全校舎共通で使える番号になってるんだけど、昔は校舎ごとに付けてたんだよね。そういうケースはどうするの?

 そうだね。「校舎コード+生徒番号」のように、複数の列を組み合わせてキーにすることもできるよ。**複合キー**っていうんだ。

キーは単独の列である必要はありません。複数の列を組み合わせてキーにすることも可能です。このようなキーを**複合キー**（*compound key*）といいます。

CREATE TABLE で複合キーを設定する場合、列名の後に「PRIMARY KEY」を指定する方法を採ることはできないので、「PRIMARY KEY」を別に宣言します。以下は、サンプルデータの「exams」テーブルの定義です。ここでは、生徒番号と試験番号と科目（「student_id」「exam_no」「subject」）の3つの列を組み合わせて主キーとしています。

```
CREATE TABLE exams (
  student_id CHAR(5) NOT NULL REFERENCES students (student_id),
  exam_no INTEGER NOT NULL,
  subject VARCHAR(255) NOT NULL,
  score INTEGER NOT NULL CHECK(0 <= score AND score <= 100),
  PRIMARY KEY (student_id, exam_no, subject)
);
```

DBMS上で管理しやすくするために、あるいは複合キーを主キーにできないDBMSの場合、複合キーとは別にDBMSで自動生成した連続番号を保存する列を作ってそれを主キーとする場合があります。このような場合は、複合キーを候補キーとして、つまり、UNIQUE および NOT NULL の指定をしておきます。

連続番号の定義は「SERIAL」で行います[6]。SERIALは標準SQLではありませんが、MySQL/MariaDB、PostgreSQL 共通で使用できます。SQL Serverでは IDENTITY を使用します。なお、標準SQLでは、SQL:2003で自動番号生成機能を持つ識別列（*Identity columns*）が規定されました。

---

[6] MySQL/MariaDBは SERIAL 型がサポートされる前から「AUTO_INCREMENT」という宣言が使用されており、SERIALの宣言は内部では「BIGINT UNSIGNED NOT NULL AUTO_INCREMENT UNIQUE」として扱われます。また、PostgreSQLでは7.3までは SERIAL 型は UNIQUE として扱われていましたが、それより後のバージョンでは重複不可を明示するには UNIQUE または PRIMARY KEY の宣言が必要です。SQL Server の場合は数値型の IDENTITY プロパティを使用し INT IDENTITY (開始 , 増分) のように定義します。

```
-- 試験の管理用に自動生成される連番を使う場合の定義例
CREATE TABLE exams_with_serial (
  autokey SERIAL PRIMARY KEY,
  student_id CHAR(5) NOT NULL REFERENCES students (student_id),
  exam_no INTEGER NOT NULL,
  subject VARCHAR(255) NOT NULL,
  score INTEGER NOT NULL CHECK(0 <= score AND score <= 100),
  UNIQUE (student_id, exam_no, subject)
);
```

※ SQL Serverの場合、`autokey INTEGER IDENTITY(1,1) PRIMARY KEY`で定義する。

　なお、商品コードのように元々存在して利用されていた値をナチュラルキー（*natural key*, 自然キー）と呼ぶのに対し、DBMSで自動的に生成するようなキーは**サロゲートキー**または**代替キー**（*surrogate key*）といいます。

 複合キーには慣れるまで、ちょっと時間が必要な感じがするよ。

 わかるよ。なんとなくデータを特定するのにはIDがなきゃって思っちゃうもんね。

 普段の仕事でも複合キーみたいなものは使っていたんだろうけど、なんとなく、複数の条件で絞り込んで1件を特定した、くらいの感覚だったかもしれないなあ。

 そういう、「たまたま特定できる組み合わせ」ってのもあるよね。氏名と一緒で、本来は特定できない値でも、同姓同名がいなければ実用上は特定できる。でも、データベースを設計する上では、この組み合わせは重複していいのか？ と検討するのは重要な作業になるんだ。

 キーに関わる作業なんだもんね。

3.5 参照制約（外部キー）
FOREIGN KEY、REFERENCES

 試験テーブルに登録する生徒番号は生徒マスターに登録されていない といけない、のような参照のルールが**参照制約**だね。

 入力する側が気を付けたり工夫するのではなく、参照制約をテーブル に設定しておくってのがミソなんだよね？

 そういうことだ。ちなみに、ほかのテーブルを参照している列は「外部 キー」と呼ばれているから、参照制約は**外部キー制約**とも呼ばれてい るよ。

　他テーブルを参照している列を**外部キー**（*foreign key*、FK）、外部キーの値は参 照先を特定できなければならないという制約を**参照制約**、**参照整合性制約**（*referential constraint*）または**外部キー制約**（*foreign key constraint*）といいます。

　多くの場合、参照される側の列は主キーですが、候補キーであれば、つまり NULLも重複もない列であれば、主キーでなくてもかまいません。

　参照制約が設定されている場合、参照されている側のテーブルや列は「親テー ブル」「親キー」、参照している側のテーブルや列は「子テーブル」「子キー」また は「外部テーブル」「外部キー」と呼ばれます。

●● 参照制約（外部キー）の宣言

 参照制約は「FOREIGN KEY」で宣言するんだ。

 これも、第2章のCREATE TABLEのところで出てきたね。

参照制約（外部キー、 **図3.4** ）は、「FOREIGN KEY（列名）REFERENCES 参照先のテーブル（列名）」で宣言します[7]。複数の列で参照したい場合は、「FOREIGN KEY（列名1，列名2）REFERENCES 参照先のテーブル（列名1，列名2）」のように「，」で区切って指定します。この場合、値の組み合わせが参照先にない場合は登録できません。

● **図3.4** 参照制約

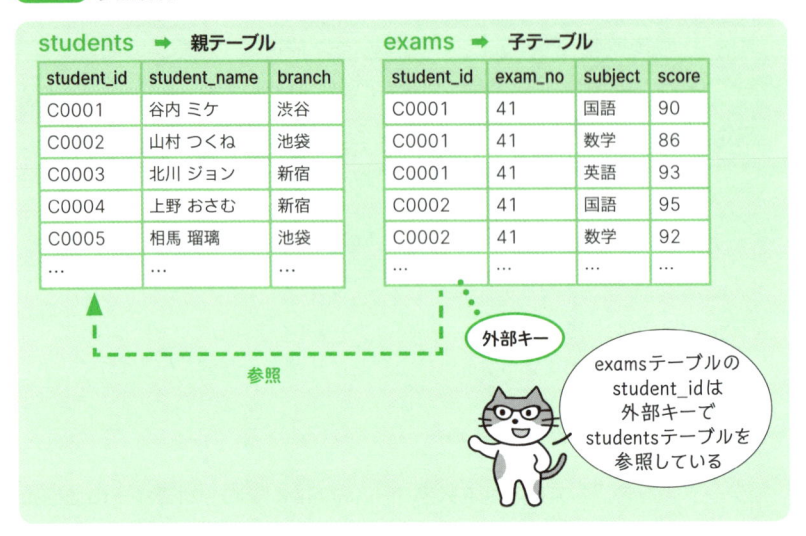

主キー（PRIMARY KEY）と違い、外部キーは1つのテーブルにいくつでも宣言できます。たとえば、サンプルデータのcoursesテーブルはstudentsテーブルとcourse_masterテーブルを参照しています。

```
CREATE TABLE courses (
    student_id CHAR(5) NOT NULL,
    course VARCHAR(255) NOT NULL,
    PRIMARY KEY (student_id, course),
    FOREIGN KEY (student_id) REFERENCES students(student_id),
    FOREIGN KEY (course) REFERENCES course_master(course)
);
```

---

7 参照する列が1つの場合、標準SQLでは、列の定義にREFERENCESを追加することで、参照制約を宣言できます。たとえば、「courseという列はcourse_masterテーブルのcourse列を参照する」のであれば「course VARCHAR(255) NOT NULL REFERENCES course_master(course)」のようにします。この書き方は、MariaDBやPostgreSQL、SQL Serverでは使用できますが、MySQLでは無効です（エラーは出ませんが、外部キーは作成されません）。

キーの値を変更したらどうなるか

 キーの値を変更したい場合はどうしたらいいのかな。うちの塾は、昔は校舎ごとに生徒番号を決めていたんだけど、3つめの校舎ができたときに、全校で使えるような通し番号に変更したんだ。

 実務で言えば、新旧の対応を管理するマスターを別途作る必要があるかもしれないけれど、データベースとしては値の変更は可能だよ。ただ、ほかから参照されている場合はどうするかを決めておかないといけないね。

 決めておく?

 生徒番号を変えたら、ほかのデータもすべて連動して変更すればいいのか、ほかのデータが登録されている場合は変更しちゃいけないのか。削除の場合も同じだね。削除しちゃっていいのかを決めておく。

 へえ、そういったことも**テーブルの設計**で面倒を見るんだ。

　キーとはモノを識別するための項目であり、本来、変更されないはずです。しかし、現実には、主キーになっている値（被参照値）が変更されることもあるでしょう。

　標準SQLでは、参照されている値が変更されたときの動作を設定できるようになっています。設定は **表3.1** の5通りで、親キー（参照されている側のキー）を削除したときの動作（**ON DELETE**）と変更したときの動作（**ON UPDATE**）をそれぞれ指定します。

表3.1 被参照値が変更されたときの動作

宣言	動作
CASCADE	親キーの変更内容を、参照している側のテーブルにも反映する。たとえば、親キーを含む行が削除されたら、参照側の行も削除される
NO ACTION および RESTRICT	ほかのテーブルから参照されている場合、親キーは変更も削除もできない※
SET NULL	親キーが変更されたら、参照側の値をNULLにする
SET DEFAULT	親キーが変更されたら、参照側の値を初期値にする（初期値は列の定義に従う）

※ RESTRICTはSQL:1999で追加された。

　親キーの削除や変更によって、ほかのテーブルの参照制約やNOT NULL制約に違反するデータが発生する場合はエラーとなります。たとえば、exams テ

ーブルのstudent_idがstudentsテーブルのstudent_idを参照しており、「ON DELETE SET NULL」が設定されていても、examsテーブルのstudent_idはPRIMARY KEYの一部なのでNULL値を入れることができないためにエラーとなります。したがって、親キーの削除はできません 図3.5 。

● 図3.5 制約は常に守られる

students	exams	PRIMARY KEY		
student_id	student_id	exam_no	subject	score
C0001	C0001	41	国語	90
C0002	C0001	41	数学	86
C0003	C0002	41	国語	95
C0004	C0002	41	数学	92
…	…	…	…	…

参照

テーブルの制約は絶対なんだね

RESTRICTって明示しておくのがわかりやすいよ

・「ON DELETE SET NULL」で参照していた場合
studentsのC0002のデータを削除すると
➡ exams の C0002 をNULLにする
➡ exams の student_id はPRIMARY KEYの一部なのでエラー
➡ studentsのC0002は削除できない

　実際は、CASCADEとRESTRICTの2つのどちらかを選択することになるでしょう。何も指定しなかった場合は「NO ACTION」となるので、動作結果としては「RESTRICT」と同じです。参照されている値は変更も削除もできません。

 ふむふむ。やめちゃった生徒のデータはすべて削除するべき、という場合は「ON DELETE CASCADE」だし、ほかに記録があるうちは削除しちゃダメなら「ON DELETE RESTRICT」か。最終的には削除するわけだけど、RESTRICTにしておく方が安全そうな感じがするな。

 そうだね。デフォルトも「NO ACTION」だから（というのは、RESTRICTは後で追加された規定だから）、参照されている値は変更も削除もしない、が基本動作だろうね。

 ほかのテーブルではまだ使われていない場合、たとえば入塾したての生徒の場合は、削除も変更もできるんだよね?

 うん。あくまで参照制約を守るための設定だからね。

3.6
テーブル定義の変更
ALTER TABLE

テーブルを定義した後に**列や制約を追加**することってできるの? 新しく作り直さないとだめ?

ALTER文で変更できるよ。

　テーブルの定義は**ALTER**文で変更できます。SQL-92（Full）で標準化されましたが、標準化以前から多くのDBMSでサポートされていたため、使い方はDBMSによって異なります。本書では、ごく標準的な書き方で列や制約の定義を変更する方法を紹介します。

●● 列と制約の追加

すでにデータが入っている列に制約を追加する場合はどうなるの? UNIQUE制約を加えたいけどすでに重複する値が入っていた場合とか。

追加する制約に違反するデータがある場合は、操作がエラーになるよ。

　一般に、**列の追加**や**制約の追加**をするときは、「ALTER　TABLE　テーブル名　ADD　列または制約の定義」で行います。

　すでにデータが入っているテーブルに対して列を追加する場合、列の値はDEFAULT句で指定した値が自動で入ります。DEFAULT句を指定していない場合はNULLになります。

　以下は、「商品マスター」テーブルを作成した後に、❶「在庫数」という列の追加、❷「商品コード」を主キーに設定、❸「在庫数」は0以上となるようなCHECK

制約を追加しています。❶が列の追加、❷と❸が制約の追加です。❷と❸については「CONSTRAINT 制約名」で制約名を付けることも可能で、以下の例では❸にのみ制約名を付けています。

最初に実行している「DROP TABLE IF EXISTS 商品マスター;」は、「商品マスターというテーブルが存在していたら削除する」という意味で、サンプルのSQL文と同じ内容を試すことができるように追加しています。

```
-- 準備（既存テーブルの削除と新規作成）
DROP TABLE IF EXISTS 商品マスター;
CREATE TABLE 商品マスター (
  商品コード CHAR(5) NOT NULL,
  商品名 VARCHAR(255)
);

-- ❶列の追加（既存データがあり、新しい列を NULL 禁止にするなら DEFAULT が必須）
ALTER TABLE 商品マスター ADD 在庫数 INTEGER DEFAULT 0 NOT NULL;

-- ❷PRIMARY KEY制約の追加（「商品コード」の既存データに重複やNULLがあると
-- エラーになる）
ALTER TABLE 商品マスター ADD PRIMARY KEY(商品コード);

-- ❸CHECK制約の追加（「CONSTRAINT 制約名」は省略可能、違反するデータが
-- 「在庫数」にあるとエラーになる）
ALTER TABLE 商品マスター ADD CONSTRAINT 在庫は0以上 CHECK(在庫数 >= 0);
```

●● 列と制約の変更/削除

 削除は**DROP**を使うんだけど、変更はちょっとややこしい。DBMSによって違うんだ。

 標準SQLにはないの?

 規定はされているんだけど、対応がまちまちなんだよね。

標準SQLでは、列や制約の変更は「ALTER TABLE テーブル名 ALTER 列名または制約名 SET 定義」、削除は「ALTER TABLE テーブル名 DROP 列名または制約名」で行うよう規定されていますが、対応はDBMSによって異なります。たとえば、MySQL/MariaDBの「CHANGE」は標準SQLと機能が異なり、MySQL/MariaDBでは列の定義と名前の変更の両方を同時に行えるのに対し、標準SQLでは名前の変更だけが行えます。また、MySQL/MariaDBの場

合、主キー (PRIMARY KEY) は「DROP PRIMARY KEY」で削除できますが、PostgreSQLおよびSQL Serverの場合は制約名で指定 (デフォルトの名前は「列名_pkey」、以下のサンプルを参照)) する必要があります。以下に使用例を示します。

```sql
-- 準備 (既存テーブルの削除と新規作成)※1
DROP TABLE IF EXISTS 商品マスター;
CREATE TABLE 商品マスター (
  商品コード CHAR(5) NOT NULL PRIMARY KEY,
  商品名 VARCHAR(255),
  在庫数 INTEGER DEFAULT 0 NOT NULL
);

-- 初期値の設定と削除 (MariaDB/MySQL/PostgreSQL)
ALTER TABLE 商品マスター ALTER 商品コード SET DEFAULT '';
ALTER TABLE 商品マスター ALTER 商品コード DROP DEFAULT;

-- SQL Server
ALTER TABLE 商品マスター ADD CONSTRAINT DF_商品コード DEFAULT ''
FOR 商品コード;
ALTER TABLE 商品マスター DROP CONSTRAINT DF_商品コード;

-- 制約の追加と削除
ALTER TABLE 商品マスター ADD CONSTRAINT 在庫は0以上 CHECK(在庫数 >= 0);
ALTER TABLE 商品マスター DROP CONSTRAINT 在庫は0以上;

-- SQL Server※2
EXEC sp_rename '商品マスター.在庫数', '在庫', 'COLUMN';

-- 列名の変更 (MariaDB/MySQL/PostgreSQL)
ALTER TABLE 商品マスター RENAME COLUMN 在庫数 TO 在庫;

-- データ型とNULL設定の再定義 (MySQL/MariaDB)
ALTER TABLE 商品マスター MODIFY 商品名 CHAR(10) NOT NULL;
ALTER TABLE 商品マスター MODIFY 商品名 CHAR(10);

-- データ型の変更 (PostgreSQL)
ALTER TABLE 商品マスター ALTER 商品名 SET DATA TYPE CHAR(10);

-- NOT NULLの設定と削除 (PostgreSQL)
ALTER TABLE 商品マスター ALTER 商品名 SET NOT NULL;
ALTER TABLE 商品マスター ALTER 商品名 DROP NOT NULL;

-- データ型とNULL設定の再定義 (SQL Server)
ALTER TABLE 商品マスター ALTER COLUMN 商品コード CHAR(6) NOT NULL;
ALTER TABLE 商品マスター ALTER COLUMN 商品コード CHAR(6) NULL;
```

```
-- PRIMARY KEYの削除 (MySQL/MariaDB)
ALTER TABLE 商品マスター DROP PRIMARY KEY;

-- PRIMARY KEYの削除 (PostgreSQL)
ALTER TABLE 商品マスター DROP CONSTRAINT 商品マスター_pkey;

-- PRIMARY KEYの削除 (SQL Server※3)
ALTER TABLE 商品マスター DROP CONSTRAINT PK__商品マスター__9217859
6C26AA10E;

-- 列の削除 (MariaDB/MySQL/PostgreSQLはCOLUMNを省略可能)
ALTER TABLE 商品マスター DROP COLUMN 商品名;
```

※1　一連の操作実行後のテーブルは DBeaver (p.viii) のテーブル定義のページで確認できる。また、MySQL/MariaDBの場合「SHOW CREATE TABLE テーブル名;」でも確認可能 (現状のテーブルを CREATE TABLEで作成する場合の SQL文が表示される)。

※2　ここでは SQL Server専用の関数 (ストアドプロシージャ) を使用している。

※3　主キーのデフォルト制約名はランダムなので、SELECT name FROM sys.key_constraints WHERE type = 'PK' AND parent_object_id = OBJECT_ID('商品マスター'); で確認する。

参照制約（外部キー制約）の追加と削除

　参照制約も、ALTER TABLEのADDとDROPで追加と削除が可能です。DROPでは制約名の指定が必要ですが、FOREIGN KEYを設定した際に制約名を指定していなかった場合は、システムのデフォルトの名前が使用されます。

　以下のサンプルは、デフォルトの名前の場合と、制約を設定する際に「CONSTRAINT」で名前を設定してあった場合の2つの例を示しています。

　「商品マスター」のみで運用していた環境に、新たに「倉庫マスター」を追加して、商品マスターから倉庫マスターを参照するようにしたケースの想定です。

```
-- 準備 (商品マスターの作成)
DROP TABLE IF EXISTS 倉庫マスター;
DROP TABLE IF EXISTS 商品マスター;
CREATE TABLE 商品マスター (
    商品コード CHAR(5) NOT NULL PRIMARY KEY,
    商品名 VARCHAR(255),
    在庫数 INTEGER DEFAULT 0 NOT NULL
);

-- 倉庫マスターを追加
CREATE TABLE 倉庫マスター (
    倉庫コード CHAR(2) NOT NULL PRIMARY KEY,
    倉庫名 VARCHAR(255)
```

```
);

-- 倉庫マスターを参照するための列を商品マスターに追加し、外部キーを設定
ALTER TABLE 商品マスター ADD 倉庫コード CHAR(2) NOT NULL;
ALTER TABLE 商品マスター ADD FOREIGN KEY(倉庫コード)
    REFERENCES 倉庫マスター(倉庫コード);

-- 参照制約を削除
-- MySQL/MariaDB※1
ALTER TABLE 商品マスター DROP CONSTRAINT 商品マスター_ibfk_1;
-- PostgreSQLの場合
ALTER TABLE 商品マスター DROP CONSTRAINT 商品マスター_倉庫コード_fkey;

-- SQL Server※2
ALTER TABLE 商品マスター DROP CONSTRAINT FK__商品マスター___倉庫コー
ド__6166761E;

-- 参照制約を名前付きで定義
ALTER TABLE 商品マスター ADD CONSTRAINT 倉庫コード参照
    FOREIGN KEY(倉庫コード) REFERENCES 倉庫マスター(倉庫コード);
-- 参照制約を削除(MySQL/MariaDB, PostgreSQL共通)
ALTER TABLE 商品マスター DROP CONSTRAINT 倉庫コード参照;
```

※1 MySQL/MariaDBの場合、「`DROP FOREIGN KEY 制約名;`」でも削除できる。サンプルはデフォルトの制約名を使用しており、制約名は、MySQL/MariaDBは「`SHOW CREATE TABLE テーブル名;`」、PostgreSQLの場合は`pg_dump`コマンドを使い「`pg_dump -U postgres --schema-only DB名 --table=テーブル名`」で確認できる。

※2 参照制約のデフォルトの制約名はランダムなので、`SELECT name FROM sys.foreign_keys WHERE parent_object_id = OBJECT_ID('商品マスター');` で確認する。

 テーブルの定義もあっさり変更できるんだね。

 そうだね。テーブルの作成と同じで、定義の変更もDBMS用の管理ツールやDBeaverなどのGUIツールで可能なのでALTER文にこだわる必要はないと思うよ。あと、列を増やしたり減らしたりすると、SELECT文や、INSERT文で列名を省略している場合の実行内容に影響が出るので注意してね。

3.7 インデックスの作成と削除
CREATE INDEX、DROP INDEX

 さて、ここまでは論理的な設計について話してきた。論理的に正しい状態になっていることは大切で、データベースを使う上での大前提と言っていい。でも、実務で使うには**パフォーマンス**も大切だ。

 そうだね。どんなに内容がよくても遅かったら使い物にならないもの。

 SQLのパフォーマンスをよくするにはいろいろな方法がある。中でも重要なのは**インデックス**（*index*）だ。

 キーとインデックスは違うの？

 リレーショナルデータベースの場合、キーとインデックスはまったく別のものなんだよ。キーはデータの論理的な構造を表現するものであるのに対し、インデックスは処理を高速化するために使うんだ。

インデックス（*index*、索引）は、データアクセスを速くするために使います。たとえば「WHERE」や「ORDER BY」の指定でよく使われる列にインデックスを作成しておくことで、処理速度が向上します。

なお、PRIMARY KEYやUNIQUEが指定されている列には、重複の有無を確認するために自動でインデックスが作成されるようになっているDBMSもあります。この場合は、改めてインデックスを作成する必要はありません。

●● インデックスの作成

 ふむふむ、キーではないけど絞り込みや並べ替えに使いがちな列ってあるもんね。うちの塾の場合、生徒を校舎で並べることが多そうだ。

そういう場合はインデックスを作っておくといいかもしれないね。

標準SQLでは、インデックスについての規定はありませんが、インデックスの作成は「CREATE INDEX インデックス名 ON テーブル名 (列1)」で行うことが多いようです。複合キーのように、複数の列でインデックスを作成したい場合は「(列1, 列2, 列3)」のように「,」で区切って並べます。

以下は、商品コード、商品名、在庫数という列がある「商品マスター」テーブルに対し、商品名と商品コードを組み合わせたインデックスを作成しています。

```
-- 準備（商品マスターの作成）
DROP TABLE IF EXISTS 商品マスター;
CREATE TABLE 商品マスター (
  商品コード CHAR(5) NOT NULL PRIMARY KEY,
  商品名 VARCHAR(255),
  在庫数 INTEGER DEFAULT 0 NOT NULL
);

-- インデックスを作成する
CREATE INDEX 商品名_idx ON 商品マスター(商品名, 商品コード);
```

MySQL/MariaDBの場合はALTER文でインデックスを作成することもできます。後述するように、インデックスの削除はALTER文で行うので、ALTER文で統一しておくのもよいでしょう。

```
-- MariaDB/MySQLはこの書き方も可能
ALTER TABLE 商品マスター ADD INDEX 商品名_idx (商品名, 商品コード);
```

●● インデックスの削除

 インデックスを作ってはみたものの、やっぱり使わなかったっていうインデックスは削除しちゃっていいの?

 大丈夫だよ。データ本体には影響がないからね。

インデックスの削除は、MySQL/MariaDBの場合はALTER文を使い「ALTER TABLE テーブル名 DROP INDEX インデックス名」、PostgreSQLの場合は「DROP INDEX インデックス名」で行います。

```
-- インデックスを削除する (MySQL/MariaDBの場合)
ALTER TABLE 商品マスター DROP INDEX 商品名_idx;

-- インデックスを削除する (PostgreSQLの場合)
DROP INDEX 商品名_idx;

-- インデックスを削除する (SQL Server)
DROP INDEX 商品名_idx ON 商品マスター;
```

インデックスと更新速度

 インデックスっていくつでも作れるのかな。極端な話、すべての列にインデックスを作っておくこともできちゃうの?

 可能は可能だよ。ただ、作ればいいってもんじゃない。逆に速度が落ちてしまうケースもあるんだ。

インデックスによって処理速度が向上するのは、問い合わせの処理（SELECT）です。更新処理（INSERT、UPDATE、DELETE）の場合、テーブルの更新とともにインデックスも書き換えなければならないため、速度が低下します。したがって、インデックスは氏名や住所など、更新頻度が低く、かつ、検索や並べ替えによく使われる列に指定するのが大原則です。

インデックスの追加や削除はデータ本体に影響しないため、大量のデータを追加/削除するときや、インデックスが設定されている列を大量に変更するときは、いったんインデックスを削除してから行った方がいいことがあります。なお、インデックスの有無が更新処理にどの程度影響するかは、DBMSおよびDBMSの動作環境によって異なります。

 なるほど、インデックス=高速化ってわけじゃないんだね。

 まあね。繰り返しになるけど、どのくらい影響があるかはDBMSの性能や動作環境、データの量や内容によって変わってくるから、いろいろと試してみてね。

第4章

正規化
［DB設計❷］
RDBにとっての
「正しい形」とは

第4章では、「正規化」について解説します。正規化は、リレーショナルデータベースで管理したい項目を整理し、各項目の内容だけではなく、項目同士の関係性も正しく保てるようなテーブルを設計するために行います。

4.1
正規化の目的
すべては正しいデータを保つため

 さて、テーブルの定義をひととおり見てきたところで、改めて**データベース設計**に取り組もう。

 何を管理するか決める、どんなテーブルにするか決める、テーブルとテーブルの参照関係をはっきりさせる、だね。

 そのとおり！ そして、あくまでリレーショナルデータベースを使うのが前提なんだから、**リレーショナルデータベースのルール**にのっとっていないと、非常に扱いにくいものになってしまう。

 表の形になっているだけでは、だめってこと?

 そうなんだ。ただ表の形になっているだけでは、リレーショナルデータベースの**整合性を保つ**という強力な機能を活かせない。データを溜めるだけの入れ物になってしまう。

 それはよくないね。データをしっかり管理して活用したいから、DBMSを使うんだもの。でも、ルールにのっとってるってどういうこと?

 ここで役立つのが**正規化**というステップだ。リレーショナルデータベースには「正規形」と呼ばれる、いわば「あるべき形」というのがあるんだ。

 正規形? また新しい言葉だ。正規の形ってどういうこと?

 正規形はnormal formの訳語なんだけど、normalは「基準から外れていない」だね。データベースの場合は、**一定のルールに従った形**ということだ。この形にしていくことを「正規化」っていうんだよ。

リレーショナルデータベースの設計基準を明確化するものの一つに**正規化**（*normalization*）があります。正規化とは、**テーブルの設計内容（スキーマ）を、ルー**

ルに従った状態にすることをいいます。

　データベースを正規化することで、データの重複を取り除き、矛盾した状態を招かないように、また、必要なタイミングでデータを更新できるようにします。「データの重複」とは、たとえば、同じ行が2行ある、というだけではなく、生徒の氏名がいろいろなテーブルに保存されているような状態も含んでいます。

正規化で防ぎたい「更新不整合」とは

 ふーん、データの表示よりも、**データの更新**の方に重きを置いている感じ？

 そういう見方もできるね。データさえきちんとしていれば、表示はどうにでもできるんだよ。でも、正しく更新できないと、どうにもならない。

 たしかにそうだね。

 リレーショナルデータベースで管理するデータというのは、更新するのが前提だからね。たとえば、在庫の数であるとか、生徒や社員のマスターであるとか、これらのデータを最新の状態に保てるようにしたいんだ。

　正規化の目的は、**更新不整合**(*update anomaly*) を防ぐことにあります。更新不整合は、操作の種類によって、修正不整合/挿入不整合/削除不整合の3つに分けることができます。

　修正不整合(*modification anomaly*) は、データを変更したときに発生する不整合です。たとえば、生徒の氏名が生徒マスターと試験結果テーブルの両方に保存されていた場合、氏名を変更する際は、生徒マスターだけではなく試験結果テーブルの該当する生徒の行をすべて変更しなければなりません。生徒の氏名という情報が1ヵ所だけに保存されているのであれば、この問題は発生しなくなります。

　挿入不整合(*insertion anomaly*) は、データを追加するときの不整合、**削除不整合**(*deletion anomaly*)は、データを削除するときの不整合です。

スタートは第1正規形、最初のゴールは第3正規形

 さて、更新不整合を防ぐためには、今までも「1つの事実は1回」なんて話はしていたわけだけど、「正規化」は第1正規形、第2正規形、第3正規形とステップを踏んで行えるようになっている。

 何段階まであるの？

 正規形の種類で数えると8つになるかな。でも、一般的な正規化というと、第1正規形〜第3正規形と、第3正規形をさらに厳密にしたボイスコッド正規形まで行うことまでなんだ。

正規化された形は、**正規形**（*normal form*, **NF**）と呼ばれます。正規形にはいくつかの段階があり、第1正規形（*1st Normal Form*, 1NF）、第2正規形（*2nd Normal Form*, 2NF）、と順を追って正規化できるようになっています。なお、第1正規形になっていない形は、非正規形（*unnormalized form*, UNF）と呼ばれています。

正規形は第1正規形〜第5正規形、ボイスコッド正規形、ドメインキー正規形（DKNF）、そして新しく提唱された第6正規形がありますが、一般的には、第1正規形〜第3正規形およびボイスコッド正規形が満たされた状態を目指します。ただし、扱いたいデータによっては別の観点からの正規化が必要になることがあり、そのときは、第4正規形、第5正規形およびドメインキー正規形を検討します。

また、違う視点からの考察として、ドメインキー正規形と第6正規形があります。本書では参考として示すのみとします。

 ふむ、まずは第3正規形を目指すんだ。

 順を追って見ていこう。

4.2
テーブルの構造は列×行のみ
第1正規形と繰り返し項目の排除

 まずは第1正規形。今までテーブルを2次元の表として見ていたけど、値の組み合わせの集合と捉えてみてほしいんだ。たとえば、組み合わせを括弧で表すと、（001, 磯部 タヌ吉）、（002, 緑川 亜由子）、（003, 坂崎 タンゴ）という**同じ関係を持つ組み合わせの集合**がテーブル。

 括弧の中はIDと名前の組み合わせかな。3組のデータを表の形にするとIDの列と名前の列で表すことができそう……。

 そのとおり！「テーブルは2次元の表の形で表すことができる」というのはそういう意味なんだ。そして、テーブルにはそれ以上の構造を持たせることができない。テーブルに格納できる形になっていること、これが**第1正規形**だ。

データをテーブルに格納できる形が**第1正規形**です。非正規形のデータを正規化するには、**各列には同じデータ型の値が1つだけが入る**ようにします **図4.1** 。

● **図4.1** 各列のデータ型を単純にして第1正規形にする

学籍コード	氏名	趣味
001	磯部 タヌ吉	読書 スポーツ鑑賞
002	緑川 亜由子	読書
003	坂崎 タンゴ	登山

正規化 ➡

学籍コード	氏名
001	磯部 タヌ吉
002	緑川 亜由子
003	坂崎 タンゴ

学籍コード	趣味
001	読書
001	スポーツ鑑賞
002	読書
003	登山

列の値は1つだけ！

●● 導出項目の排除

 第1正規化では**導出項目の排除**も行うよ。導出項目というのは何かによって導き出される値のことで、たとえば単価と個数で金額が出るのなら、金額はテーブルには入れてはいけない。

 計算ならSELECT文を使えばいいんだもんね。でもなんでダメなの? いや、いらないのはわかるんだけど、「ダメ」とまで言われると……。

 そうだよね。あると便利そうな項目は作りたくなっちゃうものなんだけど、たとえば、単価と個数と金額が保存されているテーブルがあったとして、単価だけ修正してしまったら金額と矛盾してしまう。導出項目の排除というのは、「間違えないように気をつける」じゃなくて「データの構造として、単価と個数だけを保存しておく」ってことなんだ。

　ほかの値から導き出せる値のことを**導出項目**、または**導出属性**（*derived attribute*）といいます。たとえば、「単価」と「個数」で「金額」が出るという場合、「金額」が導出項目です。第1正規形では、この導出項目を取り除きます。
　導出項目はSELECT文で作ることができます。よく使う項目であればビューで定義しましょう。

●● 繰り返し項目の排除

 一見すると列×行の表の形になっていても、別の構造が潜んでいることがある。**繰り返し項目**（*repeating group*）だ。

 あ、電話番号で出てきた話題だったっけ。ここに話が戻ってくるのか!

　名簿に電話番号欄が3つある、1週間のデータが横に並んでいるといったときの、電話番号や曜日ごとのデータを**繰り返し項目**といいます。リレーショナルデータベースでは、このような繰り返し項目を持たないようにする必要があります。

　横に並んだ列に繰り返し項目があっても「2次元の表」という形にはなっています。しかし、繰り返し項目には、枠組みの変更に耐えられないという問題があります。たとえば、電話番号を3つの列で管理した場合、4つめの番号を持つ人を管理できません。逆に、電話番号を1つしか持たない人の場合、電話番号2と電話番号3がNULLとなります 図4.2 。

● 図4.2 　繰り返し項目の例

　一見枠組みが変わることがなさそうに思えるカレンダーのデータでも同じことが起こります。たとえば、1月、2月……12月という列を設けてあった場合、「4月～翌3月までの集計」をするのは困難です。つまり、1～12月という枠組み以外の処理ができない、非常に手間がかかる、という状態になります 図4.3 。

● 図4.3 　繰り返し項目があると第1正規形にならない

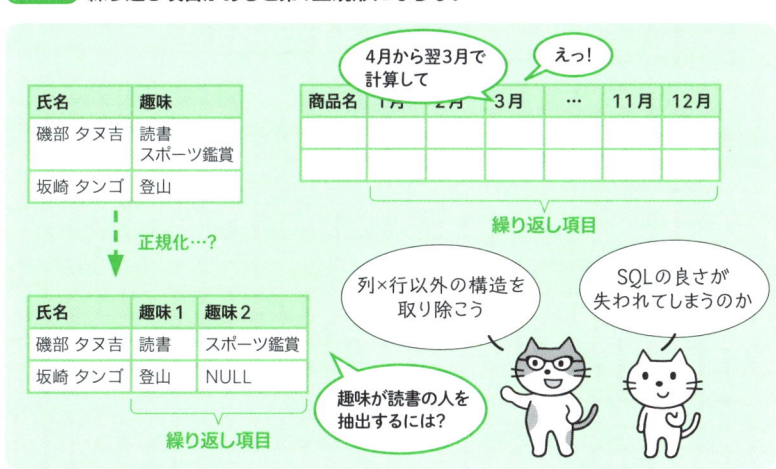

読書、スポーツ鑑賞、を別のテーブルにするところがいまひとつ納得しきれない点だよね。理由も説明されたし、SELECT文でどうにでもできることも教えてもらったんだけど。

 「繰り返し項目」への悩みは尽きないよね。とくに、個数が決まっている場合は迷うことが多いよ。

 そこなんだ。たとえば、アンケート欄のように選択肢から選んでる場合なら、項目の数は決まってるんだから横に並べればいいのにって思っちゃうんだよね。

 うーん、それで楽になるのはテーブルをそのまま表示するときだけで、絞り込んだり集計したりするときの処理は複雑になるよ。横に並べるのはビューの仕事、としておいた方が結局は簡単で安全なんだ。

Column
「標準SQL」規格と入手先❶

　SQLは1986年にANSI（*American National Standards Institute*, 米国国家規格協会）が制定し、翌年にISO（*International Organization for Standardization*, 国際標準化機構）が批准した国際規格です（2.1節）。現在はISOとIEC（*International Electrotechnical Commission*, 国際電気標準会議）によって「ISO/IEC 9075」として策定されており、一般にこれが「標準SQL」と呼ばれています。何度も改訂されていることから1999年版からは「SQL:年号」のように通称されており、2024年現在の最新版は「SQL:2023」となっています。

　ISO/IEC 9075はいくつかのパートに分かれており、2024年原稿執筆時点の最新版（SQL:2023）では「ISO/IEC 9075-1」～「ISO/IEC 9075-16」となっています。なお、統廃合の影響で5～8と12は欠番です。

　「ISO/IEC 9075-1」は枠組（SQL/Framework）が、本書で扱っているようなSELECTやCREATE TABLEなどは「ISO/IEC 9075-2」の基本機能（SQL/Foundation）で定義されています。

　規格書（PDF）はISOやANSIのサイトで販売されており、見本が公開されている他、キーワード検索によって部分的な参照も可能なので、もし購入を考えている場合は事前に内容の確認をお勧めします。参考に、ISO/IEC 9075-2:2023は$278.00です。

　日本語版は、日本工業標準調査会による「JIS X 3005」が作成されています。パートの番号や年号はISO/IECと共通で、2024年現在、JIS X 3005-1:2014（枠組）、JIS X 3005-2:2015（基本機能）、JIS X 3005-4:2019（SQL/PSM）、JIS X 3005-14:2015（SQL/XML）が販売されています。

＜p.110のコラムへ続く＞

4.3 テーブルの列は主キーと主キーで決定する項目のみ
第2正規形、第3正規形、ボイスコッド正規形

 さて、データを第1正規化したので、晴れてリレーショナルデータベースで管理できるデータになった。しかしこれだけでは、不充分だ。

 ……まあ、そうだろうね。そこまではなんとなくわかってきたんだ。

 次なるステップは、**関数従属に基づく正規形**だ。

 関数従属って?

 学籍コードが'001'ならば、氏名は'磯部 タヌ吉'のように、ある項目の値が決まったら、別の項目の値も決まるという関係を関数従属というんだ。

 氏名は学籍コードに関数従属する、ってことだね。

 そう。あと、キーによって決まる項目は**従属属性**と呼ばれることがある。

 氏名は学籍コードの従属属性、ね。少し難しいけどがんばるぞ。用語がわかると、本を読んだりほかの人と話したりするのに役立つもんね。

　第1正規形に続く3つの正規形、**第2正規形**、**第3正規形**、**ボイスコッド正規形**（**BC正規形**）は、関数従属に着目した正規形です。

　従属（*dependency*）とは、項目間（列と列の間）における依存関係のことで、とくに、「Aが決まればXが決まる」という関係を**関数従属**（*functional dependency*, FD）といいます。たとえば、「生徒番号」で「氏名」が決まる、という場合、「氏名は生徒番号に関数従属する」と表現します。

　第2正規形、第3正規形、ボイスコッド正規形の最終ゴールは「すべての列は主キーによって決定される」ことです 図4.4 。

● **図4.4** 第2正規形/第3正規形/BC正規形のゴール

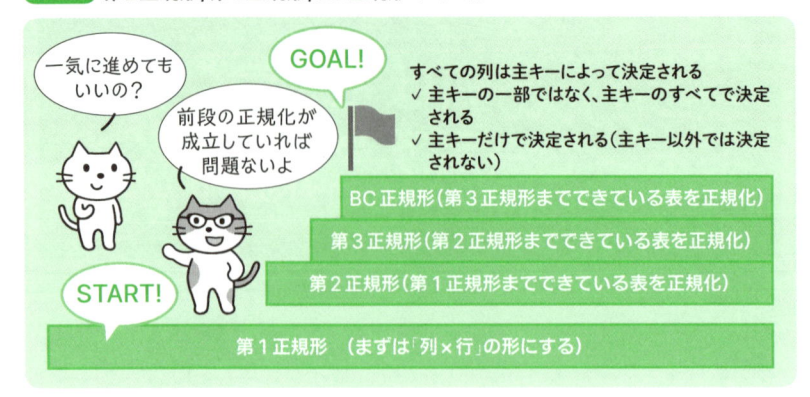

従属の関係は「{A}→X」のように表現することがあります。複合キーでAとB
からXが決まるのであれば「{A, B}→X」です。本節では、A、B、Xという列が
あるテーブルを「(A, B, X)」で、このとき、Aが主キーの場合は「({A}, B, X)」、
AとBの複合キーが主キーの場合は「({A, B}, X)」のように表記します。

無損失分解

 第2正規形以降は、表の形にはなっていても、リレーション、つまり列
と列の関係に着目して、同じテーブルにあっては不都合が起こるものを
複数のテーブルに分割したり、テーブルを増やすことで解消していく。

 またテーブルが増えちゃうんだね。

 このとき、元のテーブルに戻せるかどうかが大事だ。よくわからないと
きは、テストデータなどで簡単に試してみた方がいいよ。

 まだSELECT文はちょこっとしか知らないけど大丈夫?

 ここで使うのはJOINだけだから大丈夫だよ。

第2正規形以降は正規化に伴いテーブルが複数に分かれます。適切な分け方
をしていればSELECT文で結合(JOIN)することで、元のデータを表示できる
はずですが、項目の分け方が不適切だとデータが欠けてしまったり、逆に増え
てしまうことがあります。とくに、複合キーに関わる正規化で、分割後のテー

ブルに外部キーが不足しているときに問題が起きるので、テストデータなどで確認するようにしましょう。

テーブルを分けても情報が失われないことを**無損失分解**または**無損失結合分解**（*lossless join decomposition*）といいます。

●● 部分関数従属を取り除く　第2正規形

 関数従属による正規化にもいろいろな形がある。最初に考えられていたのが、**第2正規形**と**第3正規形**の2つで、その後、第3正規形をさらに厳密にした**ボイスコッド正規形**が追加されたんだ[1]。

 それぞれ別の作業ってこと?

 説明は順を追って進めるけど、自分のデータを正規化するときは3つを区別せず「関数従属は潜んでいないかな?」でいいと思うよ。

複合キーの一部に関数従属することを、**部分関数従属**（*partial functional dependency*）といいます。A、B、C、Dという列のあるテーブルで、AとBの複合キーに対し、{A, B}→C、{A, B}→Dという従属関係があったとします。このとき、実は、DはAとBの組み合わせではなく、Aによってのみ決まるという場合、Dはキー{A, B}に部分従属しています　**図4.5**　。

● **図4.5**　部分関数従属の依存関係

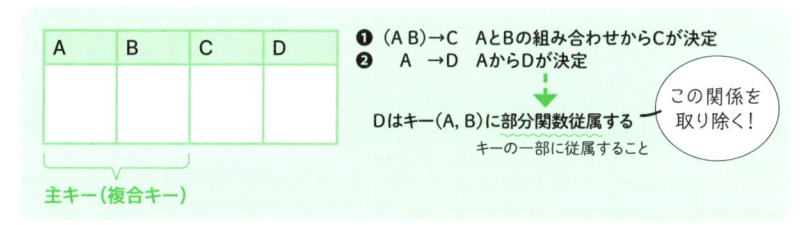

第1正規形から、部分関数従属を取り除いた形を、**第2正規形**（*2nd Normal Form*, 2NF）といいます　**図4.6**　。

1　第2正規形、第3正規形は1972年（E.F.Codd）、ボイスコッド正規形は1974年（R.F.Boyce、E.F.Coddによる共著）に発表されました。

● 図4.6 部分関数従属を取り除いて第2正規形にする

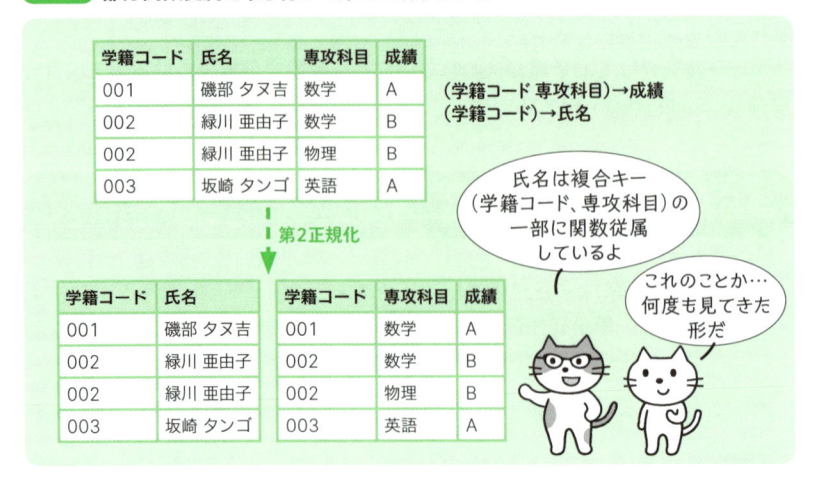

関数従属している項目が、キー全体にのみ従属していること（部分関数従属ではないこと）を**完全関数従属**（*full functional dependency*）といいます。第2正規形は「キー以外の項目すべてがキーに完全関数従属している形」ということもできます。

●● 推移的関数従属を取り除く 第3正規形

 次は**第3正規形**。推移的関数従属を取り除くよ。

 OK。言葉は難しいけど、きっと実際に見ればすぐわかるよね。

　A、B、Cという列のあるテーブルで、{A}→B、{A}→Cという関係のほかに{B}→Cという関係もあったとします。この場合、{A}→B、{B}→Cから{A}→Cが導き出せることになります。このような関係を**推移的関数従属**（*transitive functional dependency*）といいます。

　第2正規形から、キーに対する推移的関数従属を取り除いた形が**第3正規形**（*3rd Normal Form*, 3NF）です。

　たとえば、学籍コードを主キーとするテーブルに、専攻科目と教官という項目があったとします。学籍コード001の専攻科目は××、教官は○○、という関係を表すテーブルです。ここで、科目と教官に従属関係があった場合、つまり、科目が決まれば教官が決まるという関係があった場合、「｛学籍コード｝→

専攻科目」、「{科目}→教官」となります。この場合、学籍番号と教官が推移的関数従属していることがわかります 図4.7 。

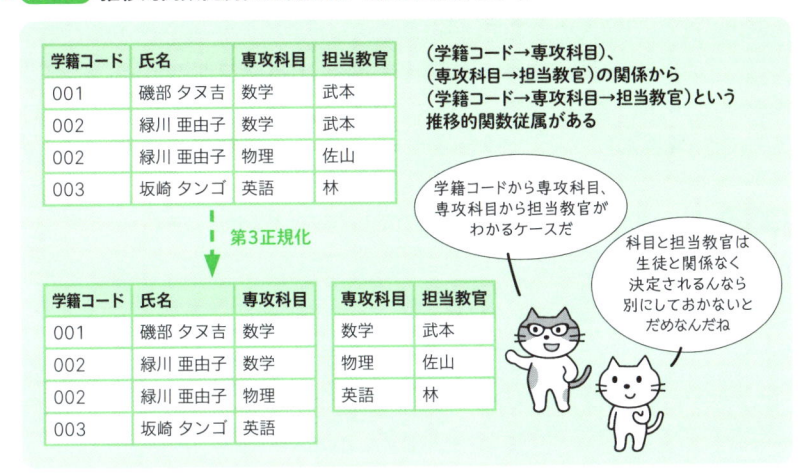

● 図4.7　推移的関数従属性を取り除いて第3正規形にする

学籍コード	氏名	専攻科目	担当教官
001	磯部 タヌ吉	数学	武本
002	緑川 亜由子	数学	武本
002	緑川 亜由子	物理	佐山
003	坂崎 タンゴ	英語	林

（学籍コード→専攻科目）、
（専攻科目→担当教官）の関係から
（学籍コード→専攻科目→担当教官）という
推移的関数従属がある

第3正規化

学籍コード	氏名	専攻科目
001	磯部 タヌ吉	数学
002	緑川 亜由子	数学
002	緑川 亜由子	物理
003	坂崎 タンゴ	英語

専攻科目	担当教官
数学	武本
物理	佐山
英語	林

学籍コードから専攻科目、専攻科目から担当教官がわかるケースだ

科目と担当教官は生徒と関係なく決定されるんなら別にしておかないとだめなんだね

元のテーブル（第3正規化されていないテーブル）では、学籍コードが決まらない限り科目と教官の組み合わせたデータを登録できません（挿入不整合）。また、退学した学生の行を削除すると、科目と教官の関係まで削除されかねません（削除不整合）。

　第3正規形は非キー項目同士がお互いに独立している形、つまり、第3正規形は「キー以外の項目はキーにだけ従属する、非キー項目を変更しても、ほかの非キー項目には影響しない」ことになります。正規化後の左側のテーブルであれば、氏名と専攻科目はそれぞれ学籍コードに従属しているので、学籍コードを特定すれば、それだけで氏名と専攻科目がわかります。そして、専攻科目を変更しても氏名には影響しません。右側のテーブルは列が2つですが、専攻科目を特定すれば担当教官がわかるという状態になっています。したがって、このテーブルは第3正規形を満たしています。

●● ボイスコッド正規形　BCNF

　ボイスコッド正規形は、第3正規形に対して「まだ推移的関数従属がある」という発見から作られた正規形なんだ。

　まだ潜んでたんだね……。

第3正規形になっていても、推移的関数従属が残っていることがあります。第3正規形ではキーに対する推移的関数従属を取り除きましたが、「キーでもあり、ほかの項目への関数従属もしている」という項目が排除しきれていません。

第3正規形を満たしたうえで、キー以外の項目や複合キーの一部から、キーを構成する項目への関数従属性を排除した形を、**ボイスコッド正規形**（*Boyce-Codd Normal Form*, **BCNF**）といいます。これは、（{A, B}, C, D）というテーブルにおいて、{C}→Aや{D}→Aという関係をなくした形です **図4.8** 。

● **図4.8** **すべての推移的関数従属を取り除いてボイスコッド正規形にする**

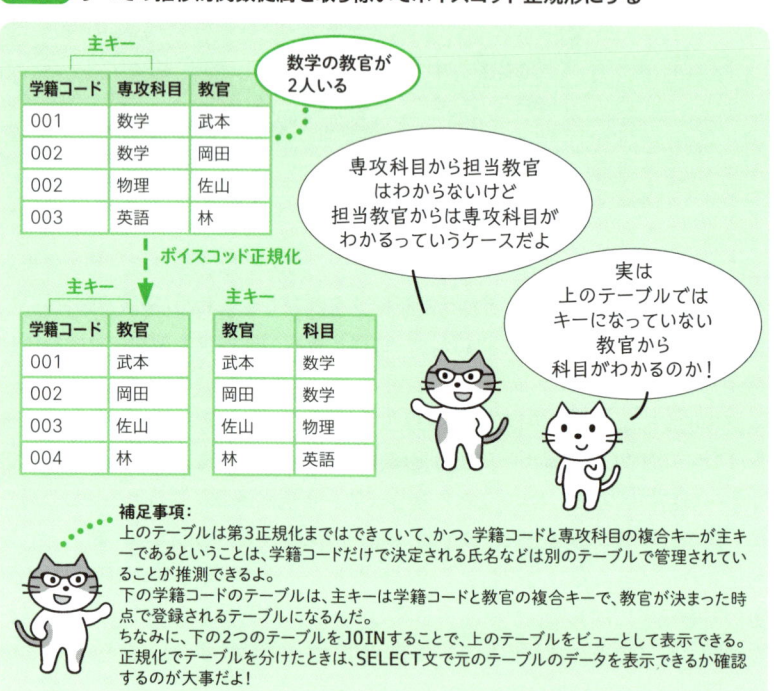

ボイスコッド正規形までのまとめ

 関数従属にもいろんなパターンがあるんだなってことがわかったよ。

 実際に設計するときは、従属の種類までは気にしなくてもいいと思う

よ。でも、第2正規化の視点、第3正規化の視点、と指さし確認のように使うことで、見落としを防げるようになるんだ。

第2正規形、第3正規形、ボイスコッド正規形についてまとめると、**表4.1** となります。

● **表4.1** 第2正規形、第3正規形、ボイスコッド正規形

正規形	内容
第2正規形	第1正規形で、かつ、すべての非キー属性がキーに対して完全関数従属している
第3正規形	第2正規形で、かつ、すべての非キー属性が推移的完全従属していない
ボイスコッド正規形	第3正規形で、かつ、すべての属性が推移的関数従属していない

第2正規形～ボイスコッド正規形は、関数従属に着目した正規形です。「XによってYが決まる」という関係があったとき、❶Xがキーになっているか、そして、❷X**だけ**がキーになっているかに注意します。また、❸Xがキーのとき、Xに従属しない属性がないか、も確認しましょう **図4.9** 。

● **図4.9** 正規化されているかどうかを調べるときのチェックポイント

「XによってYが決まる」というとき……
❶Xがキーになっているか
❷Xだけがキーになっているか
❸Xに従属しない属性がないか

要注意！ ・複合キーの一部に従属
・候補キーがいくつもある

複合キーにはとくに注意しよう

 これで、正規化の2つめの段階が終わったわけだ。一般に、リレーショナルデータベースを使うときは、このくらいまで正規化できていればOKということになっている。

 え、まだあるの?

4.4 多値従属性と結合従属性
第4正規形、第5正規形

 こんどは違う観点から見た正規形だ。さっき見た関数従属性はXによってYが決まるという関係だったよね。

 そうだね。

 次は、「Xによって多くのYが決まる」という関係だ。これを**多値従属**といって、**多値従属性に基づく正規形**を**第4正規形**という。

 ということは、ボイスコッド正規形でもまだ不十分なケースがあったってこと?

 そうだね。そしてもう一つ、**分割したテーブルを自然結合したときに得られる結果に基づいた正規形**がある。**第5正規形**だ。

ボイスコッド正規形を満たしていても、更新や照会の不整合が起きることがあります。この問題を解消する形として、多値従属性に基づいた正規形（**第4正規形**）と、結合従属性に基づいた正規形（**第5正規形**）が考案されています[2]。

●● 多値従属性

 多値従属はよくある形。学生の専攻科目とサークルを管理するテーブルで考えてみよう。

たとえば、専攻科目とサークルを登録したデータがあるとします。名前と専

2　第4正規形は1972年、第5正規形は1974年に発表されました（いずれもRonald Fagin）。

攻とサークルの組み合わせをキー（複合キー）にすることで、これまでの正規形を満たしたテーブルを作れます。

　サークルは1つではないとすると、一人の人から複数のサークルが決定することになります。このように、Xが多くのYを決定する関係を**多値従属**（*Multi-Valued dependency*, MVD）といいます。多値従属は、矢印を二重にして「→」と表記します。

　ところで、専攻科目も複数あったとします。つまり、一人の人から、複数の専攻と複数のサークルを決定するという関係です。

　一つのテーブルに多値従属性のある関係が複数あると、更新の不整合が発生します。たとえば、学生番号001のサークルをサッカーからテニスに変更しようとした場合、すべての専攻科目について変更しなくてはなりません。1つの専攻科目を追加するのにも複数の行が必要です。

　そこで、1つのテーブルに複数の多値従属がなくなるようにテーブルを分解します。これを**第4正規形**（*4th Normal Form*, 4NF）といいます 図4.10 。

● 図4.10 複数の多値従属を取り除いて第4正規形にする

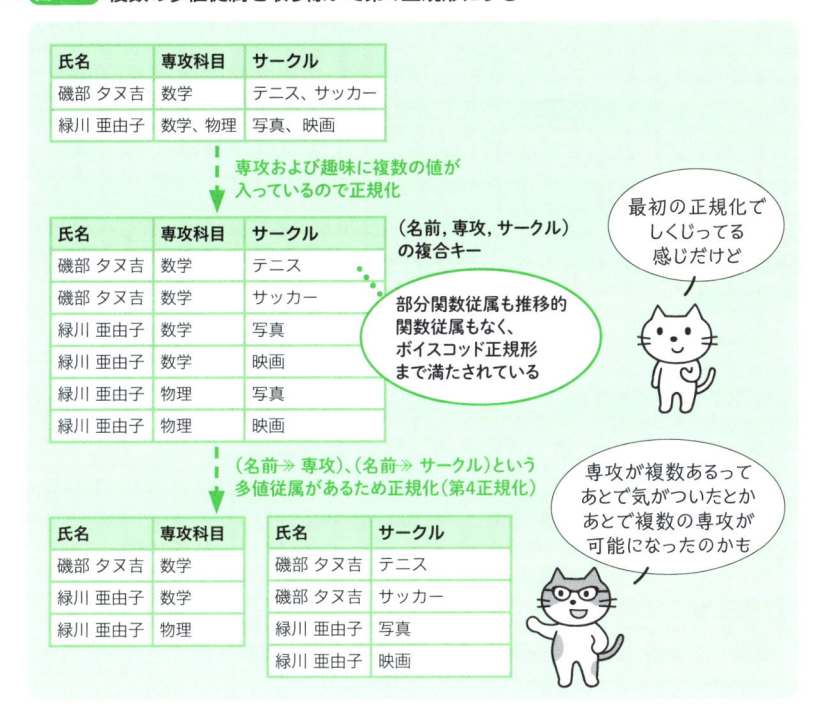

第4章 正規化
[DB設計❷] RDBにとっての「正しい形」とは

結合従属性

 複数の専攻と複数のサークルは第4正規形でなんとかなった。これは専攻とサークルの間にはルールが存在しなかったからなんだよね。

 数学を専攻していたらテニスサークルには入らない、ってことはないもんね。

 こんどは「実はそこにもルールがありました」っていうケースだ。商品と仕入先と倉庫で考えてみよう。

第4正規化に基づいて分割したデータを、結合で元の表にしたときの結果を考えてみましょう。たとえば、商品と仕入先と倉庫を管理するテーブルを、第4正規化します 図4.11 。

このテーブルから、元のテーブルを作るには次のような結合を行います。

```
SELECT * FROM 商品仕入先表
        JOIN 商品倉庫表
        ON 商品仕入先表.商品 = 商品倉庫表.商品;
```

すると、結果は 図4.11 の一番下の表のようになります。商品002については問題ありませんが、商品001について、元の表になかったデータが発生しています。このようなデータを**ノイズ**(noise)と表現することがあります。

そこで、分解された表が、結合で元の表に戻るように正規化します。これを第5正規化といい、できあがった形を**第5正規形**(5th Normal Form, 5NF)といいます 図4.12 。

先の第4正規形を第5正規形にするには、仕入先と倉庫を追加します。

```
SELECT 商品倉庫表.商品, 商品仕入先表.仕入先, 商品倉庫表.倉庫
FROM 商品仕入先表
JOIN 商品倉庫表 ON 商品仕入先表.商品 = 商品倉庫表.商品
JOIN 仕入先倉庫表 ON 商品倉庫表.倉庫 = 仕入先倉庫表.倉庫
 AND 商品仕入先表.仕入先 = 仕入先倉庫表.仕入先;
```

第5正規形は、**結合射影正規形**(Join-Projection Normal Form, JPNF)と呼ばれることもあります。

射影(projection)とは、**テーブルから必要な列を取り出す操作**という意味です。第5正規化したテーブルから元のテーブルに戻すとき、結合したテーブルから一部の列を取り出すため、このような名前が付いています。

図4.11 多値従属を取り除いて第４正規形にする（失敗例）

主キーは商品＋仕入先＋倉庫の複合キー
（この組み合わせには重複がない）

商品	仕入先	倉庫
001	S01	X1
001	S01	X2
001	S01	Y1
001	S01	Z1
001	S02	X1
001	S02	Y1
002	S01	X2
002	S01	Z1
003	S02	X1
003	S03	X1

このときは
部分関数従属も
推移関数従属もなく、
ボイスコッド正規形まで
満たされている

↓ 第４正規化

商品	仕入先
001	S01
001	S02
002	S01
003	S02
003	S03

商品	倉庫
001	X1
001	X2
001	Y1
001	Z1
002	X2
002	Z1
003	X1

でも、商品⇒仕入先
商品⇒倉庫で
多値従属が2つあるから
正規化！
さっきと同じだね

↓ 結合

商品	仕入先	倉庫
001	S01	X1
001	S01	X2
001	S01	Y1
001	S01	Z1
001	S02	X1
001	S02	X2	←ノイズ
001	S02	Y1
001	S02	Z1	←ノイズ
002	S01	X2
002	S01	Z1
003	S02	X1
003	S03	X1

新しい組み合わせが
できてしまったんだ

データが
増えちゃった！

※ サンプルは目視で理解しやすくするため商品順で表記している。サンプルデータで実行する場合、ORDER
BY 商品仕入先表.商品を付けて実行するとサンプルに近い表示順になる（完全に一致させたい場合は
適宜仕入先や倉庫もORDER BYに追加する）。

● **図4.12** 結合で元に戻るかどうかに着目して第5正規形にする

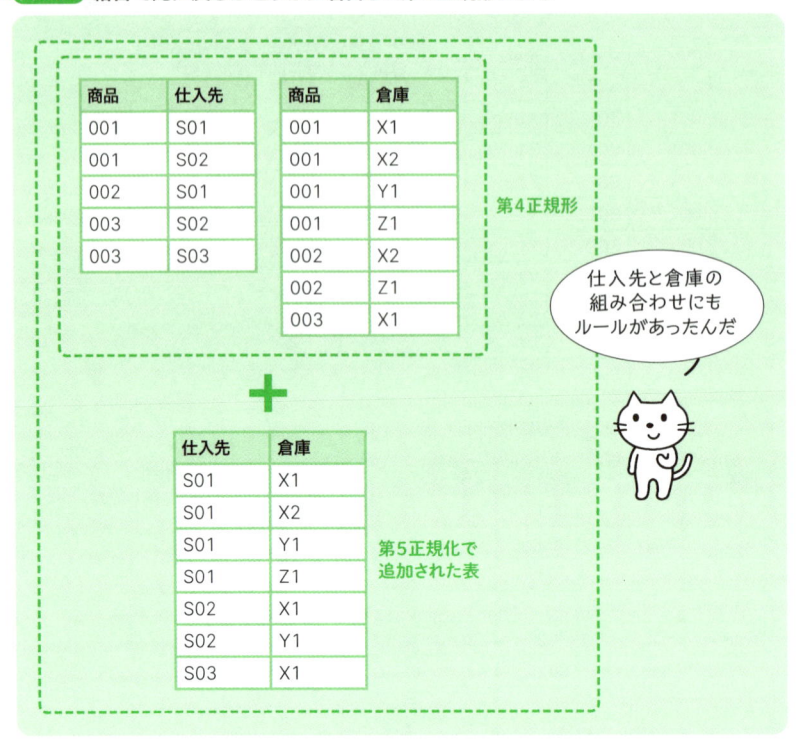

商品	仕入先
001	S01
001	S02
002	S01
003	S02
003	S03

商品	倉庫
001	X1
001	X2
001	Y1
001	Z1
002	X2
002	Z1
003	X1

第4正規形

仕入先と倉庫の
組み合わせにも
ルールがあったんだ

仕入先	倉庫
S01	X1
S01	X2
S01	Y1
S01	Z1
S02	X1
S02	Y1
S03	X1

第5正規化で
追加された表

Column

「標準SQL」規格と入手先**❷**

＜p.98のコラムの続き＞

・日本規格協会グループ（JSA GROUP）
URL https://webdesk.jsa.or.jp
➡「規格・書籍・物品を探す」で「SQL」を検索、検索範囲を「JIS規格」にすると日本語訳が、
「ISO規格」にすると英語の最新版が購入可能

・ANSI WEBSTORE
URL https://webstore.ansi.org

・ISO Online Browsing Platform（OBP）
URL https://www.iso.org/obp/
➡「SQL」または「ISO/IEC 9075」で検索、ISOのサイトではスイスフラン（CHF）、ANSIのサ
イトではドル（USD）での購入となる。ISOのOBPではたとえば「SQL JSON」のように検
索すると関連する規格が表示され、部分的な閲覧が可能。仕様で使われている書式（BNF）
の読み方は2.9節を参照

4.5
このほかの正規形
ドメインキー正規形、第6正規形

 ここからは少し毛色の違う正規化の話だよ。こういう考え方もあるよ、ということで簡単に紹介するね。**ドメインキー正規形**と**第6正規形**だ。

 2つとも第5正規形の次の段階なのかな？ 第6と第7じゃないんだね。

 ドメインキー正規形は第5正規形の後に提唱されたんだけど、これはこれまでの正規形とはちょっと異なる観点からの正規化だったから、6段階めという感じではなかったんだよね。でも、第5の次という意味で第6正規形と呼んでいた人もいたよ。

 気持ちはわかる……。

 そして、ドメインキー正規形から20年以上経って、21世紀に入ってから提唱されたのが第6正規形だ。だから「第6正規形」っていう呼び名には若干の混乱がある。そんなこともあったんだなってことを頭の片隅に置きつつ、概要を見ていこう。

　第3正規形およびボイスコッド正規形、そして第4正規形／第5正規形まで満たした状態でも更新不整合が起こるケースがあるということで新たに提唱されたのが、ドメインキー正規形と第6正規形です[3]。

●● ドメイン制約に着目する「ドメインキー正規形」

 ドメインって言葉を覚えてる？

---

[3]　ドメインキー正規形は1981年(Ronald Fagin)、第6正規形は2003年(C.J.Date)に発表されました。

列の値にできる値の集合、だったっけ。10段階評価を記録する列なら、ドメインは1〜10の整数だ。

 そのとおり！ ボクよりまとめるのがうまいね。そしてこの、**ドメインとキーに着目した正規形**が**ドメインキー正規形**だ。

第2正規形〜第5正規形までは従属関係に着目して正規化を行っていたのに対し、**ドメインキー正規形**(*Domain-Key Normal Form*, **DKNF**)は、列の取り得る値（ドメイン）に着目して正規化を行います。

p.109の、商品/仕入先/倉庫のテーブルを再び見てみましょう。このテーブルでは、商品⤀仕入先、商品⤀倉庫という2つの多値従属があったため、まず商品/仕入先、商品/倉庫という2つのテーブルに分割されました（第4正規形）。

しかし、2つのテーブルを結合させて元の表を作ろうとするとノイズが発生することがわかりました。そこで、新たに仕入先/倉庫というテーブルを追加しました（第5正規形）。

この、「元のテーブル」を別の観点から考えます。まず、（商品, 仕入先, 倉庫）という組み合わせは一つの事実です。したがって、これを崩すことはできません。また、商品の仕入先が決まっているのであれば（商品, 仕入先）も一つの事実です。そして、（商品, 仕入先）という組み合わせが正しければ、（商品, 仕入先, 倉庫）という組み合わせも正しいことが考えられます。

そこで、（商品, 仕入先）というテーブルと、（商品, 仕入先, 倉庫）というテーブルを作り、（商品, 仕入先）を外部キーとします 図4.13 。

今回のケースでは、参照制約によって値が矛盾しないことが保証されているとはいえ、商品と仕入先の関係が複数のテーブルに存在することになります。

このように、ドメインキー正規形のテーブルは、一見すると第2正規形や第3正規形ではない形となります。また、参照制約が多数存在する場合、更新処理の負荷が高くなりやすいという問題も発生します。

●● 識別子から決定できる値を1つまでにする「第6正規形」

 第6正規形は、ある意味すっきりしている。**識別子から決定できる値を1つまでにする**という正規形なんだ。

 どういうことだろう。

キー以外の列は最大1個までにするんだ。社員コードと所属部署と役職というテーブルがあったとする。所属部署も役職も1つずつなら、今までの正規形ならこのテーブルにはとくに問題はない。

 うん。社員コードがわかれば、その人の所属部署も役職もわかる。問題なさそう。

 これを、社員コードと所属部署、社員コードと役職、の2つのテーブルに分けるのが第6正規形だ。新しい社員の部署を決めても一般社員なのか課長なのかが決まっていないと役職がNULLになっちゃうでしょ。これを排除できるのが第6正規形。

● 図4.13　ドメインとキーに着目して正規化する

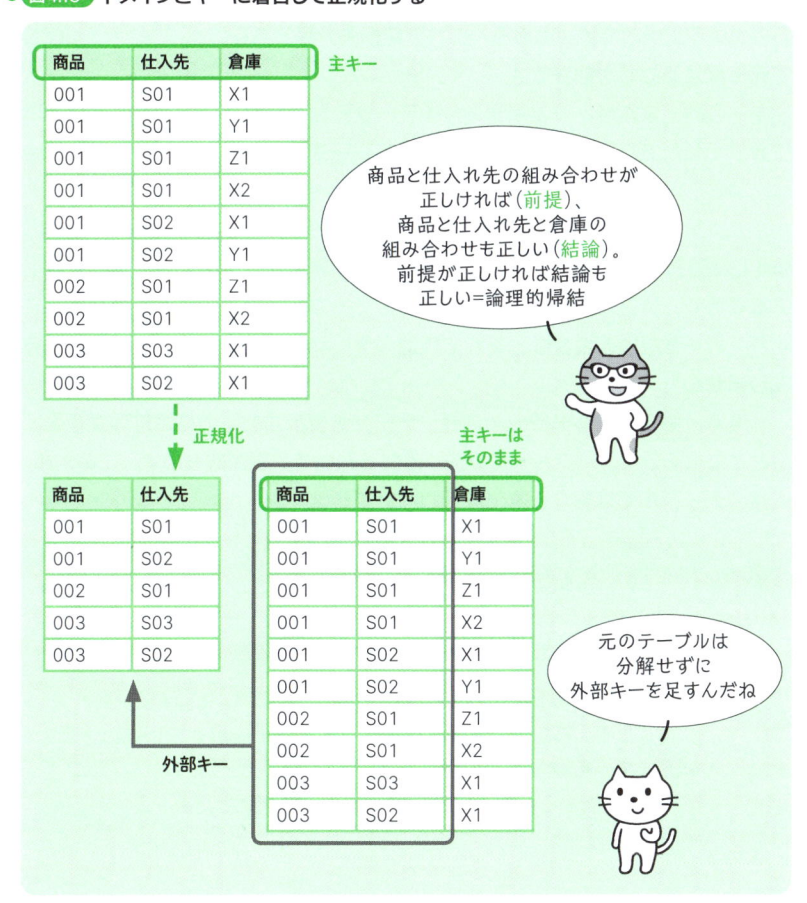

 キー以外の列は最大1個ってそういうことか。えっ? 大量のテーブル
になっちゃわない?

 なっちゃうんだ。

　結合によって作られうる関係が存在しない形を**第6正規形**(*6th Normal Form*, 6NF)
といいます。第6正規化を行ったテーブルは、**識別子のみ、または、識別子と
属性(列)が1つだけの形**となります。

　たとえば(社員コード, 所属部署, 役職)というテーブルは、社員コードから所
属部署と役職がわかりますが、第6正規形では、このテーブルを(社員コード,
所属部署)と(社員コード, 役職)という2つのテーブルを結合した結果だととら
えます。このような、いわば「暗黙のJOIN」がなくなるまでテーブルを分割す
るのが第6正規形です。もちろんこれは**無損失分解であること**、つまり、**JOIN
で元に戻せる**のが大前提です。

　キーのみ、またはキーと属性1つのテーブルは、**変更履歴を取りやすい**とい
うメリットがあります。**時系列を追ってトレースする必要がある**データの場合
は、第6正規形は有効です。

　また、第6正規形となっているテーブルにはNULLが発生しなくなります。
NULLはそもそも時間を追って決定するような項目が1つのテーブルに入って
いる場合や、構造が異なるデータを1つのテーブルで管理するときに発生しま
すが、第6正規形の場合は、それぞれ別のテーブルで管理するので**NULLは存
在しません**[4]。

　一方で、第6正規形を行った場合、データを表示する際の結合処理が多発す
ることになるので、パフォーマンスが落ちるという問題があります。このため、
通常のテーブルでは第6正規化は行わないでしょう。

 ……と、こんな具合かな。

 あんまり現実的じゃない正規形ってことなのかな。

 必要な場合もあるかもしれないけど、結局のところ、どこまでやるかっ
て話になる。だから、普段の正規化は、第3正規形とボイスコッド正
規形まで、その先まで正規化するとしても第5正規形までかな。ただ、
こういう観点からも考えることができるよっていうことだ。

4　JOINでNULLを含むテーブルを作成したい場合は、OUTER JOINを使用します(6.4節、p.188)。

114

第5章

ER図

［DB設計❸］
「モノ」と「関係」を
図にしてみよう

リレーショナルデータベースの設計を行う際には「ER図」が便利でよく使われています。本章では、ER図の書き方と、ER図の元となる「ERモデル」という考え方について解説します。

5.1
データモデリング技法「ERモデル」
データベース設計でどう使う?

 さて、これまでずっと「表」を見てきたわけだけど、こんどは、そもそも**データが表になる前の姿**に目を向けたい。

 なんか壮大な話になるの?

 いや、そういうことでもないよ。実はちょっとした**ツール**の紹介、データベースを設計するときに役立つ**ER図**っていう図についての話なんだ。

 ほっ。作図なら大丈夫そう。

 「そもそもテーブルとは」に戻ってみると、**リレーショナルデータベースのテーブル**は、**列と列の「関係」(リレーション)を表現している**と考えることができる。だからリレーショナルデータベースという名前なんだ。

 ああ、リレーションってそういうことか。

 そこなんだよ。**関係のない事柄を同じテーブルに入れちゃいけない**。純粋に、生徒マスターなら、シンプルにキーである「生徒番号」に直接関係する列だけを作るんだ。これが鉄則だよ。

 正規化でも、終始その話だったもんね。そうは言っても、実際は難しかったりするんじゃないかな。自分だけじゃ判断できないこともあるし、項目がいっぱいあると混乱するし。

 そうなんだ。そもそものところを考えるための指針があるといいよね。そこで登場するのが**ERモデル**だ。

　私たちが日常の業務で使用しているデータ、管理したいモノや事象というのは、決まった形をしているとは限りません。大抵の場合は複雑で、全体をとらえるのも困難です。そこで、データを一定のルールに基づいて整理し、決まっ

た形（model）に整えていく手法を**データモデリング**（*data modeling*）といいます。

ERモデル（*Entity-Relationship model*）は、1976年にPeter Chenが提唱したモデルで、「世の中に存在するあらゆるものは、可視/不可視を問わず、**実体**（*entity*）と**関連**（*relationship*, 関係）で表現できる」という考えに基づいています。

ERモデルでは、世の中のあらゆるものを「エンティティ」「属性」「リレーションシップ」の3つで示します 図5.1 。

● 図5.1 エンティティ、属性、リレーションシップ

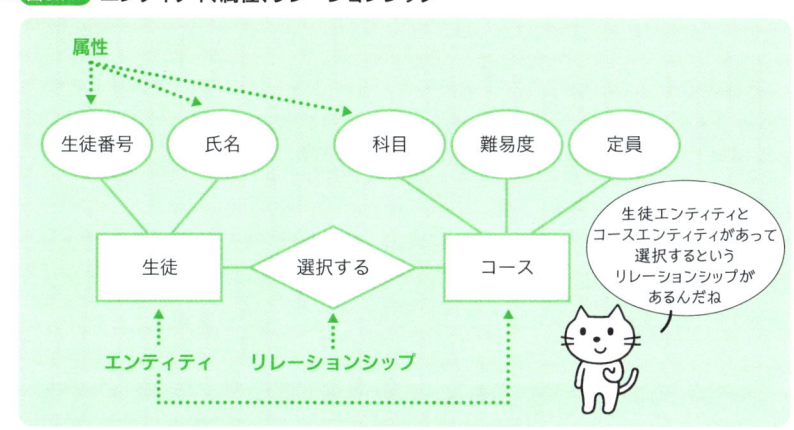

エンティティ（*entity*）は、人や物などの**存在するモノや事象**のことで、長方形で表現されます。エンティティは実体と訳されますが、「成績」のように、目に見えない概念も含まれます。

属性（*attribute*）は**エンティティの特性**を表し、「生徒」エンティティにおける「生徒番号」や「氏名」、「伝票」エンティティにおける「発行日」などにあたります。

リレーションシップ（*relationship*）は**エンティティ間の関係性**を表します。たとえば、「生徒」エンティティと「コース」エンティティの間には「選択する」というリレーションシップがあります。

ERモデルと関係モデル

 あれれ、ちょっと待って。SQLはリレーショナルデータベース用の言語で、リレーショナルデータベースってのは「関係モデル」に基づいているって言ってたような……。

117

 そうだよ。

 でも、今の話は「ERモデル」!?

 そう。**関係モデルは一つの理論**であり、かつ、リレーショナルデータベースという形で実装されている。**ERモデルはまた別のモデル**なんだ。でも、関係モデルと相性が良くて、物事を整理して考えるのに便利だから、リレーショナルデータベース用のデータベース設計にはERモデルが使われているんだ。

　あらゆるモノや事象をエンティティとリレーションシップで表現するというERモデルの考え方は、シンプルでわかりやすく、情報処理界で広く受け入れられました。現在は、ERモデルはデータベースの設計（スキーマ設計）で使うモデルとして定着しています。

　一方、リレーショナルデータベースおよびSQLは、1970年にE.F.Coddが提唱した関係モデルに基づいて作られています。関係モデルでは、属性（列）と属性の関係に着目し、データを2次元のテーブルで表現します。

●● データベースへの「写像」

 要するに、いきなり表にするより、いったん図にした方がわかりやすいって話なのかな。

 大まかに言うとそうだよ。ただ、あくまでも**図を作る第一の目的はデータベースの設計**だ。だから、**リレーショナルデータベースに落とし込みやすい形**にしておくための工夫がいる。ここにも一定のルールがあるよ。

 ルールって言われると、ややこしそうな印象になるね。

 気持ちはわかるよ。実際は逆で、物事の判断を簡単にするためにルールを決めてるんだけど、そうはいっても難しいよね。

　ある形式のものを別の形式に対応させることを**写像**（*mapping*）といいます。ERモデルによるデータモデルを、なるべくそのままの形でリレーショナルデータベースへ写像するには、データモデルがリレーショナルデータベースで扱える適切な形になっている必要があります。

　図5.1 のような長方形、楕円形、ひし形による図は、そのままではテーブル

に対応させにくいため、実際には別の方法で作図するのが一般的です。

エンティティは「テーブル」になる

 常にゴールを意識しよう。**エンティティは「テーブル」**になる。

 図5.1 の長方形の部分だね。

 そして、楕円で示されていた**属性（アトリビュート）が「列」**だ。

 生徒というエンティティがテーブル、生徒番号や氏名という属性が列、ってことだね。

ERモデルによるデータベース設計をリレーショナルデータベースに対応させるときは、**エンティティをテーブルに、属性を列に対応**させます。

そこで、ERモデルを見るときには、同じエンティティの個々の属性が互いにどのような関係があるのかについてとくに注目します。たとえば、エンティティの中に複数の識別子が混在していたり、識別子に直接関係しない属性がある場合は、そのエンティティを見直す必要があります。また、**導出属性**（*derived attribute*）と呼ばれる、ある属性から導き出せるような属性がある場合も排除します。たとえば「単価」と「個数」で「金額」を導き出せるのであれば、「金額」は属性から取り除きます。

リレーションシップは「参照制約」になる

 次、ここが重要なんだ。**リレーションシップは参照制約になる。**

 図5.1 だと、ひし形になっていたところだっけ。

 そう。だから、データベース設計用のER図は、箱の中に属性を入れて、箱と箱を結ぶ線だけで描くのが一般的だよ。これは後で見るから、先にこの話を進めるね。

ERモデルのリレーションシップは、**参照制約**で表現されます。

ERモデルでは、3つ以上のエンティティの間にリレーションシップが存在することがあり得ますが、リレーショナルデータベースでは**2つのエンティティ**

間の関係になるように調整します 図5.2 。

● 図5.2 リレーショナルデータベース用に調整する

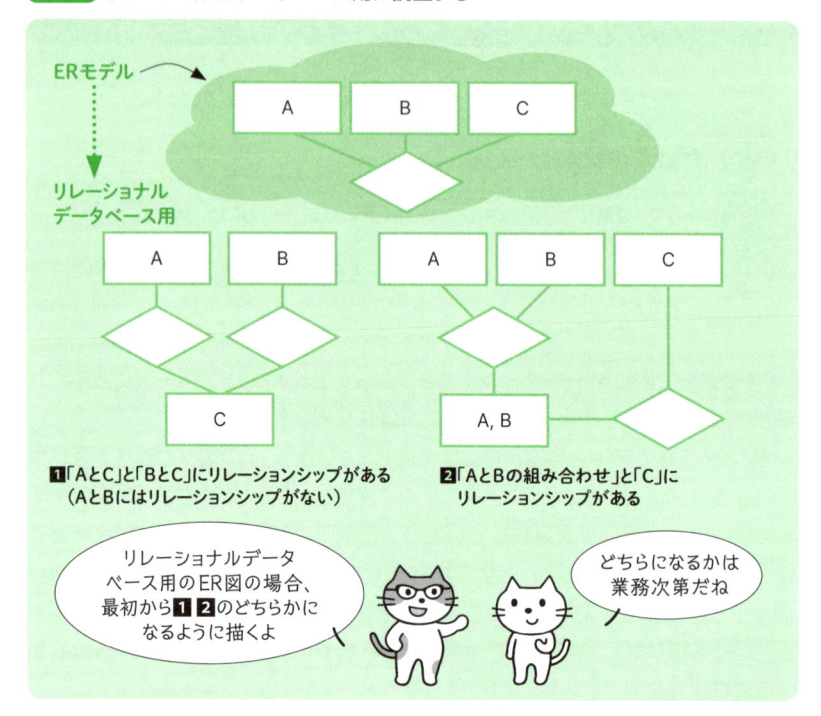

■「AとC」と「BとC」にリレーションシップがある
（AとBにはリレーションシップがない）

❷「AとBの組み合わせ」と「C」に
リレーションシップがある

リレーショナルデータ
ベース用のER図の場合、
最初から❶❷のどちらかに
なるように描くよ

どちらになるかは
業務次第だね

たとえば「生徒」と「校舎」と「コース」という3つのエンティティ間にリレーションシップがあった場合、「校舎」と「コース」には直接の関係がないのであれば、「生徒」と「校舎」のリレーションシップと「生徒」と「コース」のリレーションシップで考えます。「校舎」と「コース」の組み合わせに対して「生徒」が結びつくのであれば、「校舎」と「コース」のリレーションシップと、「校舎とコース」と「生徒」のリレーションシップを作ります。

なお、リレーショナルデータベース用のER図であれば、後述するように、最初から2つの箱を結ぶ線で表現するのが一般的です。

参照される側は「1」にする

 調整の仕方によってはエンティティが増えるんだね。**エンティティが増えるってことは、テーブルが1個増える**んだ。なるほど、テーブルが増えていく感じがわかってきたよ。

 もう一つ、今度は**エンティティが確実に増える**パターンだ。

 また増えるの？　大変だ。

 でも、そうすることで、一つ一つがどんどんシンプルになっていくからね。大丈夫、後でSELECT文で、いかようにでもまとめられるからね。

 しっかり分解しておくことで、いろんな組み合わせ方ができるようになるんだよね。そう信じてがんばるよ。

ERモデルでは、リレーションシップを**1対1**、**1対多**、**多対1**、**多対多**の4パターンでとらえます。この対応関係を**カーディナリティ**（*cardinality*, 多重度）と呼びます 図5.3 。

たとえば、大学と学長は1対1、大学と学生は1対多、学生のサークル活動は多対多になります。 図5.3 では、「1」と、「m」または「n」で示されています。「m」と「n」はどちらも「多」ですが同じ数というわけではないため、異なる文字で表しています。

● 図5.3 ERモデルのカーディナリティ

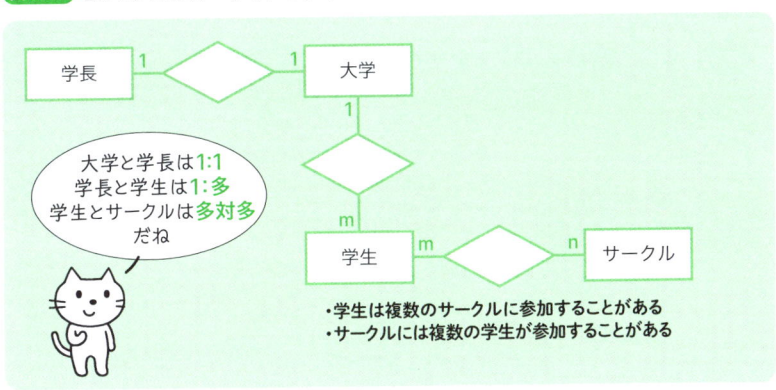

リレーショナルデータベースの参照制約の場合、参照される側（外部テーブル）の列には重複が許されません。重複しているとどの行に対応しているか特定できなくなってしまうためです。したがって、参照される側が複数となる多対1、多対多の関係の場合は、新たなテーブル（リレーション、次ページのコラムを参照）を設ける必要があります 図5.4 。

● 図5.4 カーディナリティの調整

なお、カーディナリティという用語は、「集合の濃度」という意味で使われることもあります。たとえば、校舎が4種類だった場合、「校舎」の列の濃度は4です。

 以上が、ERモデルの基礎知識編だ。

 耳慣れない言葉がたくさん出てきた……これって覚えないとダメ?

 実際に図を作ってみると、なんとなくわかるから大丈夫。今後いろんなソフトやマニュアルに触れることになるだろうけど、わからない用語に出会ったらこの辺の話題で出てきた言葉かもって思い出せるんじゃないかな。

 そういうものかな……。それなら、図を作ってみたいな。

 よし、具体的な描き方を見ていこう。

Column

関係モデルの基礎用語　リレーションとリレーションシップ

　SQLのテーブルは2次元の表形式ですが、このテーブルのことを**関係モデル**では**リレーション**（*relation*）といいます **図a** 。

　リレーションとは関係という意味です。何と何の関係かというと、属性と属性の関係です。**属性**（*attribute*）は、リレーショナルデータベースの「列」に相当します。また、属性が取り得る値の範囲を**ドメイン**（*domain*, 定義域）といいます。ちなみに、ERモデルのエンティティは、関係モデルのリレーションに相当します。

　ある関係を持つ属性値の組を**タプル**（*tuple*）といい、リレーショナルデータベースの「行」に相当します。たとえば、「生徒マスター」というリレーションには、「生徒番号」「氏名」「校舎」という属性があり、「('C0001', '谷内 ミケ', '渋谷')」や「('C0002', '山村 つくね', '池袋')」というタプルがある、ということになります。

　そして、リレーションとリレーションの間にあるのが**リレーションシップ**（*relationship*）です。リレーショナルデータベースでは、テーブルとテーブルの間にある「参照制約」がこれに該当します。

● **図a** 　関係モデルの用語※

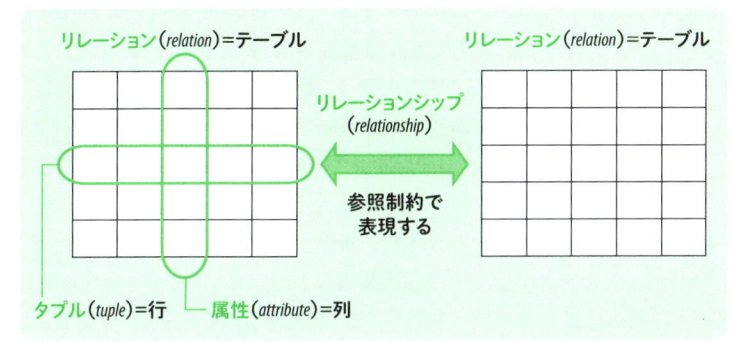

※ 日本語では、リレーションは「関係」、リレーションシップは「関係性」あるいは「関連」と訳し分けられているが、厳密ではなく「テーブル間の関係」や「参照関係」のように、リレーションシップの意味で関係という言葉が使われることもある。

5.2
ER図
箱と箱を結ぶ線のルール

 さて、ERモデルの素晴らしい点は、**ER図**という図を使って事象を表現することにあるんだ。

 p.117の **図5.1** で最初に見た長方形と楕円とひし形の図のこと？ 線で結ぶというのもわかりやすいね。

 でしょ。ただ、P.Chenオリジナルの図だとテーブル構造に写しにくい。そこで、リレーショナルデータベースに応用しやすいように描く表記法がいろいろ考案されているんだよ。まずはポイントを眺めてみよう。

ERモデルの図は、**ER図**または**実体関連図**（Entity-Relationship Diagram, ERD）と呼ばれます。P.Chenのオリジナルの図（p.117、 **図5.1** ）では、実体を長方形、実体の属性を楕円、実体と実体の関連をひし形で表しました。一方、データモデリングで使われるER図は、**エンティティ**を「箱」で、**リレーションシップ**を箱同士を結ぶ「線」で表現するのが一般的です。

ER図にはさまざまなスタイルがありますが、たとえば、James Martinによる IE（Information Engineering）記法では **図5.5** のように表します。

箱の上の囲みにエンティティ名（テーブル名）が書かれており、下の囲みに属性の一覧（列）、主キーには下線で印が付いています。箱と箱を結ぶ線がリレーションシップで、詳しくは後でまとめますが、ここでは生徒マスターが1に対し試験結果が多であること、試験結果側は0件があり得ることが示されており、「FK」は外部キーであることを示しています。

この「多」を表す線が鳥の足跡に似ていることから、IE記法やIE記法から派生した記法は鳥足記法（Crow's Foot記法）と呼ばれることがあります。

　なお、主キーは「*」や「PK」で表すこともあります。また、多対多を解消するためのエンティティなど、ほかのエンティティから派生して作られたエンティティは、角が丸い四角形で表されることがあります。

● 図5.5　IE記法によるER図

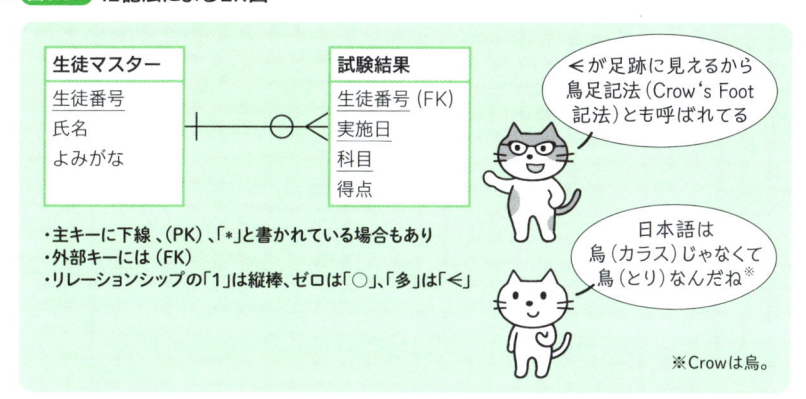

さまざまな図法

 この、箱の中にある項目を「列」にすればいいんだね。ほかの書き方もこういう感じ?

 一応、見ておこう。作図用のツールもたくさん出ているから、使いたいツールの表記に従えばいいよ。

　ER図の記法には、このほか、米国国防総省によるビジネスプロセスモデル記述のための手法 IDEF（*ICAM DEFinition language*）に含まれている **IDEF1X** 図5.6 、オブジェクト指向分析設計開発で使われている**シュレイアー・メラー法**（*Shlaer-Mellor method*, 図5.7 ）や **UML**（*Unified Modeling Language*, 統一モデリング言語、 図5.8 ）などがあります。

　なお、それぞれの記法にはリレーショナルデータベースやほかの記法、あるいは作図ツールのスタイルに合わせるための派生形や省略形がありますので、ここで紹介する図はあくまで目安としてください。

● 図5.6　IDEF1X

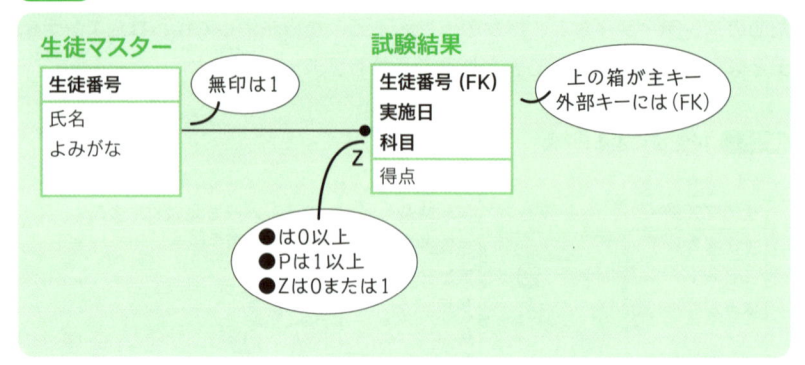

　エンティティ名は箱の上に書かれており、箱の上の部分には主キーとなる属性が、箱の下の部分にはそれ以外の属性が書かれています。1対多の関係は多の方に黒丸で、0が可能な場合にはZが書かれます。

● 図5.7　シュレイアー・メラー記法によるER図

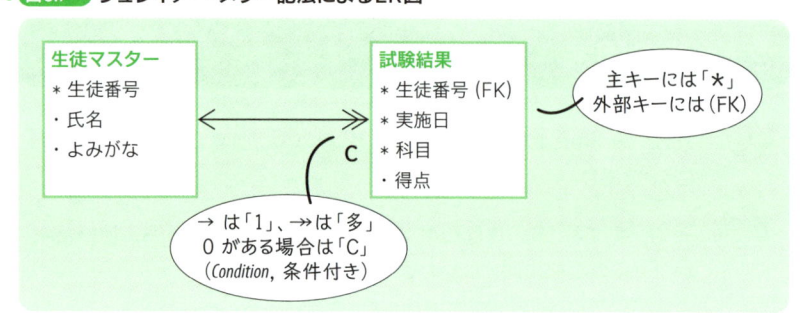

　シュレイアー・メラー記法は、オブジェクト指向のモデリングからの転用です。エンティティ名は箱の中に書かれており、主キーとなる属性には「＊」、それ以外の属性には「・」が付いています。1対多の関係は多の方が二重の矢印で、0が可能な場合には「C」が書かれます。

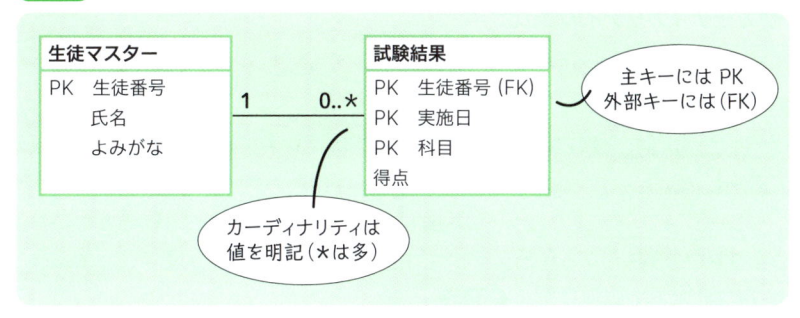

　UMLによるER図

UMLは、データの構造や処理の流れなど、ソフトウェア開発全体で使うために設計された言語です。エンティティ名は箱の上の部分に、属性は箱の下の部分に書かれ、主キーには「PK」と書かれています。

ER図を読み解く3つのポイント

ER図は、いろんな描き方があるんだね。これでも代表例だけ?

それぞれの図法を拡張した新しい図法が考案されることもあるわけで、バリエーションはけっこうある。でも、読み解くポイントは3つだよ。

エンティティと属性の表記

エンティティは箱で、属性は箱の中に列記します。これがテーブルになります。エンティティ名は箱の外に描かれていることがあります。

主キーと外部キーの表記

主キーとなる属性には下線を引く、括弧や「*」(アスタリスク)を付ける、「PK」と記載するなどしてほかと区別します。箱を2つに分けて、主キーとそれ以外としている場合もあります。

また、外部キーとなっている属性には、「FK」や「R」を付記します。同じ名前の列を参照しているのがわかる場合は、外部キーの印は省略されることもあります。

❸ カーディナリティの表記

エンティティとエンティティを結ぶリレーションシップは、箱と箱をつなぐ線で表します。

「1」と「多」は、線の端に1や縦棒、多の側は黒丸や矢印を二重にするなどして区別します。

リレーションシップでもう一つ重要なのは、対応するデータがあるかないか、つまりゼロの関係があるかどうかです。ER図では、白丸やゼロ、文字「C」(*Condition*, 条件付き)などで表現します **図5.9**。

● **図5.9** カーディナリティの表記

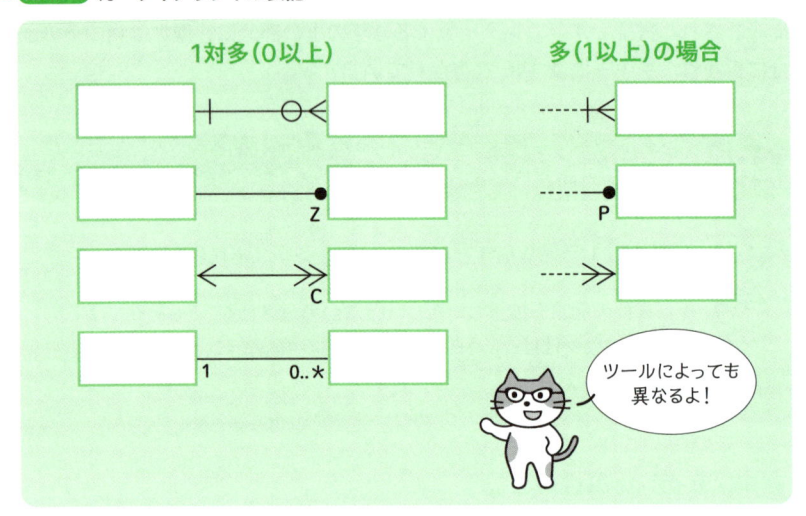

モデリングツール

 ふむふむ。要は、**キー**と、**カーディナリティ**。つまり**1対1**や**1対多**、その2つを押さえればいいんだね。

 そういうこと！ あとは、いかに見やすく描くかということだ。ER図は自分一人で使うものじゃないからね。たとえば、実際の業務を知っているエンドユーザーも見る必要がある。個々のデータをどんな項目で識別しているのか、重複の可能性はどうか、リレーションシップはあるのかないのか。建前ではこうなってるけど、現実ではこうだ、なんてのは

実際のケースではよくあることだよ。そういうのは、図にして細かく詰めていかないと見つからないものなんだ。現状を把握することが何よりも大事だからね。

 うわー。それじゃぁ何度も描き直すこともあるの?

 描き直すこともあるも何も、何度も描き直すのが当然なんだよ。だから、ツールをうまく使うといいね。

***

データのモデル化は、**ビジネスの解析および設計**にも等しい重要な作業です。ER図も、単にテーブルの項目を見やすくまとめたものではありません。分析し、検討するという作業を行うために使います。

　また、ER図を見るのはデータベースの設計をする人だけではありません。入出力プログラムを書くシステム設計者も参照します。その方が、項目の関係やデータの流れが把握しやすいためです。時には、現場で実務を担当する人に見てもらうこともあるでしょう。

　したがって、できあがったER図は、なるべくそのままテーブル設計に反映できるようにします。ER図と実際のテーブルの内容が乖離してしまうと、「共通の設計図」というER図のメリットが活かせなくなるためです。

　ER図の作成には、ケースツールあるいはモデリングツールと呼ばれるソフトを使うのが便利です。できあがったER図から、テーブル設計用のSQL文を自動生成できるソフトも開発されています[1]。

 テーブル設計が大事なのは当然だけど、試行錯誤して**出力の画面を作りながらテーブルを整備**していくことだってもちろん多いよ。

 作りながら考える方がボクには合ってるかもしれない。

 ただ、そういうときも、**データモデルを意識しておく**方がうまくいくんだ。

1　たとえば、MySQL用の開発ツールである「MySQL Workbench」では、「EER Diagram」(*Enhanced Entity-Relationship Diagram*, 拡張実体関連モデル図)画面でER図を作成しながらテーブルを設計できます。Ondřej Žáraによる「WWW SQL Designer」のように、Webアプリケーションで実現されているものもあります。チーム開発の場合、「Cacoo」のようなオンライン作図ツールも便利でしょう。「draw.io」という無償で使える図形作成用のWebサービスでもメニューの「Entity Relation」コーナーにあるER図用のパーツが活用できます。

Column

2種類のエンティティ　イベント、リソース

エンティティは、**イベント系**と**リソース系**に分けることができます **図b**。

イベント系エンティティには、伝票データのように、何らかのできごと(*event*)を記録します。大雑把にいえば、日付や時刻が付随するようなデータはイベント系エンティティと考えることができます。日々の業務から発生するデータで、**トランザクション系エンティティ**と呼ばれることもあります。

リソース(*resource*)とは資源という意味で、ずっと残るモノのエンティティです。「商品マスター」や「顧客名簿」といったデータで、**マスター系エンティティ**と呼ばれることもあります。

イベント系エンティティをしっかり管理することは業務をスムーズに行う上でたいへん重要です。また、イベント系エンティティを追うことで、どのような業務を行っているかを分析できます。

イベント系エンティティは、取引や会計監査などの終了とともに使用されなくなるのが一般的です。一方、リソース系エンティティは、「資源」なので、繰り返し活用されます。

リソース系エンティティの活用は、ビジネスチャンスを広げるポイントとなります。リソースとリソースの間に新たな関係を作ることが、新しいビジネスを産むことにつながるためです。

イベント系エンティティの中に埋もれているリソースがないか、リソースがより純粋な形(再利用しやすい形)となっているかに十分な注意を払いましょう。

● **図b**　エンティティには「**イベント系**」と「**リソース系**」がある

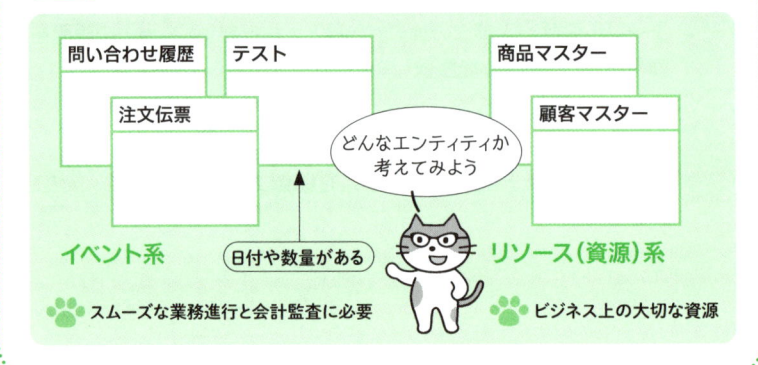

5.3
カーディナリティの検討
参照できる形に整えよう

 さて、ER モデルをデータベースのテーブルに落とし込もうと思ったときにひっかかりやすいのが**リレーションシップ**だ。

 エンティティとエンティティを結ぶ線の部分だね。

 そのとおり！組みあわせとしては、**1対多**、**多対1**、**多対多**、**1対1**に整理できる。これを一つ一つ検討していくことにしよう。

　ERモデルではエンティティ間のリレーションシップのカーディナリティに制約はありませんが、リレーショナルデータベースにマッピングするには、**参照される側は常に「1」**である必要があります。それ以外の状態になっている場合には調整しましょう。

●● 1対多の場合

 まずは**1対多**だ。

 1対多というと、「校舎」と「生徒」の関係だね？ 1つの校舎に複数の生徒がいる。

 ほかにも、伝票データのヘッダーと明細や、製品と部品も典型的な1対多だ。

 伝票データってどんなもの？

 1枚の注文書で複数の品物を注文することがあるでしょ。あれは、リレーショナルデータベースの場合は注文番号や日付のような1枚に1回

だけ書く項目のためのテーブルと、品名と個数と金額のように1枚の注文書の中で複数書く項目（繰り返し項目）のためのテーブルに分けるんだ。1枚に1回だけ書く方のテーブルは「ヘッダーテーブル」、繰り返し項目の方は「明細テーブル」と呼ばれることが多いよ。

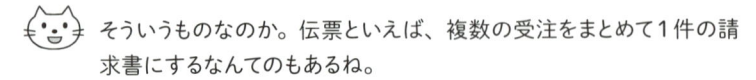 そういうものなのか。伝票といえば、複数の受注をまとめて1件の請求書にするなんてのもあるね。

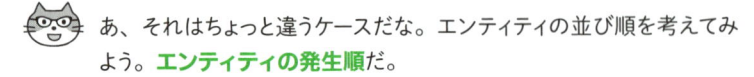 あ、それはちょっと違うケースだな。エンティティの並び順を考えてみよう。**エンティティの発生順**だ。

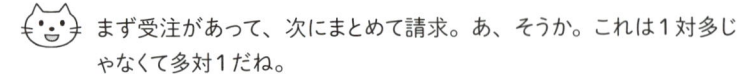 まず受注があって、次にまとめて請求。あ、そうか。これは1対多じゃなくて多対1だね。

そういうこと。**多対1**については後で検討することにして、まずは1対多の関係を見てみることにしよう。

～～～～～～

1対多は、さらに4つのパターンに分けることができます。❶〜❹の4つのパターンを 図5.10 〜 図5.13 に示します。

● 図5.10 ❶1対多

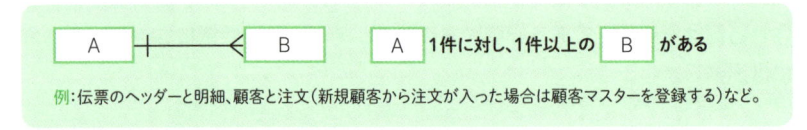

例：伝票のヘッダーと明細、顧客と注文（新規顧客から注文が入った場合は顧客マスターを登録する）など。

● 図5.11 ❷1対多（多側がゼロの可能性がある）

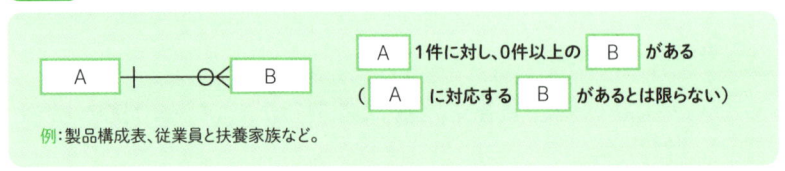

例：製品構成表、従業員と扶養家族など。

● 図5.12 ❸1対多（1側がゼロの可能性がある）

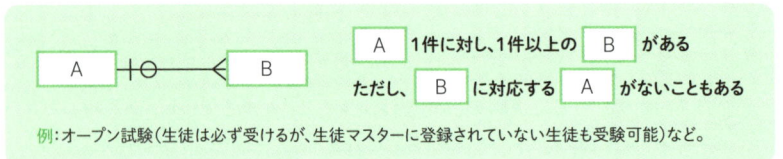

例：オープン試験（生徒は必ず受けるが、生徒マスターに登録されていない生徒も受験可能）など。

● 図5.13 ❹1対多（どちらもゼロの可能性がある）

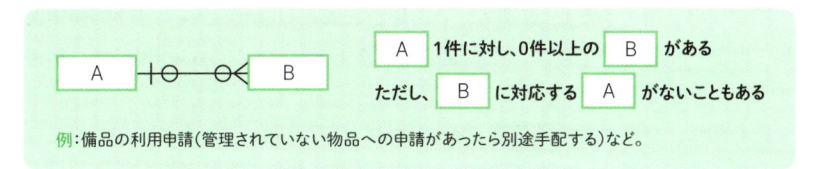

A 1件に対し、0件以上の B がある
ただし、 B に対応する A がないこともある

例：備品の利用申請（管理されていない物品への申請があったら別途手配する）など。

　エンティティとエンティティのカーディナリティが1対多の場合、多側のエンティティに外部キーを設けます 図5.14 。参照先は重複不可（UNIQUE 制約）である必要があり、多くの場合は主キーです。

● 図5.14 1対多の参照制約

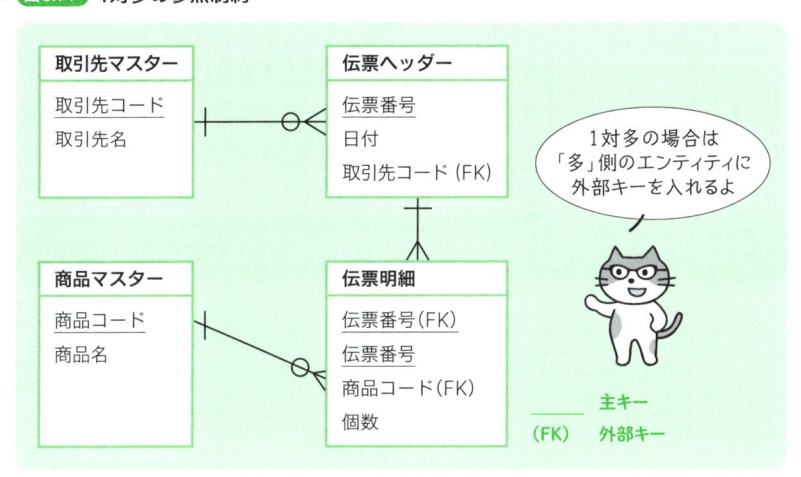

　リレーショナルデータベースで、重複可能な列からほかのテーブルを参照するという場合、たとえば生徒の「校舎」列が「校舎マスター」を参照するような場合、❷の「1対多（多側が0の可能性がある）」となります。

　❶の「1対多」、つまり「多」が「1以上」であることをリレーショナルデータベースで実現するには、CHECK 制約で副問い合わせを使用するか、ASSERTION（表明）を使用する必要があります。どちらも標準 SQL では規定されていますが、実装している DBMS は少なく、MySQL/MariaDB や PostgreSQL、SQL Server は未対応です。実際は、これらのルールは入力側のプログラムが受け持つことになるでしょう。たとえば、 図5.14 の場合「伝票明細は必ず1件以上」ですが、入力画面で伝票番号と日付と明細を同時に登録すれば、必然的に明細

は1件以上になります。

　問題は❸と❹のような「参照先が0の場合がある」というケースです。現実としてはあり得る状態ですが、これをそのままモデル化していいかどうかは再考する必要があります。

　たとえば、先ほどの 図5.12 の❸の例「オープン試験」であれば、学外の生徒の記録も管理する必要があるのかを検討し、必要なのであれば仮の番号を振って管理するなどの方法を考えます。 図5.13 の❹の例「備品の利用申請」であれば、会社で管理されていない物品については受け付けをいったん保留し、管理可能な状態になったら(たとえば、物品の購入が決定され管理用のコードが付番されたら)ほかの利用申請と同様に扱うような処理が考えられます。別の申請ルートに振り分けるケースもあるでしょう。

　いずれの場合も、データベース構築のためだけに業務を増やすことのないようにします。管理されるべきだったのに管理されていない状態なのか、そもそもデータベースによる管理が必要ないのかは、常に考慮すべきです。

　リレーショナルデータベースで「1」の側のゼロを可能にするには、「多」の側で、外部キーを設定する列からNOT NULL制約を外します。

1対多は「親子関係」か「参照関係」を表している

 1対多について、もう1歩踏み込んでおこう。**1対多には2つのパターンがある**んだ。ER図を作ったり読み解いたりするときの、考え方のヒントになるから説明するね。

　1対多の関係には、大きく分けて「親子関係」と「参照関係」の2つがあります。**親子関係**とは、あるテーブルがまずあって(親テーブル)、そこから派生あるいは関連するような形で別のテーブル(子テーブル)がある関係です。親子関係の場合は子の主キーに、親の主キーが含まれる形となります。

　典型的な親子関係は、伝票のヘッダー(見出し)と明細です 図5.15 。「1枚の伝票で複数の品物を注文する」という場合、品物の部分が繰り返し項目となりますが、これをリレーショナルデータベースで管理できるように正規化するとヘッダーと明細の2つのテーブルになります。このとき、明細テーブルの主キーは、ヘッダーテーブルに登録されている注文番号に明細番号などを加えたものとなります。

● 図5.15 　親子関係（1対多のリレーションシップ❶）

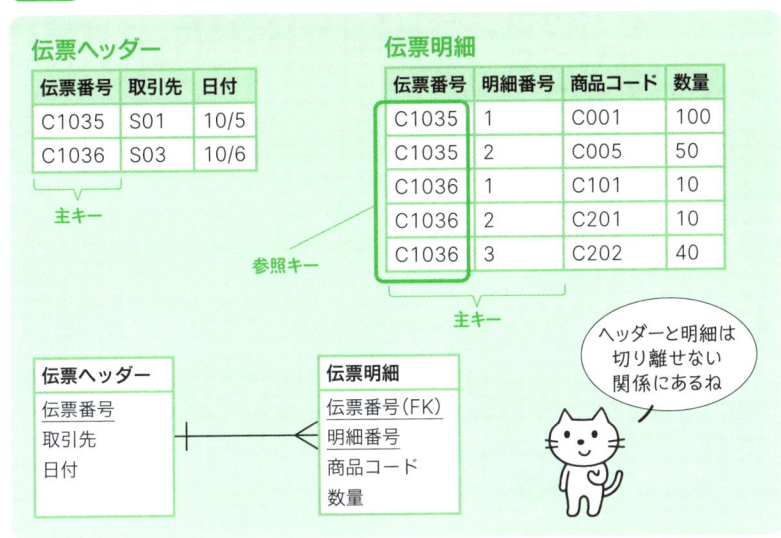

一方、**参照関係**は、別のテーブルを参照しているという関係です。テーブル1の主キー項目がテーブル2の属性項目となります。商品マスターと伝票などがこれに該当します 図5.16 。

● 図5.16 　参照関係（1対多のリレーションシップ❷）

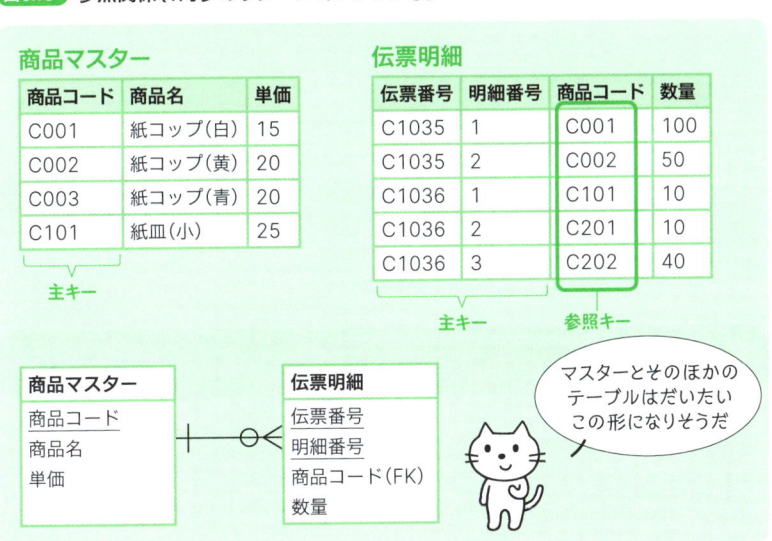

多対多の場合

 さて次は**多対多**の場合だ。

 うちの塾でいうと、生徒とコースだね。

 ほかには、学生とサークルという例もあるね。同じ品物をいろんなところから仕入れていて、1つの仕入先から複数の品物を購入しているなら、これも多対多だ。

「多対多」というリレーションシップがあった場合、両者を正しく関連付ける、つまり、参照できるようにするには、「1対多」の関係にして参照制約を設ける必要があります。そこで、間にエンティティを1つ作成することで、1対多の関係に調整します **図5.17**。

● **図5.17** 多対多のリレーションシップにはエンティティを追加する

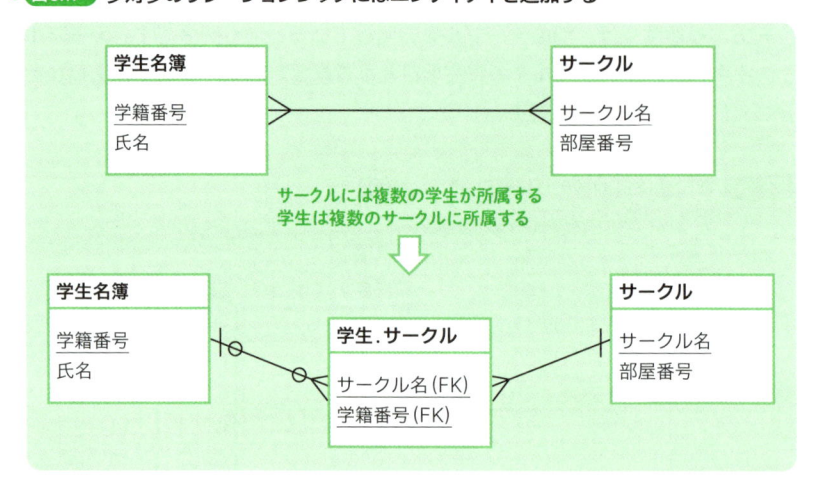

多対1の場合

 こんどは**多対1**だ。

 エンティティを時系列に並べたとき、多側のエンティティが先にくるケ

ースだね？

 そう。理屈から言って、外部キーは後ろのエンティティ、つまり「多」ではなく「1」の方に入る。

 受注が先にないと、請求は起こり得ないもんね。

 でも、リレーショナルデータベースの性質上、「1」から「多」を参照することはできない。だから、外部キーは「多」の方に入らないといけない。

 あーそうか。どうしたらいいんだろう。

 やっぱり、多対1の場合も多対多と同じように**エンティティをもう1つ増やす**。これが基本だよ。

　エンティティを時系列に並べたときに多対1となる場合、1対多と同じ要領で多の側に外部キーを入れると、その項目がNULLになってしまいます 図5.18 。

　そこで、多対1の場合も、多対多と同じように新しいエンティティを追加します 図5.19 。

　別の考え方として、多の側に外部キーを置き、NULLを許すようにしておくというやり方もあります。しかし、NULLを許す項目は扱いが難しくなるため、なるべく避ける方が安全です。また、「先に発生する多」の側に外部キーを置くということは、「未来を参照する」という、本来のデータにはあり得ない構造と

● 図5.18 多対1の参照はNULLになる

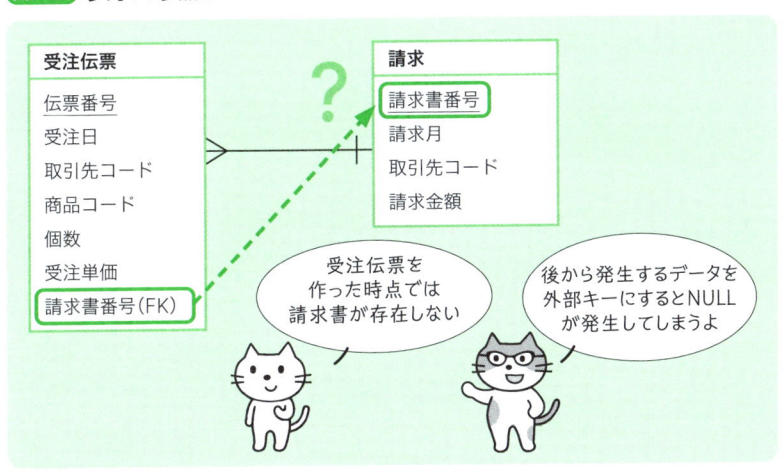

● 図5.19 多対1の場合にもエンティティを追加する

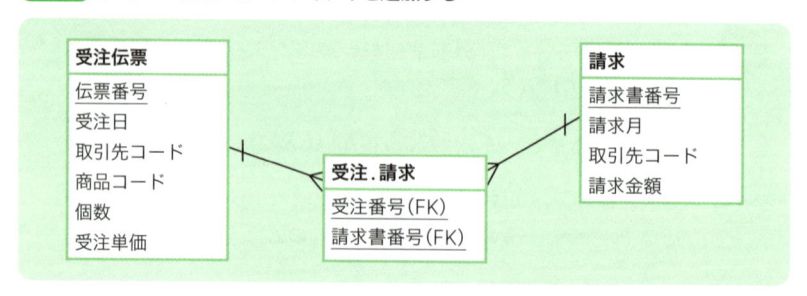

なってしまいます。多の側に外部キーを置くときは、このような変則的な構造でもいいのかどうかを十分に検討しておく必要があります。

Column

新しいエンティティの意味

本文で解説したとおり、**多対多**、**多対1**のリレーションシップがある場合、**新たなエンティティを作る**ことになります。このエンティティの意味を考えると、単なる対応表ではなく、イベント系のエンティティであるかもしれません。

たとえば、学生とサークルというエンティティがあって、学生とサークルの対応を取るためのエンティティを新たに設けた場合、日付を追加すれば「入会」というイベントとして捉えることができます。

1対1の場合

 残りは **1対1** だね。これはわかりやすいや。

 そうとも言えないんだよ。とくに**完全な1対1**となる場合は、なぜそうなってるのかを考えないといけない。

 どういうこと?

 完全な1対1ってのは、どっちも0がないってこと、ぴったり一致するんだ。

 すっきりしてるじゃん。

 でも、それってどういう状況が思い浮かぶ? なんで両者は別のテーブルになってるんだろう?

 あっ そうか。

 データを変換するのに使う補助テーブルのように、便宜上存在するものならとくに問題ない。でも、データモデル上で出てくる1対1というと、違うコードで同じものを管理しているようなケースがあるんだ。本社の「A01」は工場だと「K001」と呼ばれています、とか。

 どっちがどっちを参照してるのか悩むね。

 そう。1対1のときは、どちらかに外部キーを置く、つまり、「参照」として処理するのが適切かどうかを考えないといけない。そもそも別々のテーブルにすべきなのか、もし別々なのだとすれば、多対多のときのように対応させるための新たなエンティティがあった方がいいこともあるよ。

 さっきの本社と工場なら、A01とK001の対応表みたいなテーブルだね。

　カーディナリティが1対1となるリレーションシップには、**図5.20** のようなパターンがあります。

● **図5.20** 1対1のリレーションシップ

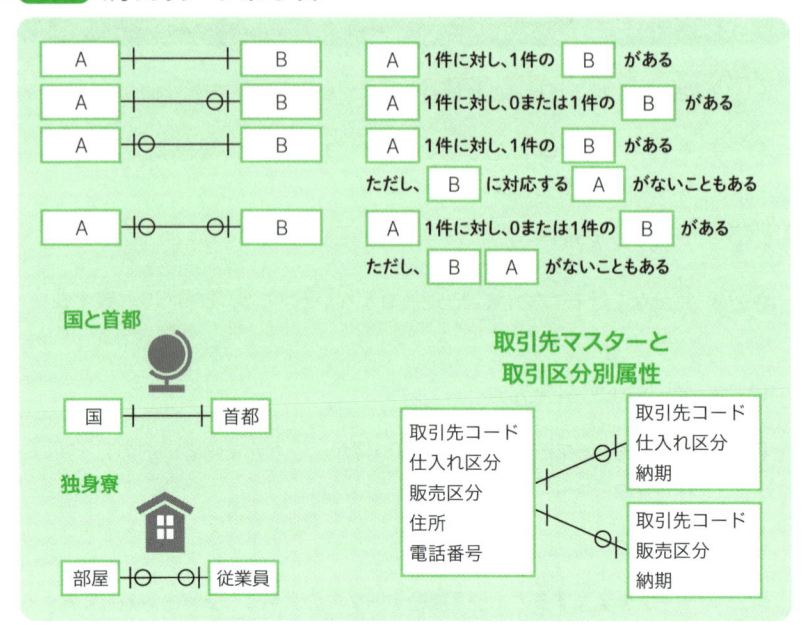

1対1の意味を考える

 さて、まずはそもそも何で1対1になっているのかを考えよう。

 もしかしたら1つのエンティティ、つまり1つのテーブルでいいのかもしれないんだもんね。

　エンティティとエンティティが1対1である場合、**最も注意すべきなのは完全な1対1となっているケース**です。そもそも、なぜ両者が別のテーブルで管理されているかを確認する必要があります。本来は1つのテーブルで管理できる、あるいは管理すべきなのに分かれている可能性が高いし、もし2つのコード体系が混在している場合はなぜそうなってしまったかを確認すべきでしょう。

　一方、どちらかが0または1となっている場合は、参照の関係か、区分コードによる「サブタイプ」であることが考えられます。サブタイプについてはp.151で改めて取り上げます。

1対1の外部キー

 1対1のエンティティ、つまり**別のテーブルで管理する**ことが決まった
ら、**参照をどうする**か考えよう。

 片方に外部キーを置けばいいいのか、**エンティティを追加する**のか、
ね。ちょっと慣れてきたよ。

　エンティティとエンティティが1対1の場合、どちらか片方に外部キーを設けます。このとき、時系列で遅く発生する側の方に外部キーを配置するのが基本です。

　また「1」対「0または1」の場合、「0または1」の側に外部キーを置きます。これは、「1」側のテーブルが**主**で、「0または1」のテーブルが**従**であると考えられるためです。たとえば、従業員と、従業員が1台だけ申請できる通勤用のマイカーを、従業員テーブルとマイカー車両テーブルで管理しているという場合、マイカー車両テーブル側に外部キーを置きます **図5.21** 。

● **図5.21** 外部キーは発生が遅い方に入れる

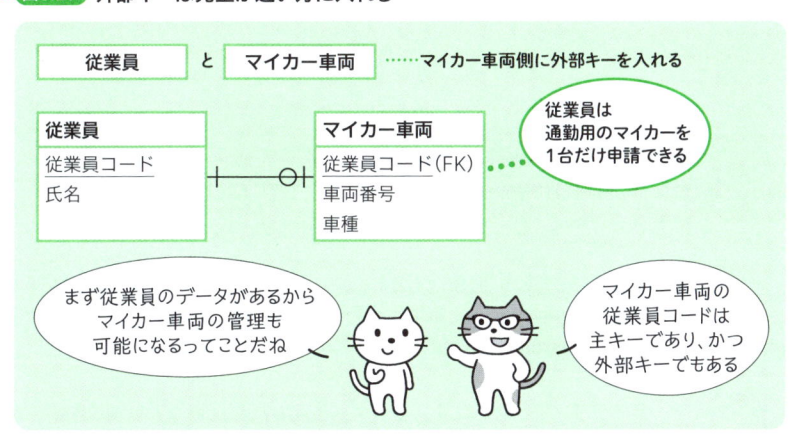

　両エンティティがお互いに独立して存在する場合、対応をとるための、別のエンティティを設けた方が適していることがあります。たとえば、「独身寮」（主キーは部屋番号）と「従業員」（主キーは従業員番号）は部屋と従業員で「1対1」のリレーションシップがありますが、それぞれ別個に管理されているエンティティで、どちらも「0」があり得ます。そこで、部屋番号と従業員番号を外部キー

にした新たなエンティティを1つ作ります。新しいエンティティは、「部屋番号と従業員番号の組み合わせ」「部屋番号」「従業員番号」がそれぞれ候補キー（3.4節）となります。この場合、「部屋番号と従業員番号の組み合わせ」を主キーとして、「部屋番号」の列はNOT NULLかつUNIQUE、同じく「従業員番号」の列もNOT NULLかつUNIQUEとします 図5.22 。

● 図5.22 独立した1対1のリレーションシップにはエンティティを追加する

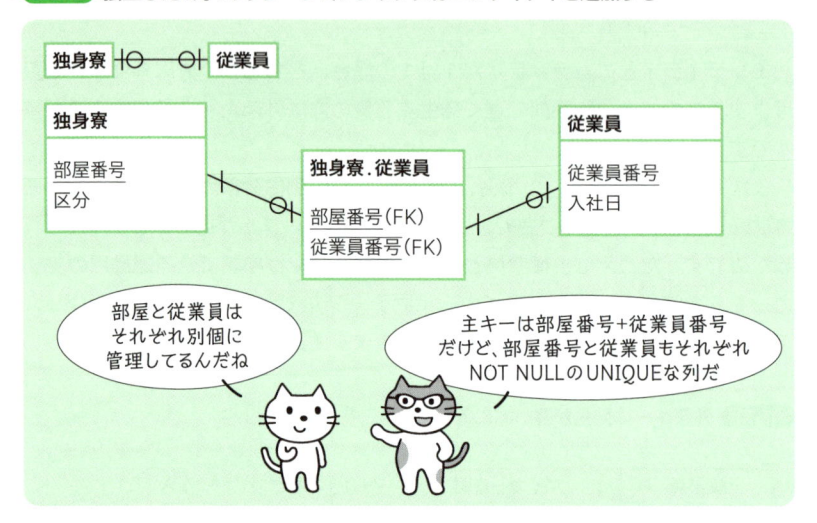

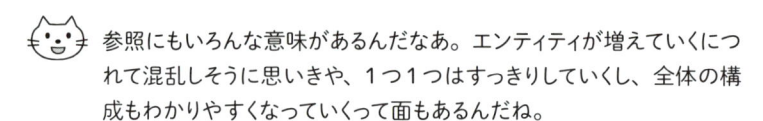
参照にもいろんな意味があるんだなあ。エンティティが増えていくにつれて混乱しそうに思いきや、1つ1つはすっきりしていくし、全体の構成もわかりやすくなっていくって面もあるんだね。

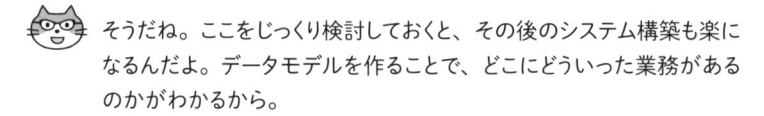
そうだね。ここをじっくり検討しておくと、その後のシステム構築も楽になるんだよ。データモデルを作ることで、どこにどういった業務があるのかがわかるから。

データモデリングというのは、データベースのためだけってわけじゃないんだね。

Column

正規形とER図

正規化したテーブルをER図にすることで、どういったテーブルが作られたのかがわかります。たとえば、4.4節で取り上げた「商品」「仕入先」「倉庫」のER図は1種類ではありません。どこにリレーションシップがあるのかによってER図は異なるし、ER図が異なれば、当然スキーマ定義（テーブルと参照の定義）も異なるものとなります **図c**。

● **図c** 「商品・仕入先・倉庫」のバリエーション

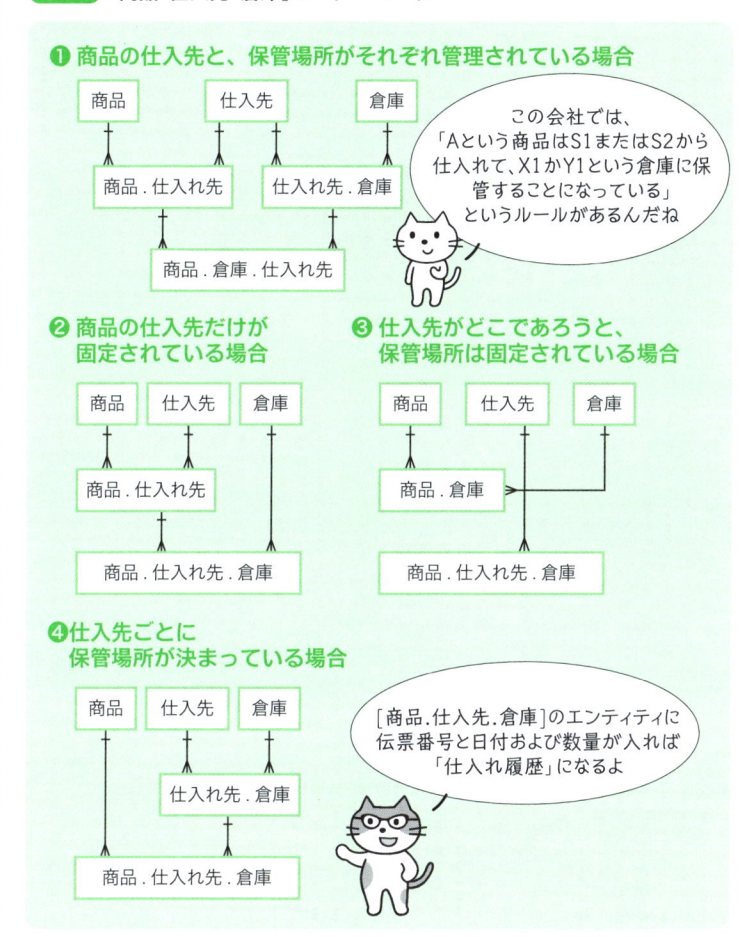

❶ 商品の仕入先と、保管場所がそれぞれ管理されている場合

この会社では、「Aという商品はS1またはS2から仕入れて、X1かY1という倉庫に保管することになっている」というルールがあるんだね

❷ 商品の仕入先だけが固定されている場合

❸ 仕入先がどこであろうと、保管場所は固定されている場合

❹ 仕入先ごとに保管場所が決まっている場合

[商品.仕入先.倉庫]のエンティティに伝票番号と日付および数量が入れば「仕入れ履歴」になるよ

❶と❷について、それぞれをテーブル定義に直すと以下のようになります[a]。

```
共通（マスターテーブル）
CREATE TABLE M1 (商品コード, 商品名, …,
    PRIMARY KEY (商品コード)
  );
CREATE TABLE M2 (仕入先コード, 仕入先名称, …,
    PRIMARY KEY (仕入先コード)
  );
CREATE TABLE M3 (倉庫コード, 倉庫名称, …,
    PRIMARY KEY (倉庫コード)
  );

❶の場合
CREATE TABLE R1 (商品コード, 仕入先,
    PRIMARY KEY (商品コード, 仕入先),
    FOREIGN KEY (商品コード) REFERENCES M1 (商品コード),
    FOREIGN KEY (仕入先) REFERENCES M2 (仕入先)
  );
CREATE TABLE R2 (商品コード, 倉庫,
    PRIMARY KEY (商品コード, 倉庫),
    FOREIGN KEY (商品コード) REFERENCES M1 (商品コード),
    FOREIGN KEY (倉庫) REFERENCES M3 (倉庫)
  );
CREATE TABLE R3 (商品コード, 仕入先, 倉庫,
    PRIMARY KEY (商品コード, 仕入先, 倉庫),
    FOREIGN KEY (商品コード, 仕入先) REFERENCES R1 (商品コード, 仕入先),
    FOREIGN KEY (商品コード, 倉庫) REFERENCES R2 (商品コード, 倉庫)
  );

❷の場合
CREATE TABLE R1 (商品コード, 仕入先,
    PRIMARY KEY (商品コード, 仕入先),
    FOREIGN KEY (商品コード) REFERENCES M1 (商品コード),
    FOREIGN KEY (仕入先) REFERENCES M2 (仕入先)
  );
CREATE TABLE R2 (商品コード, 仕入先, 倉庫,
    PRIMARY KEY (商品コード, 仕入先, 倉庫),
    FOREIGN KEY (商品コード, 仕入先) REFERENCES R1 (商品コード, 仕入先)
  );
```

a ここでは宣言を短くするため、データ型の定義を省略して次のように表しています。

```
テーブル名 (列1, 列2, 列2, …,
    PRIMARY KEY 定義,
    FOREIGN 定義
  )
```

M1、M2、M3がそれぞれ商品マスター、仕入先マスター、倉庫マスターで、R1、R2、R3がマスターの下に書かれているエンティティに対応しているテーブルです。

5.4
識別子（キー）の検討
本当にその識別子で大丈夫？

 リレーションシップが整えば、テーブルは作れる。でも、ちょっと確認しておいた方がいいことがある。まずは**識別子**だ。

 キーのことだよね？

 そのとおり！ ERモデルでは、識別子に印を付けて、ほかの属性と区別したよね。

 そうだね。識別子は大事だもの。

　エンティティが出揃ったら、それぞれの属性をもう一度見直しましょう。一つのポイントは**識別子**です。

●● 使われていない識別子は存在しないか

 まずは「識別子」。つまり「何かを識別できるもの」が、エンティティの中に埋もれていないかチェックしないといけない。識別子であるはずのものが、その他の属性として扱われていたら、そのデータベース設計には問題があるということだ。

 外部キーとして入ってるなら、いいんだよね？

 もちろんだよ。データベースとして登録できませんってことではなくて、設計上、問題がないかを確認する手がかりの一つということ。理由がわかればそれでいいんだよ。

 ER図でそういった問題点を洗い出していけるんだね。

識別子 (*identifier*) は、その名のとおり、何かを識別するのに使える項目で、多くの場合、「××コード」「○○番号」のような名前が付いています。したがって、そのような名前の項目にもかかわらず識別子にはなっていないという場合、本来は別々になっているべきモノが1つのエンティティに入っている、あるいは管理されるべきモノが管理されていない、といった問題が考えられます **図5.23** 。

● **図5.23** 埋もれた識別子（キー）がないか確認

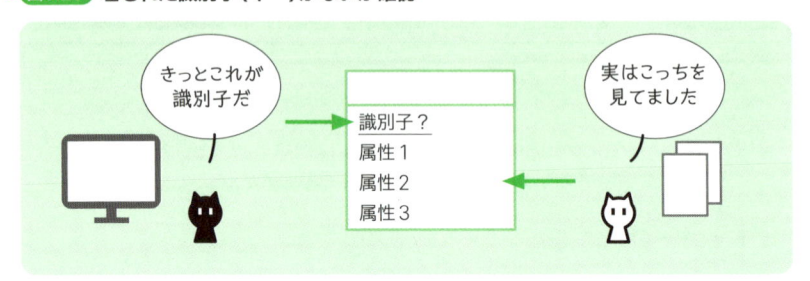

「出荷先の住所によって対応を変える」など、現場での習慣に埋もれて見えていない処理が存在している可能性もあります。この場合、住所に加えて、新たに「地域コード」が必要なのかもしれません。

識別子に複合キーが潜んでいないか

 さて、次は識別子の具体的な値について着目する。ここで気をつけたいのは、複合キーが潜んでいないかということだ。

 どういうこと?

 識別子が複数のコードを組み合わせて作られていないかどうか、ということなんだ。識別子の中に別の識別子が埋もれているケースがあるんだよ。「XXX-XXX」のように「－」（ハイフン）が付いている場合はとくに怪しいよね。

 すぐに思い浮かぶのは郵便番号や電話番号だけど、これもそうなの?

 全体をまとめて使っているだけであれば、問題はないよ。僕たちが郵便番号そのものを管理しているわけじゃないからね。だけど、全体を識別子として利用しているのに加えて、「もし何桁めが何だったら～」

という識別もしているのであれば、少し考えないといけない。

 正規形の話と似てるね。たしかに複合キーだ。

 そういうこと！ つまり、不整合の元になりかねないってことだ。

「商品コードの1桁めがAならば××する」「取引先コードの末尾が01は○○だ」のように、識別子の一部が特別な意味を持っていることがあります。このような識別子が存在すると、非常に煩雑な処理を生む可能性が高くなります。たとえ見た目は1つの識別子でも、それは複合キーとして扱うべき項目かもしれません。

特別な処理をしているわけではなく、人間にわかりやすいように名称の頭文字がコードの先頭に付いているだけ、というケースでも、名称を変更した場合にキーはどうするのかという更新不整合の問題があります。識別子に、データを特定するという識別子の役割以上の情報を持たせないようにしましょう。現場で名称や倉庫コードが必要なのであれば、識別子に織り込むのではなく、名称や倉庫コードを一緒に出力するのが本筋です。SELECT文は、複数の項目を連結して1つの列として表示することも可能です。

存在しない識別子を使っていないか

 逆に、元々存在していない識別子を使っていないかも確認する。だって、識別する手がかりがなかったら、今までの業務にだって支障が出ているはずなんだ。

 たしかにそうだね。

 それなのに識別子を新設しないといけないっていうのは、設計のせいで作られてしまった識別子なのかもしれないってことなんだ。エンティティに識別子がなくて困っちゃった結果、「じゃあ作ろう」って。

 もし今まで識別に苦労してたのなら、むしろ新設するのが正解？

 そう。ここはとにかく現場でどうなっているか、現実はどうなのかをしっかり確認しなきゃいけない。

データモデリングの際に新たな識別子が必要となった場合は、本当にそれが

必要なのかを慎重に判断する必要があります。

　既存の事業に対してデータモデリングを行うときは、まず、今までの状況を正確に把握する必要があります。事業改革のためにコード体系を見直す云々ということがあったとしても、まずは現状の分析が先決です。

　システム管理者の目から見ると、管理されてしかるべきモノ＝識別子が必要なモノでも、現場では管理する意義のないモノかもしれません。管理しなくていいものまで管理するのでは、無駄な処理が増えてしまい、業務が滞ってしまいます。逆に、管理することで、業務の効率化や新たなビジネスチャンスが生まれる可能性もあります。

　なぜ新しい識別子が必要になったのか、それは本当に必要なのか、識別子を加えることによるメリットとデメリットを考えましょう 図5.24 。

● 図5.24 識別子（キー）の追加は慎重に

 識別子のチェックポイントはこんなところだね。

 最後の、「識別子を作っちゃう」ってのが一番起こりがちかも。

 わかるよ。必要ならもちろん作ればいいんだ。でも、ほんとに必要かなってことは考えた方がいい。実際、複合キーの存在を見落としていることが多いんだ。

でも、新しいコードを作っちゃう方が楽な場合もあるよね？

 入力が楽になったりすることはあるよね。その場合も、複合キーは候補キーであることを忘れちゃいけない。

 えーっと、候補キーの設定は……。

 主キー以外の候補キーは、UNIQUEとNOT NULLを宣言、だ。複合キーも同じだよ。

Column

新しい識別子

　データベース用に、新しい識別子がほしくなることがあります。たとえば、今まではサークルをサークル名で識別していたとします。人間が見聞きするのであれば、部分的に略したり、言い換えても「識別」できます。しかし、コンピューターで処理する場合、識別子は常に完全に一致していなくてはなりません。サークル名は長くて曖昧であることが多い上に変更される可能性もあるため、識別子には向いていません。

　このような場合、機械的に連続番号を振るなどして、新しい識別子として使用するというやり方があります。

　連続番号を使うためのしくみとして、標準SQLではSQL:2013で「CREATE SEQUENCE」で連続番号を生成する「シーケンスジェネレーター」（*sequence generator*）が定義できるようになりましたが、多くのDBMSではそれ以前から連続番号がサポートされていました。このため、連続番号の使用方法はDBMSごとに異なります。

　たとえば、MySQLやMariaDBでデータ型として「SERIAL」型を使用するか、列定義に「AUTO_INCREMENT」を追加することで、連続番号が使用できます。PostgreSQLではSERIAL型を使うか「CREATE SEQUENCE」文でシーケンスジェネレーターを定義します。SQL Serverの場合はIDENTITYプロパティを使用します（p.77）。

　連続番号ではなく、新たなコード体系を考えようということになるかもしれません。新しいコードを決める際に「色やサイズの情報を織り込んだ商品コード」のような複雑なルールを使いたくなった場合は要注意です。複数の値を組み合わせて作った識別子を作るのであれば、種別コードや区分コードといったサブコードを設けてそれらを組み合わせた複合キーも検討してみましょう。もしかしたら、すでにそのようなキーが存在しているかもしれません。

5.5
スーパータイプとサブタイプ
区分コードを見つけたら考えよう

 識別子の次は、**区分コード**について考えてみよう。

 区分コードというと、顧客を、法人区分と個人区分で管理して……といったときに使うコードだよね。うちの塾だと、いずれは高校生用のコースも考えているから、そのときに使うことになるのかな。

 そういう感じだね。そしてこの区分コードは、**スーパータイプ**と**サブタイプ**の存在を表しているんだ。

 スーパータイプ？

 上位概念ってこと。たとえば、個人顧客と法人顧客の上位概念は「顧客」だ。

 なるほど、より一般化して捉えたのがスーパータイプか。

 そう。顧客エンティティの中に、個人と法人を分けるための区分コードがあったとしたら、顧客エンティティには、個人顧客と法人顧客というサブタイプが含まれているってことがわかる。

 ふむ。顧客がスーパータイプ、個人顧客と法人顧客がサブタイプね。

 サブタイプによって必要な属性項目が異なることがある。たとえば、個人と法人では管理すべき事柄はだいぶ違うよね。

 そうだなあ。それを1つのテーブルで管理していいものかどうか……。別々にした方が実情に合ってるかもしれないね。

 逆に、別のテーブルで管理していたけれど、同じテーブルで管理した方が適切だというケースもある。

スーパータイプとサブタイプという観点からデータを見ることで、あらたな問題に気づくことができる、ってことなのかな。

 そういうこと。スーパータイプとサブタイプというのは、元々、オブジェクト指向、というERモデルや関係モデルとは別のモデルで使われている概念なんだ。でも、データベース設計をする上でも役立つから、ER図でも表現できるように新たな表記法が作られているよ。

 いろいろあるんだね。

 ちなみに、「個人顧客は顧客である」だし、「法人顧客は顧客である」だよね。これをオブジェクト指向の用語で**is-aの関係**というんだ。そして「顧客は、個人顧客または法人顧客である」のはずだ。これを**orの関係**というよ。もう少し詳しく見ていくことにしよう。

区分コードを持つエンティティは、内部に「顧客は個人顧客と法人顧客に分かれる」あるいは「個人顧客と法人顧客をまとめて顧客と呼ぶ」のような階層構造を持っています。上位の、より抽象化されたエンティティを**スーパータイプ**（*supertype*）、下位の、より具体化されたエンティティを**サブタイプ**（*subtype*）といいます　**図5.25**　。

スーパータイプをサブタイプに分けることを**特化**（*specialization*）、逆に、サブタイプをスーパータイプにまとめることを**汎化**（*generalization*）といいます。

● **図5.25** スーパータイプとサブタイプ

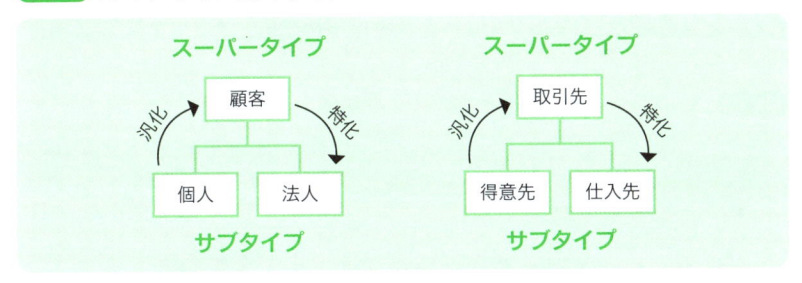

エンティティ内に階層構造がある場合、いったん区分ごとのエンティティを作り、どのような関係になっているか、適切な区分コードとなっているかを確認する必要があります。また、バラバラのエンティティを見て、スーパータイプを見落としていないかも検討する必要があります。

ER図では　**図5.26**　のように、スーパータイプとサブタイプを示します。

● 図5.26 スーパータイプとサブタイプ（IE記法とIDEF1X記法による例）

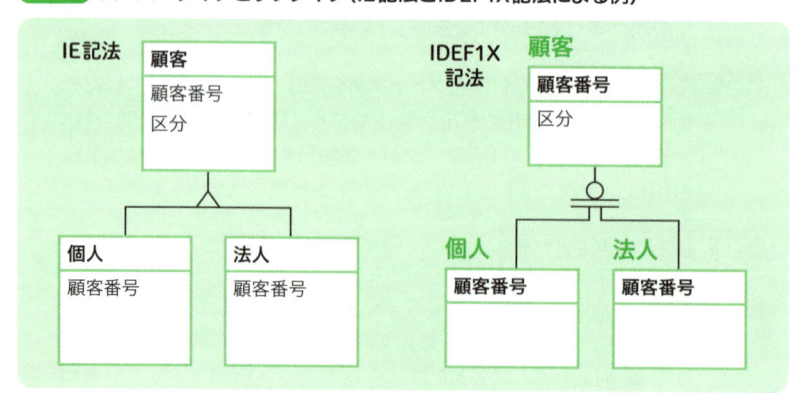

is-aの関係になっているか

 区分コードの裏には、スーパータイプとサブタイプが隠れてるんだね。

 そういうこと。そして、区分コードを見つけたら、スーパータイプとサブタイプがis-aの関係になっているかをチェックだ。

　2つのエンティティがスーパータイプとサブタイプの関係であれば、サブタイプ側のエンティティのデータはすべてスーパータイプのエンティティに含まれる、という関係になるはずです。これをis-aの関係と言います。「個人顧客」

● 図5.27 スーパータイプとサブタイプは「is-a」の関係

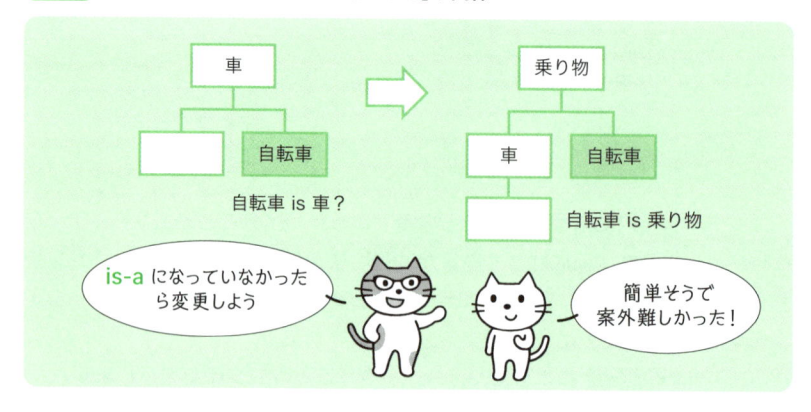

と「顧客」であれば、「個人顧客（サブタイプ）is a 顧客（スーパータイプ）」です。しかし、図5.27 のように、「車」と「自転車」について、「車」をスーパータイプ、「自転車」をサブタイプとみなしていた場合、エンティティのとらえ方を改める必要があります。「車」ではなく「乗り物」や「通勤手段」という観点からまとめ直すとうまくいく可能性があります。あるいは、別個のエンティティとする方がいいかもしれません。

orの関係になっているか

 そして、サブタイプ同士が or の関係になっているかどうかもチェックだ。

 重なってちゃだめってことか。

サブタイプ同士に注目すると、1つのデータは必ず1つのサブタイプにだけ含まれるという関係になるはずです。これを or の関係 と言います。顧客は個人または法人であり、「個人顧客かつ法人顧客である」ということはありません。しかし、エンティティによっては、orの関係になっていないケースがあります。この場合は、orの関係になるように、区分コードを見直します 図5.28 。

● 図5.28 サブタイプ同士は「or」の関係

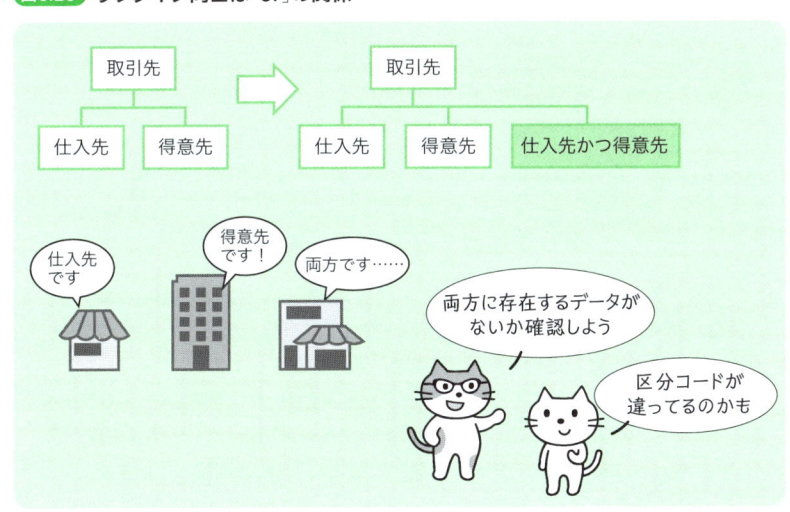

どちらでテーブルを作るか

 スーパータイプとサブタイプがきちんと整理できたら、スーパータイプ
でテーブルを作るのがいいか、サブタイプで作るのがいいかを考える。

 ここは決まってるわけじゃないんだね。

 サブタイプ同士がどれだけ似ているか、すなわち、同じ属性を持って
いるか、あとは一緒に使う頻度だね。

スーパータイプとサブタイプのどちらでテーブルを作るべきかは、状況によって異なります。ポイントは、**一緒に使うことが多いかどうか**、**属性項目がどの程度同じか**、の2つです。

一緒に使う頻度が低いエンティティは、別のテーブルにしておいた方が処理の効率が上がります。そもそも、一緒に使わないというのは別々に管理されている方が使いやすいと考えられます。

また、「正社員とパート社員」のように、従業員という観点からは同じエンティティでも、属性項目が大きく異なるという場合は、一般に、別のエンティティにします。NULL項目が多くなるのを避けるためです。

 こうやって見直していくと、拾い切れていなかった属性を見つけたり、
実はいらなかった属性に気づいたりできるんだね。

 ちなみに、DBMS用のGUIツールにもテーブルの参照関係をER図で
表示できるものがあるので活用してみてね（DBeaverでの例、p.ix）。

Column

データ設計？ データベース設計？

「データ設計」と「データベース設計」、両者共に幅広く使われている言葉です。本章はERモデルの章ですが、何をデータとして管理したいのか、どうモデル化しDBMSに落とし込むかを考えるのが「データ設計」、DBMSにどう格納し、どうアクセスするかを考えるのが「データベース設計」というおおまかな使い分けがありそうです。そこで、本書では「データベース設計」という用語を採りました。ちょっと長いので、タイトルなどでは「DB設計」と表記しています。

なお、本書では扱っていませんが、「データベース設計」には、さらに具体的なハードウェアを含めた環境整備、データの格納場所や保守・運用まで含まれることもあります。

第6章

データ操作
データを自在に SELECTしよう

正規化されたテーブルは、SELECT文で自在に組み合わせてさまざまな形で取り出すことが可能です。本章では、SELECT文を中心としたSQLによるデータ操作について、基礎事項からやや高度なテクニックまで、第2章からさらに踏み込んで詳しく解説します。

データ操作
データを自在にSELECTしよう

6.1
SELECTの基礎構文
必要なデータを取り出す、重複を取り除く

正規形やER図を見ていると、ずいぶんたくさんのテーブルを使うことになりそうだね。実際、仕事で使うデータともなると、登録されている件数だってものすごい量になるだろうし。

そうだね。必要なデータをどうやって取り出すか、その方法をきちんと知っていないと、せっかくのテーブルを活かせない。まず **SELECT** 文を詳しく見ていくことにしよう。

　先述のとおり、DBMSに対してデータを要求することを **問い合わせ** (*query*) といいます。SQLでは、問い合わせをSELECT文で記述します。つまり、ユーザーは、SELECT文を使って、自分のほしいデータを表現することになります。
　2.7節では、以下のようなSELECT文について解説しました。本章では、さらに詳しい使い方を紹介します。なお、本章のサンプルはsampledbで実行できます。

```
-- テーブルのデータを取得する
SELECT * FROM students;

SELECT student_id, student_name FROM students
WHERE branch = '新宿'
ORDER BY school;

-- データを集計する
SELECT COUNT(*) FROM students WHERE branch='新宿';
SELECT branch, COUNT(*) FROM students GROUP BY branch;

-- データを結合する
SELECT *
FROM courses
JOIN students ON courses.student_id = students.student_id;
```

少し復習しておくと、サンプルのSQL文は、標準SQLやDBMSのキーワードは大文字、テーブル名や列名は小文字で記述していますが、実際に入力する際はすべて小文字でも問題ありません。また、読みやすくするために改行やインデントを入れることがありますが、1行で続けて入力してもかまいません。

「--」（ハイフン2つ）から行末まで、および、/*と*/に挟まれている部分はコメントなので入力は不要です。

列の指定、列の連結と計算、別名　SELECT句、AS、CONCAT、||

 まずは**SELECT**句。SELECT句では**取得したい列の指定**を行うよ。

 「SELECT　列名，列名，」と、ほしい列を並べて書くんだよね。

 そのとおり！このほかの便利な使い方としては、列同士で計算をしたり、列に別名を付けたりできるね。

SELECT句では、取得したい列を指定します。複数の列を指定したい場合は、「,」で区切って並べます。また、列名を「*」にすると、指定したテーブルのすべての列が対象となります。JOINなどで複数のテーブルを使っている場合、列名だけではどのテーブルにある列なのか、特定できません。この場合は「テーブル名.列名」のように指定します（6.4節）。

取得の際に、**列の値を計算**したり、**文字列を連結**することもできます。文字列の連結は、標準SQLでは「||」という演算子を使用して「列名 || 列名」のように行いますが、MySQL/MariaDBはこの演算子に対応していないのでCONCAT関数を使います（6.2節）。列名や演算結果には「AS　別名」で、SELECTの結果として表示される列名に名前（*alias*, エイリアス）を付けることができます。

以下のSQL文では、studentsテーブルの、student_idが「C0001」と一致するデータを対象に、❶すべての列をそのまま、❷student_nameとstudent_yomiのみ、❸student_name、「(」、student_yomi、「)」を連結して「name」という列名で表示、という処理を行っています。

```
-- ❶C0001のデータを表示
SELECT *
FROM students
WHERE student_id = 'C0001';

-- ❷C0001の氏名と読み
SELECT student_name, student_yomi
```

```
FROM students
WHERE student_id = 'C0001';

-- ❸氏名（読み）をnameという列名で表示する
SELECT CONCAT(student_name, '(', student_yomi, ')') AS name
FROM students
WHERE student_id = 'C0001';
```

❶の実行結果

student_ id	student_ name	student_ yomi	home_phone	mobile_phone	school	branch
C0001	谷内 ミケ	タニウチ ミケ	036570242X	0906297314X	港第五中学校	渋谷

❷の実行結果

student_name	student_yomi
谷内 ミケ	タニウチ ミケ

❸の実行結果

name
谷内 ミケ(タニウチ ミケ)

●● 重複の除去 DISTINCT

 生徒のテーブルを使って「品川校舎に来ている生徒の、中学校一覧」を出そうと思ったんだけど、同じ中学校に通ってる生徒もいるからデータが重複しちゃうんだよね。どうしたらいいかな。

 重複の除去だね。それなら**DISTINCT**だ。

　指定した列やWHERE句の条件によっては、同じ内容の行が重複することがあります。**重複を排除したい場合**は、SELECTの後に**DISTINCT**を指定します。DISTINCTの反対はALLで、重複するデータをそのままにします。何も指定しない場合、ALLが指定されているのと同じ扱いになります。

　SELECT句で複数の列を指定している場合、DISTINCTを指定するとSELECT文で取得した結果から「すべての列の値が重複している行」が取り除かれます。

　なお、DISTINCTを指定すると、重複を除去するための並べ替えが発生します。このため、DISTINCTの有無によってデータの表示順が変化することがあります。❶と❷の実行結果は、結果を比較しやすくするためにデータを並べ替えています。このように、SELECT文の結果を並べ替えたい場合はORDER BYを使用します。

```
-- ❶品川校舎に通う生徒の中学生を一覧表示する（全件表示＝重複表示あり）
SELECT school
FROM students WHERE students.branch='品川' ORDER BY school;

-- ❷品川校舎に通う生徒の中学生を一覧表示する（重複表示なし）
SELECT DISTINCT school
FROM students WHERE students.branch='品川' ORDER BY school;

-- ❸全生徒（120名）の、校舎と中学校の組み合わせを一覧表示する（重複表示なし）
SELECT DISTINCT branch, school
FROM students;
```

❶の実行結果

school
コンドル学園中学校
世田谷第一中学校
大和猫南中学校
大和猫西中学校
大和猫西中学校
大和猫西中学校
市原しろねこ中学校
東村山猫八中学校
港第二中学校
港第二中学校
港第五中学校
港第四中学校
猫山学園付属中学校
猫山学園付属中学校
猫田インターナショナル中学校
猫田インターナショナル中学校
猫田インターナショナル中学校

❷の実行結果

school
コンドル学園中学校
世田谷第一中学校
大和猫南中学校
大和猫西中学校
市原しろねこ中学校
東村山猫八中学校
港第二中学校
港第五中学校
港第四中学校
猫山学園付属中学校
猫田インターナショナル中学校

❸の実行結果

branch	school
渋谷	港第五中学校
池袋	三毛猫学院中学校
新宿	新宿第六中学校
新宿	足立第三中学校
池袋	大和猫東中学校
渋谷	シマリス中学校
新宿	新宿第二中学校
新宿	江戸川第二中学校
渋谷	成田シマリス学園中学校
新宿	港第二中学校
新宿	世田谷第五中学校
渋谷	港第三中学校
池袋	品川第一中学校
新宿	新宿第一中学校
池袋	大和猫中央中学校
池袋	練馬第七中学校
:以下略、全83行	

行の指定（絞り込み）　WHERE句

 絞り込みの指定は **WHERE** を使うんだったよね。

 そうだね。どんな行がほしいかを指定するのがWHERE句だ。

取得するデータの条件は「WHERE〜」で示します。**WHERE**句には、「どのよ

うなデータか」という条件を記述し、結果がTRUE（真）となった行だけが表示されます。「〜ではない」とする場合は次項の「NOT」を使います。この、TRUEやFALSE（偽）という値を**真偽値**または**真理値**（*truth value*）といい、「`student_id = 'C0001'`」や「`score >= 90`」のように真理値を返す「式」の部分のことをSQLでは**述語**（*predicate*）といいます。

　述語（条件式）の部分には、大小の比較、値が等しい（=）、等しくない（<>）、大小関係（>、>=、<、<=）などの演算子のほか、範囲を示すBETWEENや、文字列のあいまい検索を行うLIKE、サブクエリー（副問い合わせ）で使用するEXISTSなどが使用できます（演算子⇒6.2節、サブクエリー⇒6.8節）。

　なお、「IS」と「EXISTS」以外の述語は、対象にNULLがある場合は結果が「不明」（Unknown）になることがあります。この場合、「真」ではないので取得の対象にはなりません。「不明」の場合「NOT」（否定）を付けても「不明」のままなので対象にならない点に注意してください（6.3節）。

条件を組み合わせる　AND、OR、NOT

　複数の条件を組み合わせたい場合は**AND**と**OR**を使うんだよね？　優先順位とかはあるのかな。

　ANDとORなら、ANDの方が優先だよ。後は、括弧で優先順位を明示しておくのがわかりやすいし安全だね。

　WHERE句で複数の条件を組み合わせたい場合は、**AND**と**OR**を使って条件を並べます。

　「条件1　AND　条件2」ならば、条件1と条件2の両方が真のとき真になります。一方、「条件1　OR　条件2」ならば、条件1または条件2のどちらか一方が真なら真となります。この場合も、NULLがある場合は「不明」が加わります（6.3節）。

　「AまたはBまたはC」のように、「または」で複数の値と一致するかどうかを指定したい場合は、**IN**を使って「`IN (A, B, C)`」のようにもできます。式を否定、つまり結果を逆にしたい場合は**NOT**を使用します。「AまたはBまたはC、ではない」は「`NOT IN (A, B, C)`」のように表せます。

```
-- ❶国語で100点
SELECT * FROM exams
WHERE score = 100 AND subject = '国語';
```

```
--  ❷品川校舎に通っている生徒で、国語で100点を取ったことがある生徒
SELECT DISTINCT students.student_id, student_name, branch
FROM exams
JOIN students ON exams.student_id=students.student_id
WHERE score = 100
  AND subject = '国語'
  AND branch = '品川';

--  ❸品川校舎に通っている生徒で、数学または英語で100点を取ったことがある生徒
SELECT DISTINCT students.student_id, student_name, branch
FROM exams
JOIN students ON exams.student_id=students.student_id
WHERE score = 100
  AND (subject = '数学' OR subject = '英語')
  AND branch = '品川';
```

なお、等号(=)や不等号(>)、あるいは値の範囲を指定する「BETWEEN」など (6.2節)は、ANDやORよりも優先されます。式を組み合わせる場合、優先順位 は()で表すことができますが、優先順位を変える必要がない場合も、それぞれ の条件を()で囲んだ方が処理の内容が明確になります。なお、ANDとORでは ANDが優先のため、「(式1)OR(式2)AND(式3)」「((式1)OR(式2)) AND(式3)」は違う結果となります。

NOTはANDおよびORより優先されますが、この場合も、処理内容を明確に するために括弧を付けた方がいいでしょう 図6.1 。

● 図6.1 ANDとORの関係

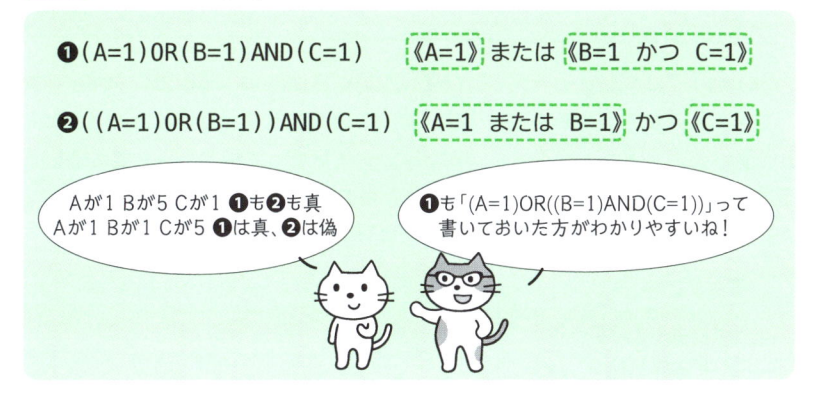

並び順を変える ORDER BY

 さて、リレーショナルデータベースはデータの集合、つまりデータのかたまりを対象にいろいろな操作を行うのを前提としているから、「順番」は基本的に意味を持たない。そうはいってもデータを一覧で表示するときは見やすい順番にしたい。そんなときに使うのが **ORDER BY** だ。

 いつでも指定しておいた方がいいのかな？

 順番が大切な意味を持つ場合は、だね。「成績の上位順」なんてのは並べ替えないとどうにもならないし。キミの塾の生徒だって、番号順に並んでいる方が見やすいもんね。ただ、データの件数によってはどうしても時間がかかってしまうことがあるから、この順番じゃないと困るってときだけ指定するという方針でいいんじゃないかな。

 毎回指定しておくのではなく、必要だと感じたら付ける、ってことだね。

 ちなみに、重複を取り除くDISTINCTや、グループに分けて集計するGROUP BY（6.6節）を使う場合は、自動的に並べ替えが行われているから、自然と見やすい状態になってると思うよ。ただ、これは保証されているわけではないし、あくまでDBMSが効率よく処理するためにやっていることだから、ちょっとした条件の変更で結果の並び順が変わることもある。だから、必ずこの順番に出てきてほしい、って場合はORDER BYを付けないとね。

SELECTで取得したデータを並べ替えたいときは、「ORDER BY 列名」で並べ替えの基準とする列を指定します。複数の列で並べ替えたいときは「ORDER BY 列名1, 列名2, 列名3…」のように「,」で区切って指定し、必要に応じてそれぞれの列名の後に **ASC**（昇順）、または **DESC**（降順）の指示を加えます。ASCまたはDESCを指定しなかった場合は昇順になります。

```
-- ❶池袋校舎の生徒のstudent_idとstudent_nameを名前の読みの順に表示
SELECT student_id, student_name FROM students
WHERE branch='池袋'
ORDER BY student_yomi ASC;

-- ❷同じ内容で、読みの降順に表示
SELECT student_id, student_name FROM students
WHERE branch='池袋'
ORDER BY student_yomi DESC;
```

❶の実行結果

student_id	student_name
C0013	池田 千代
C0016	石田 フジ
C0089	岡田 佐助
: 中略	
C0109	中井 チーズ
C0041	緑川 タヌキ
C0002	山村 つくね

❷の実行結果

student_id	student_name
C0002	山村 つくね
C0041	緑川 タヌキ
C0109	中井 チーズ
: 中略	
C0089	岡田 佐助
C0016	石田 フジ
C0013	池田 千代

件数の指定　LIMIT（MySQL/MariaDB/PostgreSQL）、TOP（SQL Server）

 単純に、**件数を指定したい**場合ってどうしたらいいのかな。

 どういうこと?

 さっきSELECTで文字列の連結をしたときに思ったんだけど、どんな感じの列が表示されるのか確認するのに、最初の数行だけ表示してくれる方がSELECT文と結果を見比べるのに楽だなって思ったんだ。

 ああ、それなら**LIMIT**だ。標準SQLにはないけどMySQL/MariaDB、PostgreSQLで使えるよ。

　SELECTで取得するデータの件数を指定したい場合は、最後に「LIMIT 件数」を指定します。標準SQLにはありませんが、MySQL/MariaDB、PostgreSQLで使用できます。

```
-- ❶5件分取得する (MySQL/MariaDB、PostgreSQL)
SELECT * FROM students LIMIT 5;

-- ❷WHEREやORDER BYを使いたい場合はLIMITより前に入れる
SELECT * FROM students
WHERE branch='池袋'
ORDER BY student_id LIMIT 5;

-- ❸-Ⓐ5件めから2件分取得する (MySQL/MariaDB)
-- (0からスタートなので「4」で指定)
SELECT * FROM students
ORDER BY student_id LIMIT 4, 2;

-- ❸-Ⓑ5件めから2件分取得する (PostgreSQL)
```

```
-- （OFFSETで4件分ずらすので「4」と指定）
SELECT * FROM students
ORDER BY student_id LIMIT 2 OFFSET 4;
```

SQL Serverの場合は先頭に「TOP 件数」をSELECT文の先頭で指定します。LIMITと違い指定できるのは件数のみで、開始位置を指定したい場合は先のOFFSET～FETCHを使用します。

```
-- ❶先頭から5件分取得する（SQL Server）
SELECT TOP 5 * FROM students;

-- ❷5行分取得する（SQL Server）
SELECT TOP 5 * FROM students
WHERE branch='池袋'
ORDER BY student_id;
```

❶の実行結果

student_id	student_name	student_yomi	…※	school	branch
C0001	谷内 ミケ	タニウチ ミケ		港第五中学校	渋谷
C0002	山村 つくね	ヤマムラ ツクネ		三毛猫学院中学校	池袋
C0003	北川 ジョン	キタガワ ジョン		新宿第六中学校	新宿
C0004	上野 おさむ	ウエノ オサム		足立第三中学校	新宿
C0005	相馬 瑠璃	ソウマ ルリ		大和猫東中学校	池袋

※ home_phone、mobile_phoneの列を省略（以下の❷❸の実行結果も同様）。

❷の実行結果

student_id	student_name	student_yomi	…	school	branch
C0002	山村 つくね	ヤマムラ ツクネ		三毛猫学院中学校	池袋
C0005	相馬 瑠璃	ソウマ ルリ		大和猫東中学校	池袋
C0013	池田 千代	イケダ チヨ		品川第一中学校	池袋
C0015	関 アプリ	セキ アプリ		大和猫中央中学校	池袋
C0016	石田 フジ	イシダ フジ		練馬第七中学校	池袋

❸（Ａ Ｂ共通）の実行結果

student_id	student_name	student_yomi	…	school	branch
C0005	相馬 瑠璃	ソウマ ルリ		大和猫東中学校	池袋
C0006	麻生 鈴	アソウ スズ		シマリス中学校	渋谷

開始位置と件数の指定　OFFSET〜FETCH

 標準SQLでも開始位置や件数の指定が定義されていて、少しずつ改訂されたり、またDBMSの方での対応も進められているので紹介するね。

標準SQLでは「どこからどこまで取得したい」を指定する際は**OFFSET**と**FETCH**を使います。

先頭からの場合は「FETCH FIRST 件数 ROWS ONLY」、途中からの場合「OFFSET 件数 ROWS FETCH NEXT 件数 ROWS ONLY」のようにします。「5行めから」としたい場合は4件ずらすということになるので「OFFSET 4」となります。

先ほどのLIMITを使った❶〜❸をこの方法で書くと次のようになります。実行結果は共通です。

```
-- ❶先頭から5件分取得する (MariaDB/PostgreSQL) ※
SELECT * FROM students
FETCH FIRST 5 ROWS ONLY;

-- ❷WHEREやORDER BYを使う場合はその後に指定 (MariaDB/PostgreSQL)
SELECT * FROM students
WHERE branch='池袋'
ORDER BY student_id
FETCH FIRST 5 ROWS ONLY;

-- ❸5件めから2件分取得する (MariaDB/PostgreSQL/SQL Server)
SELECT * FROM students
ORDER BY student_id
OFFSET 4 ROWS FETCH NEXT 2 ROWS ONLY;
```

※ MySQLは非対応。SQL Serverの場合FETCH FIRSTはサポートされておらず、OFFSET〜FETCHには並べ替えの指定が必須なので、ORDER BYと組み合わせた上でOFFSET 0 ROWS FETCH NEXT 5 ROWS ONLYとするか先述のTOPを使用する。

 基本はこんなところだね。最初に見たのとそんなに変わらないかな。

 DISTINCTとLIMITが新鮮だったな。これだけでもできることが増えそう。

6.2
関数と演算子
値の比較、計算、パターンマッチング

 次に、**関数**と**演算子**について見ていこう。演算子には値の一致と大小比較、文字のパターン一致を調べる LIKE、足し算や掛け算などの算術演算子があるよ。

 ほかの計算はどうかな。四捨五入とか。

 計算する上で便利な関数は、標準SQLでももちろん規定はされているけれど、DBMSが独自にサポートしているものがかなり多いから、DBMSのドキュメントに当たった方がいいね。

SELECT句やWHERE句で列を指定する際には、関数や演算を使ってさまざまな計算を行うことができます。ここではデータ操作に関連が深いものを中心に代表的な関数を紹介しますが、DBMSによってサポートされている関数が異なりますので、それぞれのドキュメントを参照してください。

比較演算子は、おもにWHERE句の中で使用します。たとえば、WHERE句で「列名 = 10」と書いた場合、列の値が10と一致したら「列名 = 10」の部分はTRUE（真）となり、その列を含む行が取得の対象となります。つまり、指定した列の値が10ならその行が表示される、という使い方ができます。

大小の比較と数値の計算　= <> > < >= <= + - * /

 大小の比はおなじみの等号(=)や不等号、あとは四則演算だね。

 難しい計算には**関数**を使うんだね。

　等号や不等号を使って、数や文字列の大小を比較できます。また、数値の場合は+、-、*、/の演算子で、四則演算ができます。*は掛け算、/は割り算の記号です。ここには掲載していませんが、対数（LOG）や三角関数（SIN、COS、TAN）なども標準SQLで規定されており、ほとんどのDBMSで使用できるでしょう。

　なお、標準SQLでは「FROMなしのSELECT文」が許されているので「SELECT　演算；」で演算や関数の実行結果を確認できます。

```
-- 数値演算を試す
SELECT
    7 / 2,
    7 % 2,
    7 DIV 2,  -- PostgreSQLはDIV(7, 2)
    7 MOD 2;  -- PostgreSQLはMOD(7, 2)

-- 丸め演算を試す
SELECT
    FLOOR(3.14),
    CEILING(3.14), -- MySQL/MariaDB/PostgreSQLはCEILでも可
    ROUND(3.14),
    ROUND(3.14,1); -- SQL ServerはROUND(3.14, 0)
```

> ※SQL ServerはDIV,MODがサポートされていないため/と%を使用（7/2はどちらかを7/2.0のようにすることで小数点以下も計算される）、整数・小数は型変換でも対処可能。

数値演算の実行結果（MySQLの例）

7 / 2	7 % 2	7 DIV 2	7 MOD 2
3.5000	1	3	1

丸め関数の実行結果

FLOOR(3.14)	CEIL(3.14)	ROUND(3.14)	ROUND(3.14,1)
3	4	3	3.1

　大小の比較を行う演算子は 表6.1 、基本的な数値演算およびMySQL/MariaDB、PostgreSQL共通で使用できる基本的な関数は 表6.2 のとおりです。

● 表6.1 大小比較の演算子

演算子	意味
=	等しい
<>	等しくない※
>	より大きい
<	より小さい
>=	より大きいか等しい
<=	より小さいか等しい

※ 標準SQLの書き方ではないが、「!=」も「等しくない」という意味で多くのDBMSが対応している。

● 表6.2　数値用の演算子とおもな関数

演算子	意味
+	加算演算子
-	減算演算子、符号の変更
*	乗算演算子
/	除算演算子(7 / 2は「3.5」)
%	余り(7 % 2は「1」)
DIV	整数除算※
MOD	余り※
ABS(数値)	数値の絶対値
FLOOR(数値)	指定した数値以下の最大の整数
CEILINGまたはCEIL(数値)	指定した数値以上の最大の整数
ROUND(数値)	四捨五入※、ROUND(数値)またはROUND(数値, 桁数)のように使用。100の位で四捨五入したい場合はROUND(数値, -2)のように指定。SQL Serverは引数が2つめの必須なので整数にしたいときは桁数を0にする

※ DIVとMODはMySQL/MariaDBは演算子(7 DIV 2)、PostgreSQLは関数(DIV(7,2))。SQL Server
　の場合はCAST(数値 AS INT)のように整数に型キャストして/と%を使用。

●● NULLの判定　IS NULL、IS NOT NULL

 次はNULLの判定を見ておこう。NULLは「わからない値」だから、何かと一致することも不一致となることもないし、大小の比較もできない。「NULLかどうか」ってことだけがわかる。

 念のため確認するけど、NULLのつもりで0やスペースや"(空の文字列、シングルクォート2つ)を入れた場合はIS NULLではないんだよね?

 うん。それはちゃんとした内容のわかる値であって、NULLではない[1]。NULLについては改めて詳しく説明するのでまずは**IS NULL**と**IS NOT NULL**に慣れよう。

　　NULL値はいかなる値とも比較できないので、「=」などの演算子ではTRUEにもFALSEにもなりません。列の値がNULLかどうかという条件は、「列名　IS NULL」や「列名　IS NOT NULL」のように、ISを使って表現します。なお、「列名　=　NULL」や「列名　<>　NULL」はTRUEにはならないことから、常に結果は

1　Oracleのように、空の文字列をNULLとして扱うDBMSもあります。

0件になります。WHERE句は「TRUEのときだけ」対象となるためです（6.3節）。

NULLの判定例

```sql
-- ❶mobile_phoneがNULLの生徒を一覧表示
SELECT * FROM students WHERE mobile_phone IS NULL;

-- ❷mobile_phoneがNULLではない生徒を一覧表示
SELECT * FROM students WHERE mobile_phone IS NOT NULL;

-- ❸「mobile_phone = NULL」は
-- NULLも含めどんな値もTRUEにはならないので結果は常に0件になる
SELECT * FROM students WHERE mobile_phone = NULL;

-- ❹「mobile_phone <> NULL」は
-- NULLも含めどんな値もTRUEにはならないので結果は常に0件になる
SELECT * FROM students WHERE mobile_phone <> NULL;
```

❶の実行結果

student_id	student_name	student_yomi	…	school	branch
C0002	山村 つくね	ヤマムラ ツクネ		三毛猫学院中学校	池袋
C0010	春日 ゆず	カスガ ユズ		港第二中学校	新宿
C0011	泉 観音	イズミ カノン		世田谷第五中学校	新宿
C0013	池田 千代	イケダ チヨ		品川第一中学校	池袋
C0017	来栖 麻呂	クルス マロ		東村山猫八中学校	品川
：以下略、全20行（home_phone、mobile_phoneの列も省略）					

❷の実行結果

student_id	student_name	student_yomi	…	school	branch
C0001	谷内 ミケ	タニウチ ミケ		港第五中学校	渋谷
C0003	北川 ジョン	キタガワ ジョン		新宿第六中学校	新宿
C0004	上野 おさむ	ウエノ オサム		足立第三中学校	新宿
C0005	相馬 瑠璃	ソウマ ルリ		大和猫東中学校	池袋
C0006	麻生 鈴	アソウ スズ		シマリス中学校	渋谷
：以下略、全100行					

❸❹の実行結果➡0件になる

範囲の指定　BETWEEN

 値の範囲は「列名>=80 AND 列名<=90」でも指定できるけど、「列名 BETWEEN 80 AND 90」でも指定できるよ。

BETWEENの場合は「以上」と「以下」になるんだね。

 そうだね。そして、小さい方を先に書くっていうのも忘れないでね。

BETWEENを使うと、「100〜200」のような範囲の指定ができます。BETWEENでは、値が小さい方を先に「列名 BETWEEN 値1 AND 値2」のように指定します。このとき、値1および値2も範囲に含まれます。

```
-- ❶得点が95点以上99点以下だった試験の結果を表示
SELECT * FROM exams
WHERE score BETWEEN 95 AND 99;

-- ❷得点が95点以上99点以下を取ったことのある生徒の番号と名前と校舎を表示
SELECT DISTINCT students.student_id, student_name, branch
FROM exams
JOIN students ON exams.student_id = students.student_id
WHERE score BETWEEN 95 AND 99;
```

❶の実行結果

student_id	exam_no	subject	score
C0001	42	英語	99
C0001	43	英語	95
C0001	45	数学	99
C0002	41	国語	95
C0002	43	数学	97
C0002	45	国語	96
C0002	45	数学	98
C0008	42	数学	99
：以下略、全149行			

❷の実行結果

student_id	student_name	branch
C0001	谷内 ミケ	渋谷
C0002	山村 つくね	池袋
C0008	入江 あおい	新宿
C0010	春日 ゆず	新宿
C0011	泉 観音	新宿
C0012	古賀 晩白柚	渋谷
C0015	関 アプリ	池袋
C0016	石田 フジ	池袋
：以下略、全47行		

●● いずれかの値に当てはまるか IN

 複数の値で、AまたはBまたはC……という条件式を書くならINを使うと簡潔になるね。

 これって今まで文字列の例で見てきたけど、数値でもいいのかな?

 うん。「列名 IN (10,50,100)」のように使えるよ。

「AまたはBまたはC」のような条件は、**IN**を使って簡潔に示すことができます。たとえば「`subject = '数学' OR subject='英語'`」であれば「`subject IN ('数学', '英語')`」のようにします。( )の中はいくつでもかまいません。

```
-- ❶student_idがC0003、C0006、C0009の生徒
SELECT * FROM students
WHERE student_id IN ('C0003', 'C0006', 'C0009');

-- ❷品川校舎に通っている生徒で、数学または英語で100点を取ったことがある生徒
SELECT DISTINCT students.student_id, student_name, branch
FROM exams
JOIN students ON exams.student_id=students.student_id
WHERE score = 100
  AND subject IN ('数学', '英語')
  AND branch = '品川';
```

❶の実行結果※

student_id	student_name	student_yomi	…	school	branch
C0003	北川 ジョン	キタガワ ジョン		新宿第六中学校	新宿
C0006	麻生 鈴	アソウ スズ		シマリス中学校	渋谷
C0009	九十九 つぶ	ツクモ ツブ		成田シマリス学園中学校	渋谷

※ home_phone、mobile_phoneの列を省略。

❷の実行結果

student_id	student_name	branch
C0017	来栖 麻呂	品川
C0037	千石 真珠	品川
C0087	鶴川 ノエル	品川
C0095	軽部 みかん	品川
C0106	末広 瓜	品川

❷でDISTINCTを指定しない場合

student_id	student_name	branch
C0017	来栖 麻呂	品川
C0037	千石 真珠	品川
C0037	千石 真珠	品川
C0087	鶴川 ノエル	品川
C0095	軽部 みかん	品川
C0095	軽部 みかん	品川
C0106	末広 瓜	品川

あいまい検索　LIKE

 次は文字列の検索、いわゆる「あいまい検索」だ。

 「A」で始まる、みたいなやつだよね。

文字列項目は、「Aで始まる」や「'ペン'という文字列を含む」といった条件を指定したくなることがあります。このようなときは「LIKE」を使います。

LIKEを使うときは、指定する文字列の中で、どんな文字が当てはまってもよい場所には「_」または「%」を書きます。「_」は任意の1文字、「%」は0文字以上の任意の文字列という意味です。「%」や「_」などの記号を使って表した文字列を**パターン**（*pattern*）、文字列がパターンに一致するかどうかを調べることを、**パターンマッチング**（*pattern matching*）と呼びます 図6.2 。

● 図6.2 LIKEのパターン

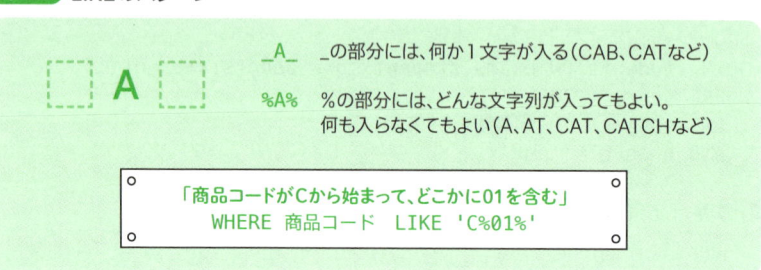

```
--  ❶学校名（school）のどこかに漢数字の「三」が入る中学校に通っている生徒
SELECT student_name, school FROM students
WHERE school LIKE '%三%';
--  ❷学校名が「三」で始まる中学校に通っている生徒
SELECT student_name, school FROM students
WHERE school LIKE '三%';
```

❶の実行結果

student_name	school
山村 つくね	三毛猫学院中学校
上野 おさむ	足立第三中学校
古賀 晩白柚	港第三中学校
遠藤 ジョージ	中央第三中学校
：以下略、全18行	

❷の実行結果

student_name	school
山村 つくね	三毛猫学院中学校

●● 正規表現による検索　SIMILAR TO、REGEXP、~演算子

 もう少し細かい指定はできないかな。数字が何桁、とか。

 できるよ！ そういうときは**正規表現**を使うんだ。

正規表現? また正規化の話?

 たしかに同じ「正規」だけど、今回のはコンピューターで文字列を扱うときによく使われている「regular expression」の方だよ。文字列を「Aで始まる3文字」のように、形式的に表現したいときに使うんだ。

文字列を「Aで始まる3文字」や「数字とアルファベットの組み合わせ」のように、一般化した規則（*regular*）で表す方法を**正規表現**（*regular expression*）といいます。正規表現はUnix系環境を中心に広く利用されており、LIKEで使用する％や_よりも複雑かつ厳密な指定が可能になります 表6.3 。

正規表現によるパターンマッチングを行う際は、MySQL/MariaDBでは REGEXP、PostgreSQLでは「~」（チルダ）演算子を使用します。

標準SQLにおいては、正規表現によるパターンマッチング用の演算子として SIMILARが新たに規定されました（SQL:1999）。SIMILARは、標準的な正規表現のほかに、LIKEで使用されている％と_も使用できます。PostgreSQL はSIMILARに対応していますが、MySQL/MariaDBは本書原稿執筆時点では

● 表6.3 おもな正規表現

正規表現	意味
.	任意の1文字
[...]	括弧内のいずれかの文字に一致、[^]でその否定
	[abc] なら「a」「b」「c」のいずれか
	[^abc] なら「a」「b」「c」以外
	[a-z] ならa〜zのいずれか
	[^a-z] ならa〜z以外
*	直前の文字の0回以上の繰り返し
+	直前の文字の1回以上の繰り返し
?	直前の文字の0回か1回の繰り返し
ab|cde|fg	「ab」または「cde」または「efg」の文字列
^	文字列の先頭
$	文字列の末尾
{n}	直前のパターンのn回の繰り返し
{n,}	直前のパターンのn回以上の繰り返し
{,m}	直前のパターンのm回以下の繰り返し
{n,m}	直前のパターンのn回以上m回以下の繰り返し
(abc)	グループ化。たとえば (abc){2,3}ならば「abc」という文字列の2回以上3回未満の繰り返し

未対応です。

　正規表現の場合、文字列の一部がパターンに当てはまるとTRUEになります。「LIKE '三%'」のように「三で始まる」と指定するのであれば、文字列の先頭という意味の「^」と「三」を組み合わせて「'^三'」のように指定します。

正規表現によるSELECTの例

```
-- 正規表現検索 (MySQL/MariaDB)
-- ❶学校名（school）が「三」で始まる中学校に通っている生徒
SELECT  student_name, school FROM students
WHERE school REGEXP '^三.*';
-- ❷港の後に任意の1文字、次に「四」「五」「六」のいずれか
SELECT  student_name, school FROM students
WHERE school REGEXP '港.[四五六]';

-- 正規表現検索 (PostgreSQL)
-- ❶学校名（school）が「三」で始まる中学校に通っている生徒
SELECT  student_name, school FROM students
WHERE school ~ '^三.*';
-- ❷港の後に任意の1文字、次に「四」「五」「六」のいずれか
SELECT  student_name, school FROM students
WHERE school ~ '港.[四五六]';
```

　SQL Serverでは標準の状態では正規表現がサポートされておらず、**CLR統合**というMicrosoft .NET Frameworkを活用する機構を用いることで正規表現用の関数が使用可能になります。また、LIKE演算子で正規表現と同様の [ ] と [^] が使用できます。❶と❷をSQL ServerのLIKEで書くと以下のようになります。

```
-- SQL Server のLIKE演算子
-- ❶学校名（school）が「三」で始まる中学校に通っている生徒
--   （他のDBMSでも同様に使用可能）
SELECT student_name, school FROM students
WHERE  school LIKE '三%';
-- ❷港の後に任意の1文字、次に「四」「五」「六」のいずれか
--   （SQL Server独自）
SELECT student_name, school FROM students
WHERE  school LIKE '港_[四五六]%';
```

❶の実行結果

student_name	school
山村 つくね	三毛猫学院中学校

❷の実行結果

student_name	school
谷内 ミケ	港第五中学校
神谷 かりん	港第五中学校
駒田 萌黄	港第五中学校
土屋 クルトン	港第四中学校
力石 雫	港第六中学校

文字列の演算子とおもな関数

 次は**文字列の演算子**と**関数**。条件でも使うし、「氏名」と「読み」の列をつなげて「氏名（読み）」という列にするとか、学校名から「中学校」を取り除いたりできるよ。

 なるほど、そういったことを行うのが文字列演算なんだね。

標準SQLでは文字列の連結を「文字列 || 文字列」で行いますが、多くのDBMSでCONCAT関数を使って文字列の連結ができるようになっています。また、CONCAT関数では多くのDBMSで数値も連結可能です。

このほか、文字数を求めるCHAR_LENGTH関数や、文字列の一部を取り出すSUBSTRING関数などがあります。

```
-- CONCAT、REPLACEを試す（先頭5件で結果を確認）
SELECT
    CONCAT(student_name, ' (', student_yomi, ') '),
    REPLACE(school, '中学校', '')
FROM students;
```

CONCAT(student_name, '(', student_yomi, ')')	REPLACE(school, '中学校', '')
谷内 ミケ(タニウチ ミケ)	港第五
山村 つくね(ヤマムラ ツクネ)	三毛猫学院
北川 ジョン(キタガワ ジョン)	新宿第六
上野 おさむ(ウエノ オサム)	足立第三
相馬 瑠璃(ソウマ ルリ)	大和猫東
：以下略、全120行	

MySQL/MariaDB、PostgreSQL、SQL Serverで使用できる基本的な文字列関数は 表6.4 のとおりです。

● **表6.4** **基本的な文字列関数（MySQL/MariaDB、PostgreSQL、SQL Server）**

関数	結果
CHARACTER_LENGTH(文字列)、CHAR_LENGTH(文字列)、SQL ServerはLEN(文字列)	文字列の長さ
OCTET_LENGTH(文字列)、SQL ServerはDATALENGTH(文字列)	文字列のバイト単位での長さ
BIT_LENGTH(文字列)、SQL ServerはDATALENGTH(文字列) * 8	文字列のビット単位での長さ[1]、SQL ServerはDATALENTHの結果を8倍して算出
POSITION(文字列1 IN 文字列2)、SQL ServerはCHARINDEX(文字列1, 文字列2)	文字列1が文字列2で最初に登場する位置
SUBSTRING(文字列, 開始位置, 文字数)	文字列から指定した範囲の文字列を取り出す、元の文字列が開始位置より短いなど、該当する位置に文字がない場合は空の文字列（' '）になる
LTRIM(文字列)	文字列から先頭(左側)の空白を取り除く
RTRIM(文字列)	文字列から末尾(右側)の空白を取り除く
TRIM(文字列)、SQL ServerはLTRIM(RTRIM(文字列))	文字列の先頭と末尾の空白を取り除く、SQL ServerはLTRIMとRTRIMを組み合わせる
UPPER(文字列)	文字列を大文字にする(対応する大文字がない場合はそのまま)
LOWER(文字列)	文字列を小文字にする(対応する小文字がない場合はそのまま)
TRANSLATE(文字列, 文字列1, 文字列2)	文字列中の文字列1を文字列2に置き換える[1][2]
REPLACE(文字列, 文字列1, 文字列2)	文字列中の文字列1を文字列2に置き換える
CONCAT(値1, 値2, 値3…)	値を連結して1つの文字列にする[1]
CONCAT_WS(区切り文字, 値1, 値2, 値3…)	値を区切り文字入りで連結して1つの文字列にする[1]

※1 BIT_LENGTH、CONCAT、CONCAT_WS、REPLACEは標準SQLにはない関数。

※2 REPLACEは標準SQLのTRANSLATE関数に相当、PostgreSQLおよびSQL ServerはTRANSLATEにも対応。

日付時刻の演算子とおもな関数

 日時の計算はできるのかな。

 できるよ。ただ、ごく初期のSQLには日時を表す規定がなかったということもあってか、**DBMSによってけっこう違いがある**んだ。それに、標準時刻と現地時刻の表し方や、地域によってはサマータイムの考慮が必要になることもあるので、それぞれのDBMSでの使い方を確認した方がいいかな。

現在の日時は、標準SQLでは日付と時刻を取得するCURRENT_TIMESTAMPが規定されていますが、多くのDBMSで現在の日時を取得するNOW関数(SQL ServerではGETDATE関数)や、日付のみ、時刻のみを取得する関数が用意されています。

日付と時刻から月のみ、秒のみ、のように部分的な値を取り出すには、標準SQLではEXTRACT関数を使用しますが、MySQL/MariaDBではそれぞれ専用の関数を、PostgreSQLはTO_CHAR関数を使うのが簡単でしょう。SQL ServerではDATEPART関数を使用します。

このほか、数値を使った足し算や引き算で「何日後」あるいは「何時間前」のような計算が可能です。この場合、標準SQLでは間隔を明確にするため「INTERVAL 20 DAY」のようなINTERVALの指定が可能ですが、MySQL/MariaDB、SQL ServerのDATEDIFF関数やPostgreSQLのAGE関数のように、間隔を調べるための関数の方が扱いやすいかもしれません。

```
-- ❶-A EXTRACT関数とINTERVALを試す (MySQL/MariaDB/PostgreSQL)
-- MySQL/MariaDBではDAY関数やHOUR関数、
-- PostgreSQLではTO_CHARでも同じことが可能
SELECT
    EXTRACT(DAY FROM CURRENT_TIMESTAMP) AS 日,
    EXTRACT(HOUR FROM CURRENT_TIMESTAMP) AS 時,
    EXTRACT(MONTH FROM (CURRENT_TIMESTAMP + INTERVAL '20' DAY))
    AS 今から20日後は何月か,
    EXTRACT(DAY FROM (CURRENT_TIMESTAMP - INTERVAL '20' DAY))
    AS 今から20日前は何日か;

-- ❶-B SQL Serverの場合
SELECT
    DATEPART(DAY, GETDATE()) AS 日,
    DATEPART(HOUR, GETDATE()) AS 時,
    DATEPART(MONTH, DATEADD(DAY, 20, GETDATE()))
        AS 今から20日後は何月か,
    DATEPART(DAY, DATEADD(DAY, -20, GETDATE()))
        AS 今から20日前は何日か;

-- ❷❸ 経過日数を調べる (MySQL/MariaDB)
SELECT DATEDIFF('2024-8-15', '1996-4-24');
                            -- 差を求める（終了日を先に書く）
SELECT
    TIMESTAMPDIFF(YEAR, '1996-4-24', '2024-8-15') AS 経過年数,
    TIMESTAMPDIFF(MONTH, '1996-4-24', '2024-8-15') AS 経過月数,
    TIMESTAMPDIFF(DAY, '1996-4-24', '2024-8-15') AS 経過日数;

-- ❹ SQL ServerのDATEDIFF関数は単位 (YEAR/MONTH/DAY)を指定
```

```
SELECT
    DATEDIFF(YEAR, '1996-4-24', '2024-8-15') AS 経過年数,
    DATEDIFF(MONTH, '1996-4-24', '2024-8-15') AS 経過月数,
    DATEDIFF(DAY, '1996-4-24', '2024-8-15') AS 経過日数;

-- ❺ 何年何か月何日経っているかを文字列で表す（PostgreSQL）
SELECT AGE(DATE '2024-8-15', DATE '1996-4-24');
```

❶現在の日時および20日後と20日前の計算結果

日	時	今から20日後は何月か	今から20日前は何日か
22	9	8	2

※ 実行したタイミングによって結果が異なる。

❷経過日数の計算結果

DATEDIFF('2024-8-15', '1996-4-24')
10340

❸経過年数・月数・日数の計算結果

経過年数	経過月数	経過日数
28	339※	10340

※ SQL Serverの場合、何ヵ月にわたったかを数えるので340になる。

❺PostgreSQLのAGE関数による経過日数の計算結果

age
28 years 3 mons 21 days

　日付時刻は最初期の標準SQLには規定がなかったこともあり、各DBMSで対応がさまざまです。基本的な日時データの取得方法は、**表6.5** **表6.6** のとおりです。

● **表6.5** 現在の日時

	MySQL/MariaDB	PostgreSQL
現在の日時※	CURRENT_TIMESTAMP、NOW()、LOCALTIME	NOW()、LOCALTIME
現在の日付	CURRENT_DATE、CURRENT_DATE()、CURDATE()	CURRENT_DATE
現在の時刻	CURRENT_TIME、CURRENT_TIME()、CURTIME()	CURRENT_TIME

※ 標準SQLでは`CURRENT_TIMESTAMP`、`LOCALTIMESTAMP`、`CURENT_DATE`、`CURRENT_TIME`。

● **表6.6** 日時から日付や時刻を取り出す関数

	MySQL/MariaDB	PostgreSQL※
日付	DATE(日時)	TO_CHAR(日時, 'YYYY-MM-DD')
月	MONTH(日時)	TO_CHAR(日時, 'MM')
月の名前（Januaryなど）	MONTHNAME(日時)	TO_CHAR(日時, 'Month')
日	DAY(日時)	TO_CHAR(日時, 'DD')
曜日	DAYNAME(日時)	TO_CHAR(日時, 'Day')

	MySQL/MariaDB	PostgreSQL※
時刻	TIME(日時)	TO_CHAR(日時, 'HH:MI:SS')
時	HOUR(日時)	TO_CHAR(日時, 'HH)
分	MINUTE(日時)	TO_CHAR(日時, 'MI')
秒	SECOND(日時)	TO_CHAR(日時, 'SS')

※ PostgreSQLの `TO_CHAR( )` で示している書式は一例である。`DATE_PART`関数や`EXTRACT`関数と同じように「年」や「月」を取り出すことも可能。

●●● NULLの変換　NULLIF、COALESCE

 NULL のときは「なし」と表示する、みたいなことをしてみたいんだけど、簡単な方法はないかな。

 そうだね、CASE式(6.7節)でもできるけど、「NULL かどうか」に限るのであれば専用の関数があるよ。

NULLの場合は違う値にしたいというときは COALESCE 関数、逆に、特定の値の場合はNULLとして扱いたいときは NULLIF 関数を使用します。

以下の❶❷は、マイカー登録をしているテーブルでNULLと空の文字列 ('', シングルクォート 2 つ) が混在しているテーブルを、NULL または '' で統一して表示するサンプルです。

```
-- ❶mycarがNULLの場合は''にする
SELECT id, name, COALESCE(mycar, '') FROM members_car;
-- ❷mycarが''の場合はNULLにする
SELECT id, name, NULLIF(mycar, '') FROM members_car;
-- ❸mobileまたはhomeの電話番号を出力 (mobileを優先、どちらもない場合は
-- NULL)
SELECT id, name, COALESCE(mobile, home, 'none')
FROM members_tel;
```

❶COALESCEは、「引数のうち、最初に登場したNULL 以外の値を返す」という関数です。「COALESCE(mycar, '')」では、mycar がNULL ではなかった場合はmycarの値が、そうではない場合は '' が返されるため、結果として「mycar がNULLの場合は '' を出力」となります。

❷NULLIFは「2 つの値が一致していたら NULL を返す」という関数です。「NULLIF(mycar, '')」では、mycarと '' が一致していたら NULL が返されるため、「mycarが '' の場合は NULL を出力」となります。

COALESCEは 3 つ以上の値も扱えます。上記❸では、mobile がNULL でな

ければmobile、homeがNULLではなければhome、どちらもNULLだったら'none'としています。なお、値がすべてNULLだった場合の結果はNULLです。

❶❷の元のデータ

id	name	mycar
001	岡本 にゃん吉	14-5
002	戸川 ちゃつね	NULL
003	森川 リリィ	32-1
004	森川 エミリ	NULL
005	山本 蘭々	26-8

❸の元のデータ

id	name	mobile	home
001	岡本 にゃん吉	NULL	033552104X
002	戸川 ちゃつね	0803075953X	037700269X
003	森川 リリィ	0801764195X	NULL
004	森川 エミリ	0901793519X	NULL
005	山本 蘭々	NULL	NULL

❶COALESCEでNULLを空文字に変換

id	name	COALESCE(mycar, ")
001	岡本 にゃん吉	14-5
002	戸川 ちゃつね	
003	森川 リリィ	32-1
004	森川 エミリ	
005	山本 蘭々	26-8

❷NULLIFで空文字をNULLに変換

id	name	NULLIF(mycar, ")
001	岡本 にゃん吉	14-5
002	戸川 ちゃつね	NULL
003	森川 リリィ	32-1
004	森川 エミリ	NULL
005	山本 蘭々	26-8

❸COALESCEによる処理結果

id	name	COALESCE(mobile, home, 'none')
001	岡本 にゃん吉	033552104X
002	戸川 ちゃつね	0803075953X
003	森川 リリィ	0801764195X
004	森川 エミリ	0901793519X
005	山本 蘭々	none

 これでできることの幅が、ぐっと広がる感じ!

 関数はDBMSによってけっこう違うんだ。元々規定がない頃に作られたものが多いって事情があるんだろうけど、DBMSの開発者が普段使っていたプログラミング言語の影響を受けたりしていたのかなってボクは思ってる。DBMSのドキュメントは公式サイトで公開されているから、使うときはチェックしてね。便利な関数がたくさんあるよ。

6.3
NULLとUNKNOWN
わからない値をどう扱う?

 さてさて、**NULL** について改めて考えてみよう。

 NULL が足し算などの演算ができないってのはわかるけど、「WHERE 商品名 ＝ NULL」で商品名が NULL のデータを取り出せないってところには、実はまだ馴染めないんだ。

 扱いにくいよね。NULL は不明な値、わからない値、だから「商品名 ＝ NULL」ってのは、「商品名がわからない値と一致する」という意味になってこれはおかしい。

 じゃあ、「商品名 ＝ NULL」は常に偽ってこと?

 偽かどうかもわからない。**UNKNOWN** なんだよ。NULL は、UNKNOWN という**第3の真理値**を生むんだ。

前述のとおり、「A=B」や「A>B」のような式はTRUEとFALSEという真理値を返します。ところが、NULLと比較した場合は**不明**(*unknown*)となります。

真理値は、一般的にはTRUE(真)かFALSE(偽)のどちらかですが、SQLではUNKNOWN(不明)を加えた3つの値を扱うことになります。これを**3値論理**(*three-Valued Logic*, 3VL)といいます[2]。

2　関係モデルの創始者であるE. F. Coddは、「わからない値」として「不明」(*unknown*, たとえば「サングラスをかけた人の瞳の色」)と「適用外」(*not applicable*, たとえば「車の瞳の色」)2種類を提示していましたが、データベースに登録する値としては両者の区別はなく「NULL」の一種類となっています。UNKNOWNは述語(真理値を返す式)でのみ使用されます。

TRUE/FALSE/UNKNOWNによる論理演算

 真理値表って見たことあるかな。ほら、TRUEとFALSEの総当たりで、ANDの関係だったら片方がFALSEなら常にFALSEで……のような内容をまとめた表だよ。

 あー、見たことあるよ。

 それを、UNKNOWN入りで作ってみよう。

 ……それは、はじめて見る表になるね。

「AかつB」や「AまたはB」のように、複数の真理値を組み合わせるときには、AND（かつ）/OR（または）/NOT（ではない）という論理演算子を使います。

TRUE/FALSEと論理演算子の組み合わせを一覧表にしたものを**真理値表**（truth table）といいますが、TRUE/FALSE/UNKNOWNと、論理演算子を組み合わせた結果をまとめると 図6.3 のようになります。

● 図6.3 TRUE/FALSE/UNKNOWNの真理値表

TRUE/FALSEとANDの関係

	TRUE	FALSE
TRUE	TRUE	FALSE
FALSE	FALSE	FALSE

TRUE/FALSE/UNKNOWNとANDの関係

	TRUE	UNKNOWN	FALSE
TRUE	TRUE	UNKNOWN	FALSE
UNKNOWN	UNKNOWN	UNKNOWN	FALSE
FALSE	FALSE	FALSE	FALSE

TRUE/FALSE/UNKNOWNとORの関係

	TRUE	FALSE
TRUE	TRUE	TRUE
FALSE	TRUE	FALSE

TRUE/FALSE/UNKNOWNとORの関係

	TRUE	UNKNOWN	FALSE
TRUE	TRUE	TRUE	TRUE
UNKNOWN	TRUE	UNKNOWN	UNKNOWN
FALSE	TRUE	UNKNOWN	FALSE

TRUE/FALSEとNOTの関係

	NOT
TRUE	FALSE
FALSE	TRUE

TRUE/FALSE/UNKNOWNとNOTの関係

	NOT
TRUE	FALSE
UNKNOWN	UNKNOWN
FALSE	TRUE

TRUEとFALSEのみで判定する IS演算子

 一見複雑そうだけど、「AND」と「OR」をしっかりと意識して考えればわかる感じだね。ANDが真になるにはどっちも真じゃなきゃだめ、ってことはFALSEが入ってたら偽、それ以外のケースでUNKNOWNが入ってたら不明、みたいな。

 そうそう。

 でも、白黒はっきりさせたいこともあるじゃない？ NULLなのかどうかって。

 IS演算子で試してみようか。ISはNULLの他に真偽値にも使えて、とにかくTRUEかFALSEしか返さないんだ。

　真か偽かはIS演算子で調べることができます **表6.7** 。IS演算子の結果はUNKNOWNになることはなく、必ずTRUEかFALSEになります。

● **表6.7** IS演算子

演算例	演算結果
(score = 100) IS TRUE	scoreの値が100のときTRUE、100ではないときFALSE
(score = 100) IS FALSE	scoreの値が100ではないときTRUE、100のときFALSE
(score = 100) IS UNKNOWN	scoreの値がNULLのときTRUE、NULL以外のときFALSE

　「UNKNOWN」はデータとして保存されることはありませんが、MySQL/MariaDBやPostgreSQLでは判定で使用することが可能です。そこで、0と100とNULLを保存したテーブルを使って、ISによる判定結果を簡単に確認してみましょう。

　❶では、「v=100」という式について、TRUEかFALSEかを判定しています。参考に、❷ではvが0やNULLと一致しているかどうかを判定しています。

```
-- ISの結果を確認するためのテーブル
DROP TABLE IF EXISTS istest;
CREATE TABLE istest(
    v INTEGER
);

INSERT INTO istest VALUES(0), (100), (NULL);
```

```
-- ❶「v=100」について判定する
SELECT v, v=100, v=100 IS TRUE, v=100 IS FALSE, v=100 IS
UNKNOWN
FROM istest;

-- ❷vが0やNULLに一致するか調べる
SELECT v, v=0, v=NULL, v<>NULL, NOT(v=NULL)
FROM istest;
```

※ SQL ServerではIS演算子はNULL以外には使用できず、NULLに対する＝や<>での判定は構文エラーになり実行できない。

❶の実行結果※

v	v=100	v=100 IS TRUE	v=100 IS FALSE	v=100 IS UNKNOWN
0	0	0	1	0
100	1	1	0	0
NULL	NULL	0	0	1

※ TRUEは「1」、FALSEは「0」、不明は「NULL」で表示。PostgreSQLでは「t」「f」「NULL」で表示される。

❷の実行結果※

v	v=0	v=NULL	v<>NULL	NOT(v=NULL)
0	1	NULL	NULL	NULL
100	0	NULL	NULL	NULL
NULL	NULL	NULL	NULL	NULL

※ TRUEは「1」、FALSEは「0」、不明は「NULL」で表示。PostgreSQLでは「t」「f」「NULL」で表示される。

 理屈はなんとなくわかったけど、やっぱりNULLは難しいや。

 現実をデータベースという形に落とし込もうとしたときに、NULLはとても便利なんだよね。わからなければとりあえずNULLにしておけばいいし、NULLとしか言いようがないケースだってある。とはいえ、処理をするには厄介だ。

 うん。わからないときはとりあえずNULLで登録しちゃえ、っていう気持ちはたしかにあるよ。でもこれって問題を先送りしているようなものなんだろうな。

 そういうことだね。そもそもNULLの発生を許しているようなテーブルがあったら、設計を再検討するべきなんだ。もちろん、テーブルにNULLがなくてもSELECT文の結果にはNULLが出てくることがあるから、NULLの扱いは知っておく必要があるよ。

6.4
結合（JOIN）
複数のテーブルを組み合わせる

 こんどは**複数のテーブル**に着目してみよう。今までの**JOIN**は、2つの
テーブルを、共通した値が存在する列を使って結合していたけど、ほ
かにもバリエーションがあるんだよ。

 へえ。JOINにもいろいろあるんだね。

複数のテーブルを結びつけることを**結合**（*join*）といいます。

結合には、テーブル同士のデータを「総当たり」で組み合わせる**クロス結合**（*cross
join*）と、「この列の値が一致する」のような**条件を付ける結合**があり、条件付き
の結合には**内部結合**（*inner join*）と**外部結合**（*outer join*）があります。これまで使用し
てきたJOINは内部結合です。

クロス結合　CROSS JOIN

 最初に**クロス結合**を見ておこう。要するに**総当たり表**だよ。

 行数が多いテーブル同士でクロス結合すると、大変なことになっちゃ
うね。

 100行と100行のデータで10000行だもんね。小さいデータで試そう。

複数のテーブルを総当たりで組み合わせる結合を、**クロス結合**、または**直積
結合**（*cross join*）といいます。

クロス結合は**CROSS JOIN**で示します。クロス結合には結合条件がないので
「ON」は指定しません。また、JOIN句を使わずに、FROM句に複数のテーブルを

指定し、WHERE句で結合条件を書かなかった場合もクロス結合となります。

　以下は、フクロウ塾で実施しているコース3種類が登録されているcourse_masterと、校舎4種類の一覧が登録されているbranch_masterでクロス結合をしています。

```
-- ❶course_masterとbranch_masterの総当たり表を作成する
SELECT *
FROM course_master
CROSS JOIN branch_master;

-- ❷course_masterとbranch_masterの総当たり表を作成する
SELECT *
FROM course_master, branch_master;
```

course_master
テーブルの内容

course
国語
数学
英語

branch_master
テーブルの内容

branch
品川
新宿
池袋
渋谷

❶❷の実行結果（共通）

course	branch
英語	品川
数学	品川
国語	品川
英語	新宿
数学	新宿
国語	新宿
英語	池袋
数学	池袋
国語	池袋
英語	渋谷
数学	渋谷
国語	渋谷

内部結合　INNER JOIN（JOIN）

 次に**内部結合**を確認しておこう。今まで使っていたJOINのことだよ。

 へえ、今までのは内部結合っていうんだね。

 そうなんだ。これが基本の結合で、JOINといえばこの内部結合を指すんだよ。

共通の項目で関連付ける結合を**内部結合**（inner join）といいます。通常、結合と

いうとこの内部結合を指し、**INNER JOIN** または **JOIN** で指定します。

　JOIN（INNER JOIN）は「SELECT 列, 列, … FROM テーブル1 JOIN テーブル2 ON 結合条件」のように書き、結合条件は ON 句で指定します。結合した後の表に対して絞り込みを行いたい場合は、JOIN〜ON 句の後に、WHERE句で指定します。

```
-- ❶生徒テーブル (students) と選択コース (course) を
-- 生徒番号 (student_id) で内部結合する
-- student_idがC0001の生徒について、名前と校舎とコースを表示
SELECT student_name, branch, course
FROM students
JOIN courses ON students.student_id=courses.student_id
WHERE students.student_id='C0001';
```

実行結果

student_name	branch	course
谷内 ミケ	渋谷	国語
谷内 ミケ	渋谷	数学
谷内 ミケ	渋谷	英語

　クロス結合に WHERE 句で結合条件を指定した場合も、内部結合と同じ結果になります。JOIN 句が使用できなかった時代の DBMS ではこの方法しかなかったため、今でも使われることがあります。たとえば、JOIN を使わずに❶と同じ実行結果となる SELECT 文を書くと、❷のようになります。

　❷の方法は、結合条件の指定を忘れた場合、クロス結合で膨大なデータを生成してしまう可能性があるほか、どれが結合条件で、どれが抽出の条件なのかがわかりにくいという欠点があります。ちなみに、❷は「WHERE 条件1 AND 条件2」で条件1と条件2に当てはまるデータを抽出するという指定をしていますが、1つめの条件が結合条件、2つめの条件が抽出条件です。

```
-- ❷ (❶と同じ内容を、JOINを使わずに書く)
SELECT student_name, branch, course
FROM students, courses
WHERE students.student_id=courses.student_id
AND students.student_id='C0001';
```

外部結合 LEFT OUTER JOIN、RIGHT OUTER JOIN、FULL OUTER JOIN

 こんどは今までとちょっと違う結合だ。たとえばstudentsテーブルと coursesテーブルをstudent_idで内部結合（JOIN）した場合、両方 のテーブルに存在するstudent_idだけが表示されていた。

 たしかにそうだったね。

 でも、片方にしかないデータもほしい場合があるんだ。

 うーん、どういうときだろう？

 たとえば、学生テーブルと所属サークルを内部結合した場合、所属サー クルが登録されていない学生のデータが表示されなくなってしまう。

 あ！ 1対多の「多」が「0」だった場合だね？

 当たり。こういうときに使うのが**外部結合**だ。

　内部結合の場合、結合条件で指定した列の値が、両方のテーブルに存在する 必要がありました。たとえば、studentsテーブルには存在するstudent_idが、 coursesテーブルには存在しない場合、つまり、コース登録が終わっていない 生徒がいた場合、studentsテーブルとcoursesテーブルを結合した結果には 表示されません。

　結合時に対応するデータがない場合は列の値をNULLとして結合するのが**外 部結合**（*outer join*）です。

　結合先にないデータをNULLとして表示する外部結合を**左外部結合**（*left outer join*） といいます。「LEFT OUTER JOIN テーブル ON 結合条件」のように指定し ます。逆に、結合元にないデータをNULLとして表示する結合は**右外部結合**（*right outer join*）といい、「RIGHT OUTER JOIN テーブル ON 結合条件」のように指 定します **図6.4** 。

　両側にNULLを置く場合は**完全外部結合**（*full outer join*）といい、「FULL OUTER JOIN テーブル ON 結合条件」のように指定します。MySQL/MariaDBは未 対応なので、UNION（6.5節）で右外部結合と左外部結合の結果を連結します。

　ONおよびこの後取り上げるUSING()の使い方は内部結合の「JOIN」と共通で す。また、OUTERを省略して、「LEFT JOIN」「RIGHT JOIN」「FULL JOIN」 と書くこともできます。

● **図6.4** さまざまな外部結合

C1テーブルの内容

code	color
1	赤
2	白
3	青

C2テーブルの内容

code	size
2	S
4	L

•内部結合

```
SELECT * FROM c1 JOIN c2 ON c1.code=c2.code
```

code	color	code	size
2	白	2	S

お互いに対応する列のみ表示

•左外部結合

```
SELECT * FROM c1 LEFT OUTER JOIN c2 ON c1.code=c2.code
```

code	color	code	size
1	赤	NULL	NULL
2	白	2	S
3	青	NULL	NULL

左側（c1）が基準、c1に対応する
c2がなかったら、c2の列をNULLに

•右外部結合

```
SELECT * FROM c1 RIGHT OUTER JOIN c2 ON c1.code=c2.code
```

code	color	code	size
2	白	2	S
NULL	NULL	4	L

右側（c2）が基準、c2に対応する
c1がなかったら、c1列をNULLに

•完全外部結合※

```
SELECT * FROM c1 FULL OUTER JOIN c2 ON c1.code=c2.code
```

code	color	code	size
1	赤	NULL	NULL
2	白	2	S
3	青	NULL	NULL
NULL	NULL	4	L

お互いに
対応する列がなかったらNULLに

※ PostgreSQL/SQL Server で実行可能（MySQL/MariaDB は未対応）。

自己結合　同じテーブルでの結合

 さて、クロス結合、内部結合、外部結合を見たわけだけど、こんどの
は違う観点からの結合だよ。**自己結合**という少々不思議な結合だ。

自己との結合?

そう、同じテーブル同士での結合なんだ。最初は違和感があるかもしれないけど、意外と使うからぜひ試してほしいな。

同じテーブルでの結合を**自己結合**(*self join*)といいます。自己結合を行う場合は、テーブル名に別名を付けて条件を指定します。

たとえば、メンバーのIDと名前、そして上長(manager)のIDを管理している「members」というテーブルを使って、自分の名前と上長の名前を表示するには、次のようにします。

❶FROM句では、membersテーブルに「buka」と「boss」という名前を付けて、❷bukaのmanager_idとbossのidで内部結合(JOIN)を行っています。❸SELECT句では、bukaのidとname、そしてbossのnameを「manager」という名前で出力しています。

```
-- membersテーブル (id, name, manager_id) を使って
-- id, name, managerの名前を表示する
SELECT buka.id, buka.name, boss.name AS manager -- ❸
FROM members AS buka -- ❶
JOIN members AS boss ON buka.manager_id = boss.id; -- ❷
```

membersテーブルの内容

id	name	manager_id
001	岡本 にゃん吉	NULL
002	戸川 ちゃつね	001
003	森川 リリィ	002
004	森川 エミリ	002
005	山本 蘭々	004

実行結果

id	name	manager
002	戸川 ちゃつね	岡本 にゃん吉
003	森川 リリィ	戸川 ちゃつね
004	森川 エミリ	戸川 ちゃつね
005	山本 蘭々	森川 エミリ

先ほどのSELECT文では、上長がいないメンバーは表示されません。managerがNULLなのでどのメンバーとも一致しないためです。上長がいないメンバーも表示したい場合は、前述の左外部結合を行います。

左外部結合は、FROMで指定している側のテーブルが基準になり、結合先のテーブルに該当するデータがない場合はNULLとして表示します。

```
-- 左外部結合でトップ (managerがいないメンバー) も表示する
SELECT buka.id, buka.name, boss.name AS manager
FROM members AS buka LEFT OUTER JOIN members AS boss
ON buka.manager_id = boss.id
ORDER BY buka.id;
```

id	name	manager
001	岡本 にゃん吉	NULL
002	戸川 ちゃつね	岡本 にゃん吉
003	森川 リリィ	戸川 ちゃつね
004	森川 エミリ	戸川 ちゃつね
005	山本 蘭々	森川 エミリ

等価結合時の列指定　USING()

 それにしても、JOINっていちいち「テーブル名.列名＝テーブル名.列名」って書くのがちょっと大変だよね。

 同じ名前の列名を使っているなら、簡単な指定方法もあるよ。

　値の一致を条件にする結合を**等価結合**（*equi-join*）といいます。これまで扱ってきた結合はすべて等価結合です。条件に大小比較（>、<=など）やLIKEなどを使う結合は、**非等価結合**（*non equi-join*）といいます。

　結合に使う列名が同じで、かつ等価結合の場合に限り、結合の条件をUSING句を使って「JOIN テーブル USING（列名）」のように、記述できます。複数の列で等価結合をする場合は「JOIN テーブル USING（列名,列名…）」のように「,」で区切って指定します。なお、この書き方は外部結合でも使用できます。

　以下のサンプルは同じ結果となります。❶はJOIN〜ON、❷はJOIN〜USING()を使用しています。両者で違いが出るのはSELECTで「*」を指定した場合で、JOIN〜ONの場合はそれぞれのテーブルのすべての列が出るのに対し、JOIN〜USING()の場合はUSINGで指定した列は1回のみの表示となります。

```
-- ❶JOIN〜ONによる等価結合
SELECT student_name,branch,course
FROM students
JOIN courses ON students.student_id=courses.student_id;

-- ❷JOIN〜USING()による等価結合※        ※SQL Serverは非対応。
SELECT student_name,branch,course
FROM students
JOIN courses USING (student_id);
```

❶と❷の実行結果

student_name	branch	course
谷内 ミケ	渋谷	国語
谷内 ミケ	渋谷	数学
谷内 ミケ	渋谷	英語
山村 つくね	池袋	数学
山村 つくね	池袋	英語
北川 ジョン	新宿	国語
北川 ジョン	新宿	数学
北川 ジョン	新宿	英語
上野 おさむ	新宿	国語
上野 おさむ	新宿	数学
上野 おさむ	新宿	英語
: 以下略、全283行		

USINGで指定した名前の列が両方のテーブルにない場合、エラーとなります。

なお、USINGの使用は「同じ列名には同じ意味の値が入っている」ことを前提としています。たとえば、商品テーブルでは商品コードを「code」という名前の列で、倉庫テーブルでは倉庫コードを「code」という名前の列で管理していた場合、「USING(code)」と指定したら、倉庫コードと商品コードで結合するということになってしまいます。

自然結合　NATURAL JOIN

 同じ列名を使っているなら、実は、もっと簡単な書き方があるんだ。結合条件を書かない**NATURAL JOIN**という方法だよ。

 なんだ、最初からそれを教えてくれればよかったのに。

 ただ、同じ列名がないのにこの**NATURAL JOIN**を使うとクロス結合になっちゃうんだよ。だから、あんまりお勧めはできない。ただ、コマンド画面でささっと打って試すときには便利だよね。

両テーブルの同じ列名のものすべてで行う等価結合を**自然結合**(*natural join*)といい、「NATURAL JOIN テーブル名」だけで指定できます。

```
-- ❶JOIN〜ONによる等価結合※
SELECT student_name, branch, course
FROM students
JOIN courses ON students.student_id=courses.student_id;

-- ❷NATURAL JOINによる等価結合※
SELECT student_name, branch, course
FROM students
NATURAL JOIN courses;
```

※SQL Serverは非対応。

※ 実行結果は前項の❶❷と同じ。

　NATURAL JOINは、結合相手のテーブルに同じ列名があればすべての列を使用します。たとえば、「商品マスター」テーブルには「商品コード」という列が、商品の保管場所を管理する「商品倉庫マスター」には「倉庫コード」と「商品コード」という列があった場合、「商品マスター NATURAL JOIN 商品倉庫マスター」では「商品コード」で等価結合が行われることになります 図6.5❶ 。

　一方、商品マスターでは「名前」という列で商品の名前を、商品倉庫マスターでは「名前」で保管している区画の名前を管理していた場合、「商品マスター NATURAL JOIN 商品倉庫マスター」は、「商品コード」と「名前」の2つの列で結合が行われてしまいます 図6.5❷ 。逆に、両テーブルに同じ名前の列が存在しなかった場合、NATURAL JOINの結果は「クロス結合」となります 図6.5❸ 。

● 図6.5 　商品マスターと商品倉庫マスターのNATURAL JOIN

商品マスター

商品コード	商品名

商品倉庫マスター

倉庫コード	商品コード	区画名

… ❶

NATURAL JOINの結合条件
商品マスター.商品コード=商品倉庫マスター.商品コード

商品コード	名前

倉庫コード	商品コード	名前

… ❷

NATURAL JOINの結合条件
商品マスター.商品コード=商品倉庫マスター.商品コード
AND
商品マスター.名前=商品倉庫マスター.名前

商品コード	商品名

倉庫コード	商品	区画名

… ❸

NATURAL JOINの結合条件
なし（共通の列名がない）
➡クロス結合になる

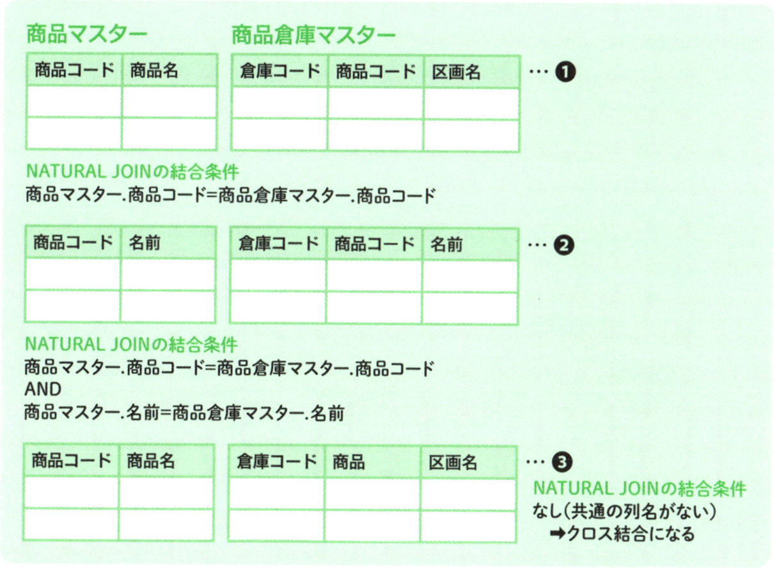

　このように、列名を省略した書き方は、意図しない動作を招きやすいので利用には注意が必要です。SQL文を手入力で試すときにとどめて、画面表示や入力用のプログラムを開発する際は、JOINの「ON」も含めてすべての列名を記すようにしましょう。入力する文字数は増えますが、どのテーブルの何という列を使用するのかが明確になるので、最終的な確認などはその方が確実に楽になり、ミスを減らす効果もあります。

2つより多いテーブルの結合

 3つのテーブルを結合する場合の書き方も確認しておきたいな。

 OK、基本的にJOINを追加していくだけだよ。書いてみよう。

　3つ以上のテーブルでJOINを行いたい場合はJOIN句を必要な分だけ繰り返して書きます。たとえば、t1、t2、t3というテーブルを、codeという列で結合するのであれば以下のように書きます。

```
-- ❶t1、t2、t3を共通の値を持つ列「code」でJOIN
-- すべての列を表示
SELECT *
FROM t1
JOIN t2 ON t1.code=t2.code
JOIN t3 ON t1.code=t3.code;
-- ※2つめのJOINは「JOIN t3 ON t2.code=t3.code」でも同じ結果になる

-- ❷t1、t2、t3を共通の値を持つ列「code」でJOIN
-- t1のcodeとname、t2のsubject、t3のclubを表示
-- （codeは複数のテーブルに存在する列なのでテーブルの指定が必要）
SELECT t1.code, name, subject, club
FROM t1
JOIN t2 ON t1.code=t2.code
JOIN t3 ON t1.code=t3.code;
```

t1、t2、t3の内容

code	name
P1	一郎
P2	次郎
P3	三郎
P4	史郎

code	subject
P1	哲学
P1	歴史
P2	物理
P3	地学
P4	地学

code	club
P1	音楽
P2	映画
P3	映画
P3	音楽

❶の実行結果

code	name	code	subject	code	club
P1	一郎	P1	哲学	P1	音楽
P1	一郎	P1	歴史	P1	音楽
P2	次郎	P2	物理	P2	映画
P3	三郎	P3	地学	P3	映画
P3	三郎	P3	地学	P3	音楽

　　　「t1」テーブル　　　　「t2」テーブル　　　「t3」テーブル

codeでJOIN

❷の実行結果

code	name	subject	club
P1	一郎	哲学	音楽
P1	一郎	歴史	音楽
P2	次郎	物理	映画
P3	三郎	地学	映画
P3	三郎	地学	音楽

USING句やNATURAL JOINも同じように使用できます。

```
-- ❸USING句による指定
SELECT *
FROM t1
JOIN t2 USING(code)
JOIN t3 USING(code);

-- ❹自然結合 (NATURAL JOIN)
SELECT *
FROM t1
NATURAL JOIN t2
NATURAL JOIN t3;
```

※SQL Serverは非対応。

❸❹の実行結果➡「SELECT *」の指定で結合に使用した列がまとまる

code	name	subject	club
P1	一郎	哲学	音楽
P1	一郎	歴史	音楽
P2	次郎	物理	映画
P3	三郎	地学	映画
P3	三郎	地学	音楽

外部結合も同じように書くことができます。

```
-- ❺外部結合
SELECT *
FROM t1
LEFT OUTER JOIN t2 ON t1.code=t2.code
LEFT OUTER JOIN t3 ON t1.code=t3.code;

-- （参考❺'）t3を内部結合にした場合、P4の行は出力されない
SELECT *
FROM t1
LEFT OUTER JOIN t2 ON t1.code=t2.code
JOIN t3 ON t1.code=t3.code;

-- （参考❻）USING句による指定（code列の出力が1回になる）※
SELECT *
FROM t1
LEFT OUTER JOIN t2 USING(code)
LEFT OUTER JOIN t3 USING(code);
```

※SQL Serverは非対応。

❺の実行結果

code	name	code	subject	code	club
P1	一郎	P1	哲学	P1	音楽
P1	一郎	P1	歴史	P1	音楽
P2	次郎	P2	物理	P2	映画
P3	三郎	P3	地学	P3	映画
P3	三郎	P3	地学	P3	音楽
P4	史郎	P4	地学	NULL	NULL

複数の列によるJOIN

 複合キーの場合はどう書くの?

 結合条件に複数の列を使いたい場合は「ON 条件1 AND 条件2 AND…」のようにANDでつなげればOKだよ。この場合も、複合キーが設定されていてもいなくてもかまわないよ。

　複数の条件で結合したい場合は、「ON 条件1 AND 条件2 AND…」のようにANDやORで条件を組み合わせます。なお、結合した後の状態に対する絞り込みはWHERE句の方で指定します。

　同じ列名の等価結合の場合は、USING句で「USING（列1，列2…）」のような指定が可能です。この場合はすべての列が一致したデータが対象になります。

　図6.6 のt2roomとt2teacherは、先ほど使用したt2テーブル（学生code と専攻subject）のテーブルに、それぞれ、教室（room）と担当教官（teacher） の列を加えたテーブルです。これを使って複数の列によるJOINを試します。

　t2roomとt2teacherはともに5件ずつのデータで、codeとsubjectまで は共通しており、JOINで取得したいデータは5件です。しかし、次ページの ❶のように、結合条件として「codeの一致」のみを指定した場合、結果は7件 となります 図6.6❶ 。これはcodeに重複があるために発生しています。❷の ように、結合条件に「codeの一致」と「subjectの一致」を指定することで、想定 どおりのデータを取得できます 図6.6❷ 。

● 図6.6　複数の列によるJOIN

A t2room

code	subject	room
P1	哲学	T1
P1	歴史	R1
P2	物理	B1
P3	地学	C1
P4	地学	C1

B t2teacher

code	subject	teacher
P1	哲学	ジョナサン
P1	歴史	山本
P2	物理	田中
P3	地学	岡田
P4	地学	シバタ

codeとsubjectの組み合わせは共通

❶「codeが一致」のみでJOIN

code	subject	room	code	subject	teacher
P1	哲学	T1	P1	哲学	ジョナサン
P1	哲学	T1	P1	歴史	山本
P1	歴史	R1	P1	哲学	ジョナサン
P1	歴史	R1	P1	歴史	山本
P2	物理	B1	P2	物理	田中
P3	地学	C1	P3	地学	岡田
P4	地学	C1	P4	地学	シバタ

❷「codeとsubjectが一致」でJOIN

code	subject	room	code	subject	teacher
P1	哲学	T1	P1	哲学	ジョナサン
P1	歴史	R1	P1	歴史	山本
P2	物理	B1	P2	物理	田中
P3	地学	C1	P3	地学	岡田
P4	地学	C1	P4	地学	シバタ

使用したSELECT文をまとめると、❶❷のとおりです。なお、❷のSELECT文をUSING句で書くと❸のようになります。

```sql
-- ❶（失敗例）codeの一致のみを指定したJOIN
SELECT *
FROM t2room
JOIN t2teacher ON t2room.code = t2teacher.code;

-- ❷codeとsubjectの一致を指定したJOIN
SELECT *
FROM t2room
JOIN t2teacher ON t2room.code = t2teacher.code
                AND t2room.subject = t2teacher.subject;

-- （参考❸）❷をUSING句で指定※
--    列名がcode、subjectともに共通しているのでUSING句で指定可能
SELECT *
FROM t2room
JOIN t2teacher USING(code, subject);
```

※SQL Serverは非対応。

 JOINにもいろいろあるんだね。組み合わせ方もいろいろだ。

 結合は参照制約とは無関係ってのもポイントだね。参照制約（外部キー制約）はあくまでデータ更新時に使われるものだからね。

 あと、同じ名前にしておくとJOINのテストが楽ってこともわかったよ。

 これは「同じドメインなら列名を同じにしておく」ってのがポイントだね。これは、倉庫のIDと商品のIDは違う列名にしておいた方がいいってことでもある。そうしておくことで、列名を見れば何が入っている列なのかがわかりやすくなるんだ。とはいえ、列名の省略はSQL文の入力を楽にするため、くらいの使い方にしてね。DBMSを利用するプログラムを作る場合、プログラムの中では列名をしっかり書いておく方が後々のメンテナンスが楽になるよ。

Column

SELECT文の評価順序

　やや複雑なSELECT文を使い始めると「SELECT句で付けた列の別名や、FROM句で付けたテーブルの別名はWHERE句で使えるか」のような迷いが生じることがあります。そのようなときは、**SELECT文がDBMSの内部でどのように処理されるか**を意識するとわかりやすくなります。

　SELECT文は、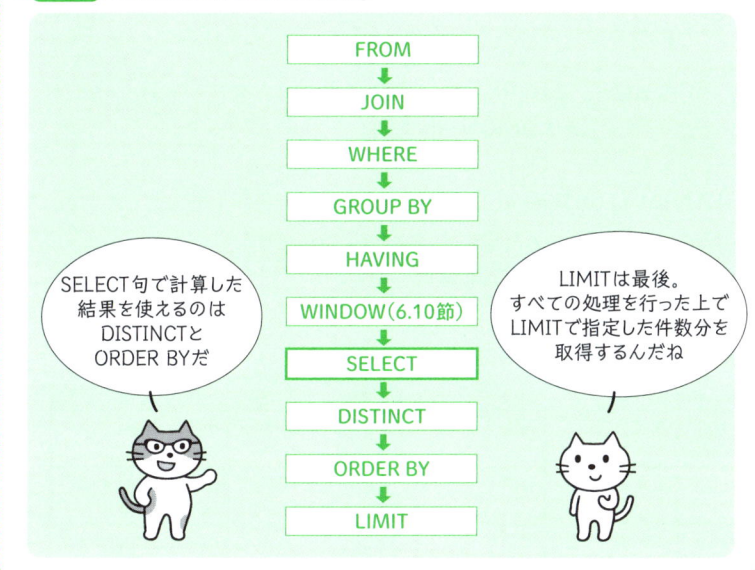図a の順序で処理されます。FROM句はWHERE句よりも前、SELECT句はWHERE句よりも後です。したがって、FROM句で付けたテーブルの別名はWHERE句で使用できますが、SELECT句で付けた列の別名や、SELECT句でのCASE式を含む計算の結果はWHERE句では使用できません。一方、ORDER BY句はSELECT句よりも後なので、SELECT句で付けた列の名前やSELECT句で算出した値を使用できます。

　なお、この順序は論理的なもので、実際にどのような処理が行われるかは「EXPLAIN SELECT文」で確認できます（p.235）。

● 図a 　SELECT文が処理される順序

```
FROM
↓
JOIN
↓
WHERE
↓
GROUP BY
↓
HAVING
↓
WINDOW（6.10節）
↓
SELECT
↓
DISTINCT
↓
ORDER BY
↓
LIMIT
```

SELECT句で計算した結果を使えるのはDISTINCTとORDER BYだ

LIMITは最後。すべての処理を行った上でLIMITで指定した件数分を取得するんだね

6.5
テーブルの連結（UNION）
データを「縦」につなげたい

 テーブルの結合といえばさ、なんといえばいいんだろう、**縦につなげ
る**ことってできないかなあ。普段は別々に管理している講師とメンター
のリストを、一緒に出力したいことがあるんだ。

 メンターっていうのは?

 授業とは別に、自習室にいる学生スタッフなんだ。塾のOBやOGで、
勉強や受験のアドバイスをするんだよ。講師と兼任のケースもあるよ。

 なるほど、それで両方のテーブルを合わせた名簿も作りたいんだね。
そういうときは**UNION**を使うんだ。

UNIONまたはUNION ALLで、SELECT文の結果同士を連結できます。集合
の用語でいうと「和」にあたります（6.13節、p.266）。
　本節では、以下のテーブルを使用します。

staffテーブル（講師管理用、主キー：staff_id）

staff_id	name	course_subject	tel	email
S0101	森 茶太郎	国語	0809169251X	mori_fukurou@ fk.example.jp
S0102	花村 ささめ	英語	0907264800X	hana_fukurou@ fk.example.jp
S0103	西野 蓮	英語	0801303011X	nisren_fukurou@ fk.example.jp
S0104	大崎 ジョン	数学	0802854730X	john_fukurou@ fk.example.jp
S0105	田村 真由子	数学	0803589347X	mayu_fukurou@ fk.example.jp

mentorテーブル（メンター管理用、主キー：mentor_no）

mentor_no	name	branch	tel	
2	山村 つみれ	池袋	0903421788X	
4	大崎 ジョン	新宿	0802854730X	←講師と兼任
5	土谷 礼奈	池袋	0809184295X	
8	香坂 理恵子	新宿	0804063145X	
12	矢田 たつまる	渋谷	0903621248X	
16	石本 りんりん	渋谷	0902643023X	
17	中山 隆之介	品川	0907004567X	
18	長崎 ごん	品川	0802214770X	

SELECT結果の連結　UNION、UNION ALL

 UNIONの基本的な使い方は「SELECT文 UNION SELECT文」だよ。3つ以上の場合も同じ要領で連結できる。

 へえ、これで結果が1つにまとまるんだ。何か気を付けることはある？

 そうだね、SELECT文で取得する列の個数とデータの種類を揃えておくってことかな。片方のSELECT文で氏名と電話番号を取得するなら、もう片方も同じようにする、とか。

 ふむふむ。2つを縦につなげて1つのテーブルを作るイメージだから、やっぱり1つの列には1種類のデータってことなんだ。

 「1つのテーブルを作る」といえば、繰り返し項目で作ってしまったテーブルを「縦」に並べたいときにも使えるテクニックなんだよ。

 意外と、いろんな場面で使いそうだね。

UNIONは「SELECT文 UNION SELECT文」のように指定します。結合するSELECT文はいくつでもかまいませんが、すべてのSELECT文の結果が同じレイアウトである必要があります。なお、MySQL/MariaDBの場合は列の数が同じであればUNIONによる結合が可能ですが、PostgreSQLの場合はデータの種類も一致している必要があります（次ページ❹）。

連結にはUNIONとUNION ALLの2種類があり、**UNION**で連結した場合、すべての列の値が一致した行は除去されます。たとえば以下の❷では「大崎 ジョン」が重複しているので取り除かれています。これに対し、**UNION ALL**は重

複データがそのまま残ります。

したがって、UNIONでは、連結の際に「重複を除去するための処理」が行われます。重複があってもかまわない場合や、重複がないとはっきりしている場合は「UNION ALL」を使用する方が処理が高速になります。

なお、全体の並べ替えを行いたい場合は、すべてのSELECT文の後に「ORDER BY」で指定します。このときは1つめのSELECT文の列名を使用するか、列の順番で、たとえば2列めであれば「ORDER BY 2」のように番号で指定します。

```
-- ❶データの確認
SELECT name, tel FROM staff; -- A
SELECT name, tel FROM mentor; -- B

-- ❷UNIONの実行 (AとBが連結され、重複が取り除かれる)
SELECT name, tel FROM staff
UNION
SELECT name, tel FROM mentor;

-- ❸UNION ALLの実行 (AとBが連結される)
SELECT name, tel FROM staff
UNION ALL
SELECT name, tel FROM mentor;
```

UNION、UNION ALLでは、連結対象のSELECT文で作られる列の個数とデータ型が揃っている必要がありますが、MySQL/MariaDBの場合は型変換[3]が自動で行われるため、たとえばINTEGERとCHARであっても連結できます(❹)。これに対し、PostgreSQLとSQL Serverでは何らかの形でデータ型を揃える必要があります。ここでは、2つめのSELECT文でmentor_noをTO_CHAR関数で2桁の文字列に変換したうえで連結しています(❺)。

```
-- ❹データ型が異なる例。MySQL/MariaDBは実行可能だが、
-- PostgreSQLとSQL Serverはstaff_idが文字列で
-- mentor_noが数値のためエラーになる
SELECT staff_id, name, tel FROM staff
UNION
SELECT mentor_no, name, tel FROM mentor;

-- ❺型を揃えて連結する (PostgreSQL)
SELECT staff_id, name, tel FROM staff
```

3 123という数値を'123'という文字列にするなど、データの型を変えることを型変換 (type conversion) と言います。標準SQLではCAST関数が規定されており「CAST(列名 AS データ型)」のように使用しますが、指定できるデータ型はDBMSによって異なります。また、PostgreSQLの場合はTO_CHAR関数やTO_INTEGER関数のように、特定の型に変換するための関数が使用できます。

```
UNION
SELECT TO_CHAR(mentor_no, 'FM99'), name, tel FROM mentor;

-- ❺型を揃えて連結する（SQL Server）
SELECT staff_id, name, tel FROM staff
UNION
SELECT CAST(mentor_no AS VARCHAR), name, tel FROM mentor;

-- （参考）mentor_noを「M」と数字4桁になるように整形（MySQL/MariaDB）
SELECT staff_id, name, tel FROM staff
UNION
SELECT CONCAT('M',LPAD(mentor_no, 4, '0')), name, tel FROM mentor;

-- （参考）mentor_noを「M」と数字4桁になるように整形（PostgreSQL）
SELECT staff_id, name, tel FROM staff
UNION
SELECT TO_CHAR(mentor_no, 'MFM0000'), name, tel FROM mentor;

-- （参考）mentor_noを「M」と数字4桁になるように整形（SQL Server）
SELECT staff_id, name, tel FROM staff
UNION
SELECT CONCAT('M', FORMAT(mentor_no, '0000')), name, tel FROM mentor;
```

❶ A staffテーブルから取得したnameとtel

name	tel
森 茶太郎	0809169251X
花村 ささめ	0907264800X
西野 蓮	0801303011X
大崎 ジョン	0802854730X
田村 真由子	0803589347X

❶ B mentorテーブルから取得したnameとtel

name	tel
山村 つみれ	0903421788X
大崎 ジョン	0802854730X
土谷 礼奈	0809184295X
香坂 理恵子	0804063145X
矢田 たつまる	0903621248X
石本 りんりん	0902643023X
中山 隆之介	0907004567X
長崎 ごん	0802214770X

❷ ❶の A と B をUNIONで連結した結果

name	tel
森 茶太郎	0809169251X
花村 ささめ	0907264800X
西野 蓮	0801303011X
大崎 ジョン	0802854730X
田村 真由子	0803589347X
山村 つみれ	0903421788X
土谷 礼奈	0809184295X
香坂 理恵子	0804063145X
矢田 たつまる	0903621248X
石本 りんりん	0902643023X
中山 隆之介	0907004567X
長崎 ごん	0802214770X

❸ ❶の A と B をUNION ALLで連結した結果

name	tel
森 茶太郎	0809169251X
花村 ささめ	0907264800X
西野 蓮	0801303011X
大崎 ジョン	0802854730X
田村 真由子	0803589347X
山村 つみれ	0903421788X
大崎 ジョン	0802854730X
土谷 礼奈	0809184295X
香坂 理恵子	0804063145X
矢田 たつまる	0903621248X
石本 りんりん	0902643023X
中山 隆之介	0907004567X
長崎 ごん	0802214770X

列の数や型を調整するには

 項目の数やデータ型が違う場合は、どうしたらいいのかな。staffテーブルには担当科目（course_subject）があるけど、mentorには科目はなくて、その代わり、所属する校舎（branch）が入っているんだ。

 存在しない項目については、SELECT文でNULLとか「なし」のような固定の値を入れて、**列の数を揃えればいい**んだよ。

　列の数が異なる場合は、NULLや0、スペースなどを入れて調整します。ここでは結果の表示を見やすくするために「''」（空文字列）を指定していますが、データの意味としてはNULLの方が適切でしょう。

```
-- 列数を調節し、列名を付ける（1つめのSELECTでの列名が全体の列名となる）
-- ※列名を付けなくても実行可能
SELECT name, course_subject AS subject, '' AS branch, tel
FROM staff
UNION
SELECT name, '', branch, tel FROM mentor;
```

name	subject	branch	tel
森 茶太郎	国語		0809169251X
花村 ささめ	英語		0907264800X
西野 蓮	英語		0801303011X
大崎 ジョン	数学		0802854730X
田村 真由子	数学		0803589347X
山村 つみれ		池袋	0903421788X
大崎 ジョン		新宿	0802854730X
: 以下略、全13行			

 なるほどね。こうやって「必要なときだけ連結」ってのができるなら、普段は講師とメンターを別テーブルに分けておいた方がいいね。

うん。業務では別々の処理をする方が圧倒的に多いだろうし、その方がいいと思うよ。そうすれば、NULLを登録しなくて済むのもいいね。

Column

JOIN、WHERE、ORDER BYとインデックスの処理速度

結合を行うときに、条件となる列にインデックスが作られていると処理が速くなります。それでは、結合と並べ替えの両方を行う場合、どちらの列にインデックスがあると処理が高速になるでしょうか。

結合と並べ替えの両方を行う場合、内部では結合が先に行われ、続いて並べ替えをした結果が返されます。したがって、インデックスが使われるのは結合の方で、結合に使う列にインデックスがある方が処理が高速になります。

では、結合(JOIN)と絞り込み(WHERE)はどちらが先でしょうか。これはデータの量によって異なります。SELECT文の論理的な評価順序では結合が先ですが、DBMSによっては、必要なデータに絞り込んでから結合処理を行います。このようにデータに合わせて最も効率的な順番で処理を行う機能をクエリーの最適化(*query optimization*)といいます。

インデックスはいつでも追加/削除できるので、いろいろ試してみるといいでしょう。DBMSがSELECT文を内部でどういう順番で処理するかは「実行計画」と呼ばれ、MySQL/MariaDBやPostgreSQLでは「EXPLAIN SELECT文」で確認できます(p.235)。なお、テーブルに登録されている件数が少ない場合はインデックスを使用せず直接テーブルを参照するケースもあるので、もしどうしてもインデックスが使われないという場合はデータの件数を増やして試してみるといいでしょう。

6.6
集約関数
データのグループ化と集計

 そういえば、**データの件数を数える**のにもできたよね。あれも関数?

 集約関数だね。列を縦に、つまり、複数の行を見て答えを出す関数だ。じゃあこんどは、**データのグループ化と集約関数**を見ることにしよう。

データの件数は**COUNT**関数で数えることができます。たとえば、「SELECT COUNT(*) FROM テーブル」とした場合はテーブル全体の件数が、「SELECT COUNT(*) FROM テーブル GROUP BY 列」とした場合は列の値ごとの件数が表示されます。列の値も取得したい場合は「SELECT 列，COUNT(*)」のように、集約に使用した列をSELECT句に追加します。

以下は、studentsテーブルおよびstudentsテーブルに登録されている校舎(branch)ごとの件数を取得しています。

```
-- ❶studentsテーブルの件数
SELECT COUNT(*) FROM students;
-- ❷studentsテーブルの、branchごとの件数
SELECT branch, COUNT(*) FROM students GROUP BY branch;
```

❶の実行結果　**❷の実行結果**

COUNT(*)
120

branch	COUNT(*)
品川	17
新宿	47
池袋	21
渋谷	35

集約関数 COUNT、AVG、SUM、MAX、MIN

 COUNT のほかには、どんな関数があるの?

 平均を求める AVG、合計を求める SUM、最大と最小を求める MAX と MIN、あとは DBMS ごとにちょっとずつ違っていて、たとえば標準偏差を求める STDDEV 関数は対応している DBMS が多いかな[4]。

テーブルの件数を求める COUNT 関数のような関数のことを**集約関数**(*aggregate function*)といいます。おもな集約関数に、AVG(平均値)、SUM(合計)、MAX(最大値)、MIN(最小値)、COUNT(件数)があります 表6.8 。

● 表6.8 集約関数

関数	結果
AVG	平均
SUM	合計
MAX	最大値
MIN	最小値
COUNT	件数

集約は GROUP BY で指定した列の値ごとに行います。たとえば、前ページの❷では「GROUP BY branch」としたので、branch の値ごとにひとまとめにして、それぞれの件数を COUNT 関数で取得しました。GROUP BY 句を指定しなかった場合は対象となるデータ全体で集約されます。前ページの❶では students テーブル全体の件数を取得しています。

COUNT 以外の関数は「AVG(列名)」のように集計する列を指定します。たとえば「AVG(標準価格)」ならば、標準価格の平均値を求めることができます。 このとき、NULL 値のデータは除外されます。したがって、標準価格の列の値が「100」「20」「0」「NULL」だった場合、AVG の結果は「(100+20+0)/3」で「40」になります。

COUNT だけは列名のほかに「*」を指定できます。この場合、NULL のデータも含めたすべてのデータがカウントされます。一方、列名を指定した場合は、NULL 値のデータは除外されます。

```
-- groupby_testテーブルのprice列
-- (100,20,0,NULLが入っている) を集計
SELECT COUNT(*),
COUNT(price),
SUM(price),
AVG(price),
MAX(price),
MIN(price)
FROM groupby_test;
```

元のデータ

name	price
A	100
B	20
C	0
D	NULL

[4] 標準 SQL で規定されているのは標準偏差を求める STDDEV_POP() と標本標準偏差を求める STDDEV_SAMP() で、MySQL/MariaDB の STDDEV() は STDDEV_POP() に、PostgreSQL の STDDEV() は STDDEV_SAMP() に相当します。なお、現在は両 DBMS ともに STDDEV_POP() と STDDEV_SAMP() もサポートしています。SQL Server では STDEV() と STDEVP() が使用できます。

集約関数での処理結果※

COUNT(*)	COUNT(price)	SUM(price)	AVG(price)	MAX(price)	MIN(price)
4	3	120	40.0000	100	0

※ 有効桁数はDBMSやデータ型によって異なる。「AVG(price)」を、ROUND関数を使って小数点以下4桁で四捨五入したい場合は「ROUND(AVG(price),4)」のようにする。

複数の列でグループ化する GROUP BY

 校舎とコースごとに人数を数えたりもできるんだっけ（2.7節）。

 GROUP BYには複数の列を指定できる。校舎とコースなら、校舎4種類×コース3種類で12個のグループを作って、それぞれを集約するんだ。GROUP BYで指定するのは、3列でも4列でもかまわないよ。

 GROUP BYで指定する順番って関係あるかな。

 基本的には総当たりの組み合わせを作るわけだから、順番を変えたら平均値や総計が変わってしまうようなことはないね。表示したい順番に指定しておくのがいいと思うよ。

　GROUP BYには複数の列を指定できます。この場合、列の値の組み合わせごとに集約されます。

```
-- 試験の回（exam_no）と科目（subject）ごとの平均点を出力
SELECT exam_no, subject, AVG(score) FROM exams
GROUP BY exam_no, subject;
```

GROUP BYごとの集約関数による処理結果

exam_no	subject	AVG(score)
41	国語	71.1167
41	数学	70.8500
41	英語	71.5667
42	国語	72.2119
42	数学	72.7119
42	英語	72.8729
43	国語	73.6923
43	数学	73.4188
43	英語	72.8462
：以下、全15行		

※ PostgreSQLの場合、小数点以下16桁、SQL Serverの場合、整数値のAVGは整数で出力される。

小計と合計を付ける　ROLLUP

 複数の列で集計すると、**小計**がほしくなっちゃうんだけどできるかな。

 それなら**ROLLUP**かな。やってみよう。ちなみに、複数の列に限らず、GROUP BYを使って集約するときはいつでも指定できるよ。

MySQL/MariaDBの場合はGROUP BY句にWITH ROLLUPを指定することで、小計行が表示されます。たとえば「GROUP BY exam_no, subject WITH ROLLUP」のように指定すると、exam_noごとに、subjectの小計行が出力されます。subjectの小計行は、subjectの値がNULLになります。また、最後に合計行が表示されます。ORDER BY句を使用すると表示順が崩れるので、WITH ROLLUPを指定する場合はORDER BYは指定から外しましょう。

PostgreSQLとSQL Serverの場合は、GROUP BY句で指定する列にROLLUP関数を指定し、「GROUP BY ROLLUP(exam_no, subject)」のようにします。また、並び順を整えるために「ORDER BY exam_no, subject」を指定します[5]。

```
-- 試験の回と科目ごとの平均点を小計付きで出力 (MySQL/MariaDB/SQL Server)
SELECT exam_no, subject, AVG(score) FROM exams
GROUP BY exam_no, subject WITH ROLLUP;

-- 試験の回と科目ごとの平均点を小計付きで出力 (PostgreSQL)
SELECT exam_no, subject, AVG(score) FROM exams
GROUP BY ROLLUP(exam_no, subject)
ORDER BY exam_no, subject NULLS LAST;
```

小計付きの集約例

exam_no	subject	AVG(score)	
41	国語	71.1167	
41	数学	70.8500	
41	英語	71.5667	
41	NULL	71.1778	←小計の行（第41回の3科目の平均）

5　ORDER BYで指定した列にNULLがあった場合、NULLのデータは先頭または末尾にまとまりますが、PostgreSQLの場合は昇順（ASC）の場合はNULLが末尾に、降順（DESC）の場合はNULLが先頭になります。NULLの位置を明示したい場合は「NULLS LAST」または「NULLS FIRST」を付け、たとえば「ORDER BY subject DESC NULLS LAST」のようにします。SQL Serverの場合、CASE式（6.7節）による調整が必要です。

exam_no	subject	AVG(score)	
42	国語	72.2119	
42	数学	72.7119	
42	英語	72.8729	
42	NULL	72.5989	←小計の行（第42回の3科目の平均）
43	国語	73.6923	
43	数学	73.4188	
43	英語	72.8462	
43	NULL	73.3191	←小計の行（第43回の3科目の平均）
: 中略			
NULL	NULL	74.3717	←総計の行（全体の平均）

GROUP BY使用時のSELECT句　GROUP BY

 生徒のテーブルと試験結果のテーブルをJOINして、各生徒の平均点を出してみたんだけど、**生徒の名前が表示できない**んだ。どうしたらいいだろう。

 たしかに困っちゃうよね。今回の場合は、生徒のID（student_id）と氏名（student_name）は1対1で対応しているから「GROUP BY student_id student_name」って指定すれば大丈夫。どんな指定になっているのか、確認しておこう。

GROUP BYを使った場合、SELECT句で指定できる列名は、❶集約関数を指定した列、❷GROUP BY句で指定した列、に限られます。

たとえば「GROUP BY student_id」でグループ化した場合、SELECT句で指定できる列は、student_idと、集約関数で指定した列のみとなります。したがって、集約結果に影響を及ぼさない列であれば、GROUP BYに追加しておくことでSELECTの対象にできます。

なお、計算結果には影響がなくても、並び順には影響を及ぼすことがあります。これはDBMSが必要なデータに合わせて最適な順番でデータを読んで処理をしているためです。処理の順番にはデータの件数も影響するので、並び順を固定したい場合はORDER BYを指定しましょう。

このほか、ウィンドウ関数（6.10節）を使うことで、個々の行を残したまま、すなわち、集約を行わずに集計結果を利用するという方法もあります。

```
-- ❶生徒のIDと科目と平均と試験を受けた回数を表示 (student_id順)
SELECT students.student_id, subject,
       AVG(score), COUNT(score)
FROM students
JOIN exams ON students.student_id=exams.student_id
GROUP BY students.student_id, subject
ORDER BY students.student_id;

-- ❷生徒のIDと氏名と科目と平均と試験を受けた回数を表示 (student_id順)
SELECT students.student_id, student_name, subject,
       AVG(score), COUNT(score)
FROM students
JOIN exams ON students.student_id=exams.student_id
GROUP BY students.student_id, student_name, subject
ORDER BY students.student_id;
```

❶の実行結果

student_id	subject	AVG(score)	COUNT(score)
C0001	国語	87.2000	5
C0001	数学	88.2000	5
C0001	英語	91.0000	5
C0002	国語	93.2500	4
C0002	数学	91.5000	4
C0002	英語	86.5000	4
: 以下略、全360行			

❷の実行結果

student_id	student_name	subject	AVG(score)	COUNT(score)
C0001	谷内 ミケ	国語	87.2000	5
C0001	谷内 ミケ	数学	88.2000	5
C0001	谷内 ミケ	英語	91.0000	5
C0002	山村 つくね	国語	93.2500	4
C0002	山村 つくね	数学	91.5000	4
C0002	山村 つくね	英語	86.5000	4
: 以下略、全360行				

集約結果で絞り込む　HAVING、WHERE

集計する対象を絞り込むときは、WHEREを使えばいいんだよね？ **結果の方を条件に使う**ことってできるかな。何人以上のグループ、とか、平均点が何点以上のクラス、みたいな。

> 集約結果での絞り込みだね。それなら **HAVING** 句で指定できるよ。

　集約結果で絞り込みたい場合は、HAVING句を使用します。たとえば、平均点（AVG(score)）が80点以上の生徒で絞り込みたい場合は以下の❶「HAVING AVG(score) >= 80」のように指定します。

　これに対し、WHERE句は集約する前のデータ、つまり、集約対象を絞り込みたい場合に使用します。したがって、以下の❷のように「WHERE score >= 80」を付けて平均点を計算した場合、「80点以上だった試験」を対象に平均を算出することになります。

　なお、HAVING句はGROUP BY句の後、WHERE句はGROUP BY句の前に指定する必要があります。

```sql
-- ❶科目別の平均点が80点以上だった生徒を表示
SELECT students.student_id, student_name, subject,
       AVG(score), COUNT(score)
FROM students
JOIN exams ON students.student_id=exams.student_id
GROUP BY students.student_id, student_name, subject
HAVING AVG(score) >= 80
ORDER BY students.student_id;

-- ❷「80点以上だった試験」の科目別の平均点を表示
SELECT students.student_id, student_name, subject,
       AVG(score), COUNT(score)
FROM students
JOIN exams ON students.student_id=exams.student_id
WHERE score >= 80
GROUP BY students.student_id, student_name, subject
ORDER BY students.student_id;
```

❶科目別の平均点が80点以上だった生徒

student_id	student_name	subject	AVG(score)	COUNT(score)
C0001	谷内 ミケ	国語	87.2000	5
C0001	谷内 ミケ	数学	88.2000	5
C0001	谷内 ミケ	英語	91.0000	5
C0002	山村 つくね	国語	93.2500	4
C0002	山村 つくね	数学	91.5000	4
C0002	山村 つくね	英語	86.5000	4
C0003	北川 ジョン	国語	80.6000	5
: 以下略、全135行				

❷「80点以上だった試験」の科目別の平均点

student_id	student_name	subject	AVG(score)	COUNT(score)
C0001	谷内 ミケ	国語	89.2500	4
C0001	谷内 ミケ	数学	88.2000	5
C0001	谷内 ミケ	英語	91.0000	5
C0002	山村 つくね	国語	93.2500	4
C0002	山村 つくね	数学	95.6667	3
C0002	山村 つくね	英語	86.5000	4
C0003	北川 ジョン	国語	83.5000	4
: 以下略、全255行				

列の一部の値で集計する　GROUP BY、SUBSTRING()

 郵便番号の最初の4桁、とか、電話番号の最初の2桁、とかで集計
することってできるの？ 列を分けていなかったら無理かな。

 大丈夫。「先頭2桁」くらいなら **SUBSTRING** 関数で対処できるよ。
試してみよう。

　GROUP BYで指定する列に、関数を使用できます。以下は、studentsテーブルの電話番号が入っている「home_phone」列の先頭2桁ごとの件数を取得しています。

```
SELECT SUBSTRING(home_phone,1,2), COUNT(*) FROM students
GROUP BY SUBSTRING(home_phone,1,2);
```

SUBSTRING(home_phone,1,2)	COUNT(*)
03	89
04	31

列ごとに異なる条件で集計する　CASE、GROUP BY

 最初にテーブルを見たときの「科目を横に並べたい」件なんだけど、試
験の平均点も横に並べたかったりするんだけどどうだろう。

 これは **GROUP　BY** だけじゃ難しくて、**CASE** 式を使う必要があるね。

CASE式はこの後詳しく解説するので（6.7節）、ここでは書き方だけ
紹介するね。

CASE式を使うと、集約に使用する列の値を条件によって変えることができ
ます。次の例は試験番号と科目別の平均点を「試験番号、国語、英語、数学」と
いう列に並べて取得しています　**図6.7**　。

まず、最初の列はexam_noをそのまま指定しています。2列め～4列めは
「AVG( )」で使用する値をCASE式で指定しています。たとえば、2列めは
「subjectの値が国語のときはscoreの値、それ以外の場合はNULL」です。そ
れぞれの列の名前を国語、英語、数学としていますが、列名は付けても付けな
くてもかまいません。

AVG関数はNULLを無視して集計するので、2列めは国語のscoreのみで平
均を出しています。3列め、4列めも同様です。

```
-- ❶（確認用）試験番号と科目ごとの平均点
SELECT
    exam_no,
    subject,
    AVG(score)
FROM exams
GROUP BY exam_no, subject;

-- ❷平均点を「試験番号、国語、英語、数学」という列で取得
SELECT
    exam_no,
    AVG(CASE subject WHEN '国語' THEN score ELSE NULL END) AS 国語,
    AVG(CASE subject WHEN '英語' THEN score ELSE NULL END) AS 英語,
    AVG(CASE subject WHEN '数学' THEN score ELSE NULL END) AS 数学
FROM exams
GROUP BY exam_no;
```

❶の実行結果

exam_no	subject	AVG(score)
41	国語	71.1167
41	数学	70.8500
41	英語	71.5667
42	国語	72.2119
42	数学	72.7119
42	英語	72.8729
43	国語	73.6923
43	数学	73.4188

続き

43	英語	72.8462
44	国語	74.5825
44	数学	75.4486
44	英語	75.0654
45	国語	79.3621
45	数学	81.5345
45	英語	78.9052

❷の実行結果

exam_no	国語	英語	数学
41	71.1167	71.5667	70.8500
42	72.2119	72.8729	72.7119
43	73.6923	72.8462	73.4188
44	74.5825	75.0654	75.4486
45	79.3621	78.9052	81.5345

※exam_no順で固定したい場合はそれぞれの最後に
　ORDER BY exams_noを追加する。

● 図6.7　AVG関数の中でCASE式を使う

 シンプルなGROUP BYは覚えたけど、GROUP BYで関数を使ったり、COUNTやAVGの括弧の中でCASE式を使うのは、もう少し練習したいな。

 いろいろな形でデータを集計してみたい、というときは、SELECT文ではデータを集約せずにバラバラのまま取得して、Excelのような表計算用ソフトを使うのも1つの手だよね。

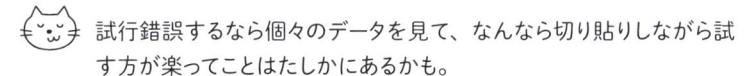 試行錯誤するなら個々のデータを見て、なんなら切り貼りしながら試す方が楽ってことはたしかにあるかも。

 計算の方針が決まってて、いつでも最新のデータを使ってその値を取得したい、となったらSELECT文を組み立てるといいよ。集計にはこの後に解説するウィンドウ関数を使う方法があるから、楽しみにしてて。

6.7
CASE式
SELECT文で場合分け（条件分岐）

 さて、いよいよ **CASE** 式だ。これまで何回か見てきたけど、CASE 式を使うとプログラムに触れたことがある人ならおなじみの **条件分岐** のような処理を SQL でできるようになるんだよ。

 「科目が国語だったら〜」と指定をしてた書き方だね。なんとなく、ほかの SELECT 文とは雰囲気が違うなって思ってたんだ。

CASE 式は、おもに、列の値を別の値にするときに使用します。CASE 式全体では「CASE〜WHEN〜END」という形になっており、新しい値がほしい場所に CASE 式をそのまま書くことができます。

CASE 式は、CASE 式全体で 1 つの値を返します。数値や文字列、日付、真理値のような構造を持たないシンプルな値のことを **スカラー値**（*scalar value*）といいます。CASE 式はスカラー値が書けるような場所、たとえば SELECT 句でも、WHERE 句でも、6.6 節で見たような集約関数の中に書くことも可能です。

●● 値を置き換える　単純CASE式

 まずはシンプルに値を置き換える書き方を見ていこう。通勤区分が 0 なら徒歩、1 なら電車、と置き換えてみるよ。

 うちの塾だと、試験番号が 100 番台は総合模試、という変換かな。いずれは試験の名前を管理するためのマスターが必要になるのかなと思ってたんだけど、呼び名だけの話だったら CASE 式で十分だね。

列の値が 1 なら××、2 なら××、というようにある値が一致したら別の値

に置き換える、またはNULLにする、という場合は**単純CASE式**（*simple case expression*）と呼ばれる簡単な式で書くことができます 図6.8 。

● 図6.8 単純CASE式

CASEで指定した列の値が、WHENの値（ 図6.8 では値1～値3）に一致したら、THENの値（ 図6.8 では値A～値C）を返します。どれにも当てはまらなかった場合はELSEの値（ 図6.8 では値D、省略時はNULL）になります。CASE式が書かれている場所がそのまま値A～値Dのいずれか1つに置き換わることになるので、値A～値Dはすべて同じデータ型である必要があります。また、図6.8 では「値」と表現していますが、数値や文字列、真理値など、一つの値（スカラー値）を返すものであれば値の部分に式を書いてもかまいません。

なお、単純CASE式では列の値が「WHENの値に一致しているかどうか」を見るため、NULLかどうかの判定はできません。NULLの判定を行いたい場合は、次に解説する検索CASE式を使用する必要があります。

以下のサンプルは「id, name, tsukin」という3つの列を取得するSELECT文です。idとnameはFROM句のmembers_tsukinテーブルにある列をそのまま使っていますが、tsukinの列は、単純CASE文によって、通勤区分（tsukin_kubun）が0ならばwalk、1ならばtrain、2ならばcar、それ以外はothersとなるようにしています。ここでは、列とCASE式の対応を強調するためにSELECT文の各列で改行をしています。

```
-- ❶確認
SELECT * FROM members_tsukin;

-- ❷通勤区分 0:walk 1:train 2:car それ以外はothersにする
```

```
SELECT
    id,
    name,
    CASE tsukin_kubun
        WHEN 0 THEN 'walk'
        WHEN 1 THEN 'train'
        WHEN 2 THEN 'car'
        ELSE 'others'
    END AS tsukin
FROM members_tsukin;
```

元のデータ

id	name	tsukin_kubun
001	岡本 にゃん吉	2
002	戸川 ちゃつね	1
003	森川 リリィ	2
004	森川 エミリ	0
005	山本 蘭々	2

実行結果

id	name	tsukin
001	岡本 にゃん吉	car
002	戸川 ちゃつね	train
003	森川 リリィ	car
004	森川 エミリ	walk
005	山本 蘭々	car

●● 値ごとに式を書く 検索CASE式

 単純CASE式という名前が付いているということは、単純ではない
CASE式もあるということなのかな。

 単純CASE式は「列の値がWHENの値と一致する」という判定をしたけ
れど「一致する」以外を調べたいこともあるよね。そういう場合は、WHEN
の後に式を書くことができる。これを**検索CASE式**っていうんだよ。た
とえば、「列の値がNULLだったら」という式であれば「CASE WHEN
列 IS NULL」だ。

 うーん、違いがわかりにくいなあ。

 そうだよね。じゃあ、さっきの単純CASE式を検索CASE式で書き換
えて、どこが違うかを比べてみよう。

WHENの後に列名を使った判定式を置く書き方を**検索CASE**式 (*searched case
expression*) といいます。単純CASE式では「CASE 列 WHEN 値～」という形で列
の値をWHENで指定した値に一致するかどうかで処理を分岐、つまり「場合分
け」しましたが、検索CASE式の場合は「CASE WHEN 式」で処理を分岐させる

ことができます。

先ほどの通勤区分の値を置き換える単純CASE式を、検索CASE式で書き換えると 図6.9 のようになります。

● 図6.9　単純CASE式と検索CASE式

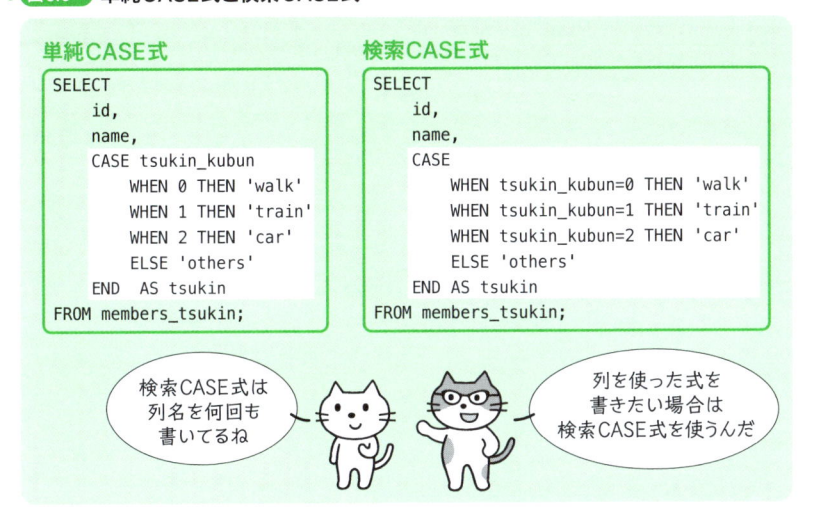

単純CASE式
```
SELECT
    id,
    name,
    CASE tsukin_kubun
        WHEN 0 THEN 'walk'
        WHEN 1 THEN 'train'
        WHEN 2 THEN 'car'
        ELSE 'others'
    END  AS tsukin
FROM members_tsukin;
```

検索CASE式
```
SELECT
    id,
    name,
    CASE
        WHEN tsukin_kubun=0 THEN 'walk'
        WHEN tsukin_kubun=1 THEN 'train'
        WHEN tsukin_kubun=2 THEN 'car'
        ELSE 'others'
    END AS tsukin
FROM members_tsukin;
```

検索CASE式は
列名を何回も
書いてるね

列を使った式を
書きたい場合は
検索CASE式を使うんだ

WHERE句で使用する列の優先順位を決める　検索CASE式（WHERE句）

　CASE式はSELECT句以外にも書けるというのは、どういう感じなんだろう。今まではずっとSELECT句で使ってたよね。

　そうだね。今までは取得した値を置き換えるために、CASE式をSELECT句に書いていたけれど、WHERE句のCASE式は、たとえば、この列がNULLのときは別の列の値で判定、のように、条件式の方で場合分けをすることができるんだ。

　WHERE句で使う列をCASE式で変えるってことだね。

CASE式は、SELECT句以外の場所で書くこともできます。以下の例は、c1、c2、c3という列にyellowという文字列が入っている人を表示する、というSELECT文です。c1に値が入っていたらc1の値を使い、c1に値が入っていない場合、c2に値が入っていたらc2の値を使い……とc1＞c2＞c3の順で優先的に判定に使用します。使用するのは以下のデータです。

元のデータ

id	name	c1	c2	c3	
001	岡本 にゃん吉	yellow	NULL	red	←c1がyellowなので対象
002	戸川 ちゃつね	NULL	yellow	green	←c1がNULLでc2がyellowなので対象
003	森川 リリィ	red	blue	NULL	
004	森川 エミリ	NULL	green	red	
005	山本 蘭々	blue	NULL	yellow	←c3にyellowが入っているが c1の値が優先なので対象外

```
-- c1、c2、c3の優先順位で「yellow」が入っている人を表示
-- c1に値が入っていたらc1の値、
-- c2に値が入っていたらc2の値、
-- さもなくばc3の値と「yellow」を比較
SELECT * FROM members_color
WHERE (CASE
           WHEN c1 IS NOT NULL THEN c1
           WHEN c2 IS NOT NULL THEN c2
           ELSE c3
       END) = 'yellow';
```

実行結果

id	name	c1	c2	c3
001	岡本 にゃん吉	yellow	NULL	red
002	戸川 ちゃつね	NULL	yellow	green

●● 任意の値で区切ってカウントする 検索CASE式（SELECT句）

 6.6節で、科目ごとの平均点を1行に出してもらったけど、点数ごとにA〜Dの4段階に分けて、それぞれの人数を数えることってできるかな。

 できるよ！ 科目ごとの平均点で使ったのは単純CASE式だけど、今回は**検索CASE式**を使うよ。

 全体の人数も把握したいんだ。

 ランク別の人数と、総計を同じ列に出したいという話かな。

 うん。試験は強制じゃないし、天候の関係で試験を受けた子の人数が少ない回もあるから、全体の人数も一緒に把握しておきたいんだよね。

　CASE式は、AVGなどの集約関数の中で使うこともできます。AVGやSUM、MAX、MINは列の値がNULLの場合は無視されます。同じように、COUNTも「COUNT(*)」のように「*」ではなく、列を指定した場合はNULLが対象外となります。

　そこで、COUNT( )の括弧の中を「計算の対象ならば列の値のまま、それ以外はNULL」になるCASE式にすることで、条件に合うデータだけを計算対象にできます。

```
-- ❶（確認用）試験と科目ごとに、80点以上の件数を調べる
SELECT
    exam_no,
    subject,
    COUNT(*)
FROM exams
WHERE score>=80
GROUP BY exam_no, subject
ORDER BY exam_no, subject; -- ❶と❷を比較しやすいように並べ替え


-- ❷80点以上はA、60～80未満をB、40～60未満をC、40未満をDとしてカウント
SELECT
    exam_no,
    subject,
    COUNT(CASE WHEN (score>=80)
          THEN SCORE ELSE null END) AS A,
    COUNT(CASE WHEN (score>=60)and(score<80)
          THEN SCORE ELSE null END) AS B,
    COUNT(CASE WHEN (score>=40)and(score<60)
          THEN SCORE ELSE null END) AS C,
    COUNT(CASE WHEN (score<40)
          THEN SCORE ELSE null END) AS D,
    COUNT(*)
FROM exams
GROUP BY exam_no, subject
ORDER BY exam_no, subject;
```

❶の実行結果

exam_no	subject	COUNT(*)
41	国語	45
41	数学	47
41	英語	43
42	国語	49
42	数学	51

次ページに続く

exam_no	subject	COUNT(*)
42	英語	52
43	国語	49
43	数学	50
43	英語	48
44	国語	48
44	数学	54
44	英語	49
45	国語	65
45	数学	69
45	英語	65

❷の実行結果

exam_no	subject	A	B	C	D	COUNT(*)
41	国語	45	53	13	9	120
41	数学	47	50	12	11	120
41	英語	43	58	13	6	120
42	国語	49	47	13	9	118
42	数学	51	45	13	9	118
42	英語	52	42	20	4	118
43	国語	49	49	13	6	117
43	数学	50	46	13	8	117
43	英語	48	46	14	9	117
44	国語	48	36	19	0	103
44	数学	54	35	18	0	107
44	英語	49	39	19	0	107
45	国語	65	41	10	0	116
45	数学	69	41	6	0	116
45	英語	65	39	12	0	116

 これで晴れて、最初の1.1節で見た「CASE式を使ったSELECT文」をボクも作れるようになったってことか。

 そうだね！ 文法を押さえれば、あとは例文を加工して自分の作りたい文が作れるようになる。

 それって、英文法の講師が言いそうなセリフだね！

6.8
サブクエリー
SELECT文とSELECT文を組み合わせる

 もう1つ重要なテクニックがある。**SELECT文の中で使うSELECT文、サブクエリー**っていうんだ。

 SELECT文の中で？　どういうこと？

 要は「WHERE句やFROM句にもSELECT文を書ける」っていう話なんだけど、そうだな、たとえば、平均点より上位だった子を探すならどうする？

 ええと、平均点はAVGで求めることができて、その値よりも……。あ！たしかに、これはWHERE句の中でSELECT文を使いたくなるね。

 それを記述できるのがサブクエリーなんだ。SELECT文を書きたいなと思うところに括弧を置いて、その中にSELECT文を書くんだよ！

―――――――――――――――

　WHERE句やFROM句に、別のSELECT文を書くことができます。これを**サブクエリー**（*sub query*）または**副問い合わせ**といいます。

　SELECT文の結果を利用して別のSELECT文を組み立てる場合、簡単な方法としてはビューを作成し、そのビューを利用する、という方法があります。しかし、ビューを作ることで、見た目のSELECT文はシンプルになっても、中では複雑で無駄な処理が生じてしまったり、どんな値をどんな条件で使用しているのかを知るためにビューの定義を確認するなどの手間が生じてしまうことがあります。サブクエリーではビューを作らず、SELECT文をそのまま活用します。

　本節では以下のデータを使用します。

bunguテーブル

bungu_code	bungu_name	std_price（標準価格）
S01	notebook A	120
S02	notebook B	250
S03	marker yellow	100
S04	marker red	280
S05	marker green	300

hanbaiテーブル

order_code	bungu_code	act_price（実売価格）	qty（数量）
XX0011	S01	120	10
XX0011	S02	225	5
XX0012	S01	96	150
XX0012	S02	200	150
XX0012	S03	80	100
XX0013	S02	225	10
XX0013	S04	252	10
XX0014	S01	96	100
XX0014	S04	224	100
XX0015	S03	100	25
XX0015	S04	252	25
XX0015	S05	270	50

●● SELECT文の結果を使って絞り込む　サブクエリー（WHERE句）

 まずはシンプルな書き方から試してみよう。平均値より大きい値を表示する、というサブクエリーだ。

 これはなんとなくできそうな感じ。

 きっと大丈夫だよ。

以下の 図6.10 は、bunguテーブルを参照して、標準価格が全体の平均値よりも高い品物を取得しています。最終的なSELECT文は❷ですが、❶では確認用のステップとして標準価格の平均を求めています。

❷のSELECT文では、WHERE句のところで標準価格と比較するためのSELECT文「(SELECT AVG(std_price) FROM bungu)」を書いていま

す。この部分を**サブクエリー**、最終的な結果となるSELECT文をサブクエリーに対し**主問い合わせ**または**メインクエリー**(*main query*)と呼びます。なお、今回使用しているような、値を1つだけ取得するサブクエリーは**スカラーサブクエリー**といいます。

● **図6.10** 平均値を求めるサブクエリー

```
-- ❶標準価格 (std_price) の平均を求める
SELECT AVG(std_price) FROM bungu;

-- ❷平均価格より高い商品を一覧表示
SELECT * FROM bungu
WHERE std_price > (SELECT AVG(std_price) FROM bungu);
```

❶の結果

AVG(std_price)
210.0000

❷の結果

bungu_code	bungu_name	std_price
S02	notebook B	250
S04	marker red	280
S05	marker green	300

●● 各行に対してSELECT文を実行する 相関サブクエリー

 さっきは全体の平均と比較したけど、商品ごとの平均と比較したい場合はどうしたらいいんだろう。

 たとえば、商品と平均のビューを作って、商品コードでJOINするって方法があるよね。

そうか、ビューを作っちゃえばいいのか。

 実はサブクエリーでも書けるんだ。今回は、**メインクエリーの値をサブクエリーの中でも使う**、そういうサブクエリーになるよ。お互いに関係し合うクエリーということで**相関サブクエリー**と呼ばれているんだ。

　サブクエリーから、主問い合わせの列を参照することがあります。これを、**相関サブクエリー**、または**相関副問い合わせ**（correlated subquery, synchronized subquery）といいます。

　たとえば、「各商品について、平均販売単価よりも安く販売したときの販売記録」を取得するケースを考えてみましょう。この場合、 図6.11 のようなSELECT文で取得できます。ここでは、「WHERE act_price < 平均販売単価」の「平均販売単価」部分がサブクエリーになっています。また、メインクエリーとサブクエリーの両方でhanbaiテーブルを使用しているので、区別のためにメインクエリーのhanbaiには「h1」、サブクエリーのhanbaiには「h2」という名前を付けています。

● 図6.11 　平均販売単価よりも安く販売

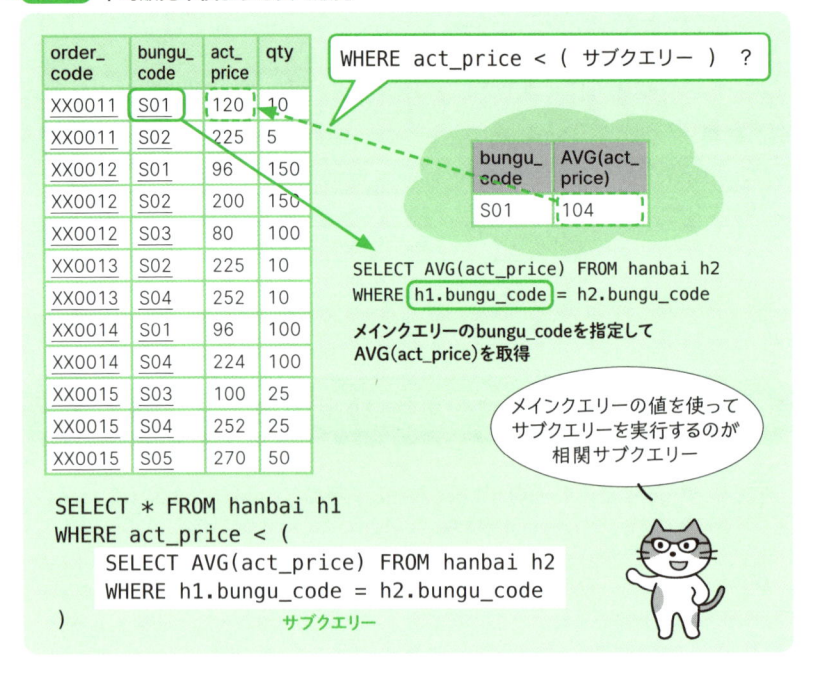

このように、相関サブクエリーでは、「メインクエリーの1行ごとに、サブクエリーを実行する」のような処理が行われます[6]。

なお、今回の相関サブクエリーのように、サブクエリー側からメインクエリーのテーブルや列を参照することはできますが、メインクエリー側はサブクエリーの結果を受け取るのみで、サブクエリーで使用しているテーブルなどを直接参照することはできません。

相関サブクエリーの例

```
-- ❶（確認用）商品ごとの平均販売価格
SELECT bungu_code, AVG(act_price) FROM hanbai
GROUP BY bungu_code;

-- ❷平均販売価格よりも安く売ったときの販売記録
SELECT * FROM hanbai h1
WHERE act_price < (
    SELECT AVG(act_price) FROM hanbai h2
    WHERE h1.bungu_code = h2.bungu_code
);
```

❶の実行結果

bungu_code	AVG(act_price)
S01	104.0000
S02	216.6667
S03	90.0000
S04	242.6667
S05	270.0000

❷の実行結果

order_code	bungu_code	act_price	qty
XX0012	S01	96	150
XX0012	S02	200	150
XX0012	S03	80	100
XX0014	S01	96	100
XX0014	S04	224	100

列の値をSELECT文で作る　SELECT句のサブクエリー

 この平均額って、列の方に出すことはできないかな。値を見比べたいんだけど。

 SELECT句の中にSELECT文を書きたいってことだね。さっそく書いてみよう。

6　実際にどのような方法がとられているかは、DBMSやそのときの状況（データ件数や利用できるインデックスの有無など）次第です。

SELECT句にもサブクエリーを書くことができます。ここでは、先ほどと同じ平均販売単価を取得するSELECT文（相関サブクエリー）を書き、列名として「average」を設定しています。ここでも、メインクエリーとサブクエリーの両方でhanbaiテーブルを使用しているので、区別のためにメインクエリーのhanbaiには「h1」、サブクエリーのhanbaiには「h2」という名前を付けています。

```sql
-- hanbaiテーブルの各行に平均価格も表示する
SELECT
    *,              -- すべての列を表示
    (
        SELECT AVG(h2.act_price) FROM hanbai h2
        WHERE h1.bungu_code = h2.bungu_code
    ) AS average  -- 平均を算出してaverageという列名で表示
FROM hanbai h1;
```

order_code	bungu_code	act_price	qty	average
XX0011	S01	120	10	104.0000
XX0011	S02	225	5	216.6667
XX0012	S01	96	150	104.0000
XX0012	S02	200	150	216.6667
XX0012	S03	80	100	90.0000
XX0013	S02	225	10	216.6667
XX0013	S04	252	10	242.6667
XX0014	S01	96	100	104.0000
XX0014	S04	224	100	242.6667
XX0015	S03	100	25	90.0000
XX0015	S04	252	25	242.6667
XX0015	S05	270	50	270.0000

先ほどの「平均販売価格よりも安く売ったときの販売記録」と併せて表示すると、以下のようになります。

```sql
-- 「平均販売価格よりも安く売ったときの販売記録」に平均価格も表示
SELECT *,
       (SELECT AVG(h2.act_price) FROM hanbai h2
        WHERE h1.bungu_code = h2.bungu_code) AS average
FROM hanbai h1
WHERE h1.act_price < (SELECT AVG(h2.act_price) FROM hanbai h2
                      WHERE h1.bungu_code = h2.bungu_code);
```

order_code	bungu_code	act_price	qty	average
XX0012	S01	96	150	104.0000
XX0012	S02	200	150	216.6667
XX0012	S03	80	100	90.0000
XX0014	S01	96	100	104.0000
XX0014	S04	224	100	242.6667

複数の値で絞り込む　IN、NOT IN

 サブクエリーでリストを作って「このリストに該当するか」を調べるクエリーを作ってみよう。今回は**IN**を使うよ。

 「IN」は、「IN（値1，値2，値3）」って書くときに出てきたね。

 そう。その**括弧の中をサブクエリーで作る**んだよ。

～～～～～～～～

「WHERE 列 IN（サブクエリー）」で、**列の値がサブクエリーの結果に含まれているか**を調べることができます。

以下は、1回の販売が150個以上、または金額が15000円以上だったことがある商品の一覧を取得しています。まず、確認のために❶では販売個数が150個以上だった商品のリストを作りました。同じ商品が複数出現することもあるのでDISTINCTで重複を取り除いています。❷は同様に販売単価×個数が15000円以上だったことがある商品のリストを作っています。❸は、❶と❷のいずれかというリストです。今回、「IN」の対象にしたいのはこのリストです。

❹は「IN(サブクエリー)」でリストにある商品を、❺では「NOT IN（サブクエリー）」でリストにない商品を取得しています。

```
-- 売れ筋商品
-- 150個以上または売上が15000円以上だったことがある商品

-- ❶1回で150個以上売れたことがある商品
SELECT DISTINCT bungu_code FROM hanbai
WHERE qty >= 150;

-- ❷1回の売上が15000円以上だったことがある
SELECT DISTINCT bungu_code FROM hanbai
WHERE act_price*qty >= 15000;
```

```
-- ❸❶か❷のいずれか
SELECT DISTINCT bungu_code FROM hanbai
WHERE (qty>=150) OR (act_price*qty >= 15000);

-- ❹❸に該当する商品を一覧表示
SELECT * FROM bungu
WHERE bungu_code IN (
    SELECT DISTINCT bungu_code FROM hanbai
    WHERE (qty >= 150) OR (act_price*qty >= 15000));

-- ❺❸に該当しない商品を一覧表示
SELECT * FROM bungu
WHERE bungu_code NOT IN (
    SELECT DISTINCT bungu_code FROM hanbai
    WHERE (qty >= 150) OR (act_price*qty >= 15000));
```

❶の実行結果

bungu_code
S01
S02

❷の実行結果

bungu_code
S02
S04

❸の実行結果

bungu_code
S01
S02
S04

❹の実行結果

bungu_code	bungu_name	std_price
S01	notebook A	120
S02	notebook B	250
S04	marker red	280

❺の実行結果

bungu_code	bungu_name	std_price
S03	marker yellow	100
S05	marker green	300

●● 複数の値と比較する　ALL、SOME、ANY

 もう1つ、複数の値を使うサブクエリーのバリエーションとして、「**リストのすべての値」と比較する**SELECT文を作ってみよう。

 どういうイメージだろう。どれかと一致する、どれとも一致しないは、さっき見た IN と NOT IN だよね?

 こんどの書き方は、すべての値より大きい、とか、いずれかの値より大きい、のような比較にも使えるんだよ。

サブクエリーが複数の値を返す場合、ALLや、ANYまたはSOMEを付けて比較できます。たとえば、「> ALL （サブクエリー）」は、サブクエリーのすべての結果より大きい、「> ANY （サブクエリー）」はサブクエリーのいずれかの結果より大きい、という意味になります。SOMEとANYの意味は同じで、SELECT文が読みやすくなる方を使用します。このALL、ANY、SOMEを使った評価式のことを**限定比較述語**、または**限定述語**(*quantified comparison predicate*)といいます。

たとえば、bunguテーブルから「標準価格がすべてのノートよりも高い商品」を取得してみましょう。ノートかどうかは商品名（bungu_name）が「notebook」を含むかどうかで判断します。この場合、該当するのはS01のnotebook AとS02のnotebook Bで、標準価格は120円と250円です。今回はこのリスト（120, 250）をサブクエリーで作ります。

❶では、「> ALL （サブクエリー）」なので、標準価格が120と250の両方より大きい商品が取得できます。

```
-- ❶標準価格がすべてのノートよりも高い商品
SELECT * FROM bungu
WHERE std_price > ALL (SELECT std_price FROM bungu
                       WHERE bungu_name LIKE '%notebook%');
```

❶の実行結果

bungu_code	bungu_name	std_price
S04	marker red	280
S05	marker green	300

「サブクエリーの結果のうち、いずれかより大きい」ならば「> ANY サブクエリー」または「> SOME サブクエリー」とします。ANYとSOMEの意味は同じです。

以下の❷では、「> ANY （サブクエリー）」でサブクエリーで作ったリスト（120, 250）のいずれかより標準価格が安い商品を取得しています。

```
-- ❷標準価格がいずれかのノートよりも高い商品
SELECT * FROM bungu
WHERE std_price > ANY (SELECT std_price FROM bungu
                       WHERE bungu_name LIKE '%notebook%');
```

❷の実行結果

bungu_code	bungu_name	std_price
S02	notebook B	250
S04	marker red	280
S05	marker green	300

　「> ALL」は、最大の値「MAX(std_price)」よりも大きい、「> ANY」は最小の値「MIN(std_price)」よりも大きい、と書き換えることができます。同様に、「= ANY」(いずれかと一致する)は、INと同じ意味に、NOT INは、「<> ALL」(すべてと一致しない)で書き換えることができます(❸〜❻)。ただし、サブクエリーの結果にNULLが含まれる場合は、異なる結果になってしまうことがあります(次項を参照)。

```sql
-- ❸150個以上で販売したことがある商品
SELECT * FROM bungu WHERE bungu_code IN
  (SELECT DISTINCT bungu_code FROM hanbai WHERE qty >=150);

-- ❹150個以上で販売したことがある商品
SELECT * FROM bungu WHERE bungu_code = ANY
  (SELECT DISTINCT bungu_code FROM hanbai WHERE qty >=150);

-- ❺150個以上で販売したことがない商品
SELECT * FROM bungu WHERE bungu_code NOT IN
  (SELECT DISTINCT bungu_code FROM hanbai WHERE qty >=150);

-- ❻150個以上で販売したことがない商品
SELECT * FROM bungu WHERE bungu_code <> ALL
  (SELECT DISTINCT bungu_code FROM hanbai WHERE qty >=150);
```

サブクエリーとNULL

 ところで、サブクエリーを使うときには、NULLに注意が必要だよ。

 またしてもNULLには注意、なんだね。

 そうなんだ。とくにサブクエリーでは、SELECT文の結果で別のSELECT文を実行するから、最初のSELECT文、つまりサブクエリーの結果にNULLが含まれていたりすると、予想外の結果となってしまうことがあるんだよ。ここでもポイントは**比較できない**ということ。だから、すべての値と比較したい**ALL**や**NOT IN**に影響が出てしまうんだ。

　たとえば、p.231の「標準価格がすべてのノートよりも高い商品」を改めて試してみましょう。このSELECT文は標準価格がNULLのデータが登録されると、該当するデータが0件になってしまいます。

　これは、サブクエリー「SELECT std_price FROM bungu WHERE bungu_name LIKE '%notebook%'」の結果が(120, 250, NULL)の3件になってしまうことから起こります。「リストのすべてより大きい」がTRUEになるのは「std_price>120」と「std_price>250」と「std_price>NULL」の3つがTRUEのときですが、「std_price>NULL」は常にUNKNOWN（不明）なので、「リストのすべてより大きい」も常にUNKNOWNになります。WHEREはTRUEのときだけ「該当する」と判断するので、「std_price > ALL（サブクエリー）」がすべて「該当しない」という扱いになり、結果が0件となります。

```
-- ❶標準価格がすべてのノートよりも高い商品（再掲）
SELECT * FROM bungu
WHERE std_price > ALL (SELECT std_price FROM bungu
                       WHERE bungu_name LIKE '%notebook%');

-- ❷価格未定の品物を追加してしまった
INSERT INTO bungu VALUES ('X01','new notebook',NULL);

-- ❶（再度実行すると、結果が0件になる）
SELECT * FROM bungu
WHERE std_price > ALL (SELECT std_price FROM bungu
                       WHERE bungu_name LIKE '%notebook%');

-- （後始末）❷で追加したNULLのあるデータを削除
DELETE FROM bungu WHERE bungu_code = 'X01';
```

　NOT INも同様で、「リストのすべてと一致しない」ことを調べる必要があるため、リストにNULLがあると結果が常にUNKOWNになってしまいます。

　サブクエリーの結果にNULLが発生する可能性がある場合、すなわちサブクエリーのSELECT句に**NOT NULL**制約のない列を使う場合や外部結合でNULLになる列を使用する場合は、**WHERE句でNULLを除外するかCOALESCE関数**（6.2節）**で別の値に置き換える**、あるいは、**ALLやNOT INを使わずANYやINに書き換える**などの対処が必要です。

●● 存在しているかどうかを調べる　EXISTS、NOT EXISTS

 最後の仕上げは、**存在しているかどうかを調べるEXISTSとNOT EXISTS**だ。

 あれ？ INやNOT INとは違うの?

INとNOT INは値がリストにあるかどうかを調べていたけど、EXISTSとNOT EXISTSの場合は、**サブクエリーの結果が空（0行）かどうか**で判断するんだ。

EXISTSでは、サブクエリーの結果が空（0行）かどうかを調べることができます。おもに、相関サブクエリーで使用します。

以下は、6.5節で使用した講師（staff）とメンター（mentor）のテーブルを使って、「両方のリストに載っている名前」と「staffには載っているがmentorには載っていない名前」を調べています。

```
-- ❶staffとmentorに載っているデータを抽出する
SELECT name FROM staff
WHERE EXISTS (SELECT * FROM mentor
              WHERE staff.name = mentor.name);

-- ❷staffには載っているがmentorには載っていないデータを抽出する
SELECT name FROM staff
WHERE NOT EXISTS (SELECT * FROM mentor
                  WHERE staff.name = mentor.name);
```

なお、❶は次節で解説するINTERSECT（共通）、❷はEXCEPT（差）で書くこともできます。

❶の実行結果

name
大崎 ジョン

❷の実行結果

name
森 茶太郎
花村 ささめ
西野 蓮
田村 真由子

 サブクエリーっておもしろいね。いきなりSELECT文を見ると面食らうけど、自分で1つ1つ書いてみるとわかる感じ。

 別のサブクエリーを使って実行するのはビューを使うイメージ、そして「メインクエリー側の1件1件について、サブクエリーを実行する」という相関サブクエリーは、ほかのプログラム言語では「for文」という繰り返し処理をするときに使う構文に似ているんだ。だから、ほかのプログラム言語に慣れている人にとっては使いやすいって面もあるようだよ。

Column

SQLの「実行計画」とは

リレーショナルデータベースを使用するシステムでは、ユーザーが直接目にするかどうかは別として、データの取得部分には必ずSQLが使用されています。

データをプログラムから利用するには、データがどのファイルにあるのか、どうやって目的のデータを探すのか、データを取得するにはどうするのかといったことを考える必要があるはずです。ところが、SQLの場合、どのようなデータがほしいのかだけを書き、どのように取得するのかは指示しません。

SQLに書かれた内容を解釈し、実行するのはDBMS側の仕事です。ユーザーは、どのファイルをどのように使うかを気にすることなく、データベースを操作できます。それでも、データ量が多いなどの理由で実行速度に問題がある場合などは、どのような処理をしているか、たとえばインデックスが活用できているのかなどを確認したいこともあるでしょう。

SQL文を実行するための具体的な作業内容は「実行計画」と呼ばれます。ユーザーが実行計画を確認できるDBMSもあり、たとえば、MySQL/MariaDBやPostgreSQLではSELECT文の前に「EXPLAIN」を付けることで、実行計画を確認できます。

```
EXPLAIN SELECT students.student_id, student_name, course
FROM courses
JOIN students ON courses.student_id = students.student_id
WHERE branch='新宿'
ORDER BY course;
```

SQL Serverの場合、SET SHOWPLAN_ALL ON; を実行してからSELECT文を実行するか（SET SHOWPLAN_ALL OFF; の実行で終了）、SQL Server Management Studio（SSMS）で「実行計画の表示」オプションを有効にすることで確認できます。

6.9
テーブルの共通（INTERSECT）と差（EXCEPT）
SELECT文の結果を比べる

 実は、EXISTSとNOT EXISTSはもう1つ書き方があるんだ。

 え、もういいよ。いろんな書き方があるのって困るかも。

 せっかくだから見ておいて。UNION（6.5節）と同じように複数の SELECT文を並べて「AとBにある」「AにはあるがBにはない」のように書けるんだ。複数組み合わせることもできるよ。

 それはちょっと便利かも。なんで先に教えてくれなかったの？

 以前のMySQLやMariaDBでは使えなかったんだ。だから頑張って サブクエリーで書いてたって面もあるんだよ。

INTERSECTおよびEXCEPTで、SELECT文の結果同士を比べて共通しているもの、先に書かれたSELECT文の結果のみにあるものを求めることができます。集合演算の共通と差に該当します（p.267）。

以下は、商品と倉庫を管理する「商品倉庫表」から値を取得するSELECT文同士で実行していますが、異なるテーブルから取得して共通または差を求めることができます。UNION同様、SELECT句で指定する列の個数とデータ型を揃えてください。

```
SELECT 商品 FROM 商品倉庫表 WHERE 倉庫='X1'; -- ❶倉庫X1にある商品
SELECT 商品 FROM 商品倉庫表 WHERE 倉庫='X2'; -- ❷倉庫X2にある商品

-- ❸倉庫X1とX2に共通している商品
SELECT 商品 FROM 商品倉庫表 WHERE 倉庫='X1'
INTERSECT
SELECT 商品 FROM 商品倉庫表 WHERE 倉庫='X2';

-- ❹倉庫X1にはあるがX2には存在しない商品
```

```
SELECT 商品 FROM 商品倉庫表 WHERE 倉庫='X1'
EXCEPT
SELECT 商品 FROM 商品倉庫表 WHERE 倉庫='X2';

-- ❺倉庫X2にはあるがX1には存在しない商品
SELECT 商品 FROM 商品倉庫表 WHERE 倉庫='X2'
EXCEPT
SELECT 商品 FROM 商品倉庫表 WHERE 倉庫='X1';

-- ❻倉庫X1、倉庫X2のいずれかにしかない商品
(SELECT 商品 FROM 商品倉庫表 WHERE 倉庫='X1'
 EXCEPT
 SELECT 商品 FROM 商品倉庫表 WHERE 倉庫='X2')
UNION
(SELECT 商品 FROM 商品倉庫表 WHERE 倉庫='X2'
 EXCEPT
 SELECT 商品 FROM 商品倉庫表 WHERE 倉庫='X1');
```

❶倉庫X1にある商品　**❷倉庫X2にある商品**

商品
001
003

商品
001
002

❸X1、X2両方にある（共通）　❶ INTERSECT ❷

商品
001

❹X1にあるがX2にはない（差 ❶ − ❷）　❶ EXCEPT ❷ …Ⓐ

商品
003

❺X2にあるがX1にはない（差 ❷ − ❶）　❷ EXCEPT ❶ …Ⓑ

商品
002

❻X1またはX2どちらかのみにある　ⒶUNIONⒷ

商品
003
002

　なお、INTERSECTとEXCEPTはともにINTERSECT ALL、EXCEPT ALLで重複をそのまま残すことができますが、これは、元のSELECT文の重複を残すかどうかという意味になります。上の実行例の場合、❶にも❷にも重複がないためALLの有無による結果の違いはありません。

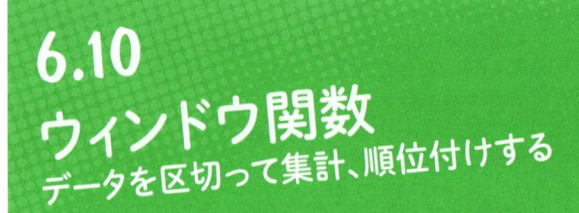

6.10
ウィンドウ関数
データを区切って集計、順位付けする

 SELECT文の最後は**ウィンドウ関数**だ。

 ウィンドウ関数?

 たとえば、データを科目ごとに並べて、国語のブロックでは平均点は
何点で成績のトップはこの子、英語のブロックでは……と眺めること
があるでしょ。

 うん、あるね。

 それがSQLでは難しかった。平均や合計を求めるとデータが集約され
ちゃうからね。それに、全体ではなく前後の値で平均値を求める**移動
平均**や、**ランキング**のような順番に基づく処理も苦手なんだ。データ
の集合を相手にするデータベースだからね。でも、ウィンドウ関数の
登場で、こういった問題がかなり楽になったんだ。

 これまでってどうしてたの?

 DBMSで処理するならビューやサブクエリーを使うし、状況によって
はDBMSからデータを受け取るアプリケーションプログラム、たとえば
画面表示や印刷、入出力を行うプログラムの方が担当していたよ。

 へえ。でも、ウィンドウ関数ならできるんだね。

 そうなんだ。さっそく見ていこう。

ウィンドウ関数 (*window function*) は標準SQLではSQL:2003で規定され、
PostgreSQLは2009年にリリースされたバージョン8.4から対応しています
が、MySQLでは8.0から、MariaDBでは10.2からサポートされた機能です。

GROUP BYで複数の行を集約せずに集計を行ったり、データの並び順に従って番号を付けたり、「直前の行」や「次の行」を取得することができます。

たとえば、6.8節では販売記録(hanbai)のそれぞれの行に平均価格の列を追加した表をサブクエリーで作りましたが、これをウィンドウ関数で書き換えると 図6.12 のようになります。

なお、両者の結果を比較しやすいようにORDER BY句を追加しています。

● 図6.12　平均価格の列を追加するサブクエリーとウィンドウ関数

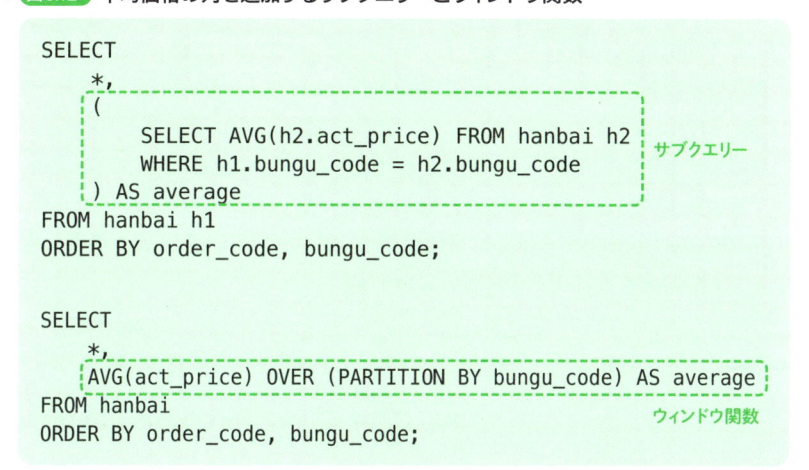

```
SELECT
    *,
    (
        SELECT AVG(h2.act_price) FROM hanbai h2
        WHERE h1.bungu_code = h2.bungu_code      サブクエリー
    ) AS average
FROM hanbai h1
ORDER BY order_code, bungu_code;

SELECT
    *,
    AVG(act_price) OVER (PARTITION BY bungu_code) AS average
FROM hanbai
ORDER BY order_code, bungu_code;            ウィンドウ関数
```

ウィンドウ関数の基本　無名ウィンドウ、名前付きウィンドウ

 ずいぶんすっきりしたけど、何がどう「ウィンドウ」なんだろう？

 実は、「bungu_codeごとに」という意味で指定していた 図6.12 の「OVER (PARTITION BY bungu_code)」の括弧のところには名前を付けることができるんだ。その、名前と定義をするためのブロックがWINDOW句なんだけど、図6.12 の例のように、名前を定義せず、使いたい場所に括弧でウィンドウの指定を書いちゃうことが多いんだよ。

 だから、WINDOWって単語が消えちゃってるんだね。括弧の中にぱっと書く感じは、サブクエリーに似てるね。

 たしかにそうかもしれないね。どちらかというとOVERの方がウィンド

ウ関数の目印になっていると思うよ。ちなみに、名前なしで使うウィンドウは**無名ウィンドウ**、名前を付けて使うウィンドウは**名前付きウィンドウ**と呼ばれているよ。

ウィンドウ関数は、「ウィンドウ用の関数 OVER(ウィンドウの指定)」または「ウィンドウ用の関数 OVER ウィンドウ名」のように使います。

たとえば、COUNT()で件数を数えたいとき、**名前付きウィンドウ**の場合は、FROM句の最後に「WINDOW ウィンドウ名 AS (ウィンドウの指定)」を書き、SELECT句では「COUNT(*) OVER ウィンドウ名」のように使います。

無名ウィンドウの場合、SELECT句の中で「COUNT(*) OVER (ウィンドウの指定)」のように使います。ウィンドウの指定では、どのように区分けするのかを指定するPARTITION BY句や、並び順を決めるORDER BY句を書くことができます[7]。

先ほどの、hanbaiテーブルに平均価格の列を加えるSELECT文を名前付きウィンドウで書くと、以下のようになります。

```
-- 無名ウィンドウ
SELECT
    *,
    AVG(act_price) OVER (PARTITION BY bungu_code) AS average
                -- bungu_codeごとに平均を集計
FROM hanbai
ORDER BY order_code, bungu_code;

-- 名前付きウィンドウ (bungu_winという名前のウィンドウを定義して使用)
SELECT
    *,
    AVG(act_price) OVER bungu_win AS average
                -- 「bungu_win」を使用して平均を集計
FROM hanbai
WINDOW bungu_win AS (PARTITION BY bungu_code)
        -- ウィンドウに名前を付ける
ORDER BY order_code, bungu_code;
```

ウィンドウで使えるおもな関数は、 **表6.9** のとおりです。

---

[7] ウィンドウ関数では、この他「直近3件分で平均を求める」のような集計も可能。たとえば直近3件であれば、ウィンドウの指定の中でORDER BYで並べ替えに使用する列を指定し、続けて「ROWS BETWEEN 2 PRECEDING AND CURRENT ROW」のように指定します(現在行およびそれに先行する2行、という意味)。このような、現在の行を基準とした指定をフレーム(*window frame*, ウィンドウ枠)と言います。

● 表6.9 おもなウィンドウ用の関数

種別	関数	結果
集計	COUNT()、AVG()、MAX()、MIN()	件数、平均、最大、最小
通し番号	ROW_NUMBER()	行番号
ランキング	RANK()	順位（1位、2位、2位の次は4位）
	DENSE_RANK()	順位（1位、2位、2位の次は3位）
	PERCENT_RANK()	相対順位（(RANK-1)/(総行数-1)で算出）
指定した位置のレコードを取得	LEAD()、LAG()	前後の行（p.245）
	FIRST_VALUE()、LAST_VALUE()	最初の行とここまでの最後の行の値
	NTH_VALUE(列名,n)	n番めの行の値（列名とnを指定）

どう区切るのかを決める、連番を付ける PARTITION BY、ORDER BY、ROW_NUMBER()

 無名ウィンドウでも名前付きウィンドウでも、ウィンドウ関数の目印になるのは**OVER**だ。そして、無名ウィンドウの場合はOVERに続く括弧の中に**PARTITION BY**を指定する。ここがどういう区切りで集計するかという指定だよ。

 ふむ、PARTITION（パーティション）で分けるんだね。

 そう。指定方法はGROUP BYと同じだけど、たとえば「GROUP BY 商品コード」と指定した場合は商品コードごとの行にまとめられてしまうけど、「PARTITION BY 商品コード」とした場合は、商品コードによって区分けするだけで、個々の行はそのままになるんだ。ここでは「区画」と呼ぶことにするね。

〜〜〜〜〜〜〜〜

　ウィンドウ関数では、名前付きウィンドウの場合はWINDOW句で、無名ウィンドウの場合はOVERのすぐ後で、どのような基準でデータを区切るのかを指定できます。指定方法はGROUP BYと同じで、たとえば、商品コード単位で集計するなら「OVER（PARTITION BY 商品コード）」、校舎と科目単位で集計するなら「OVER（PARTITION BY 校舎，科目）」のようにします。

　GROUP BYで指定した場合はSELECT文全体に作用するのに対し、PARTITION BYは、OVERの前で指定したウィンドウ関数にだけ作用します。また、GROUP BYはFROM句から取得したデータを指定したまとまりごとに1件に集約するのに対し、PARTITION BYは個々のデータをそのままにします 図6.13 。

● 図6.13 GROUP BYとPARTITION BYの作用の違い

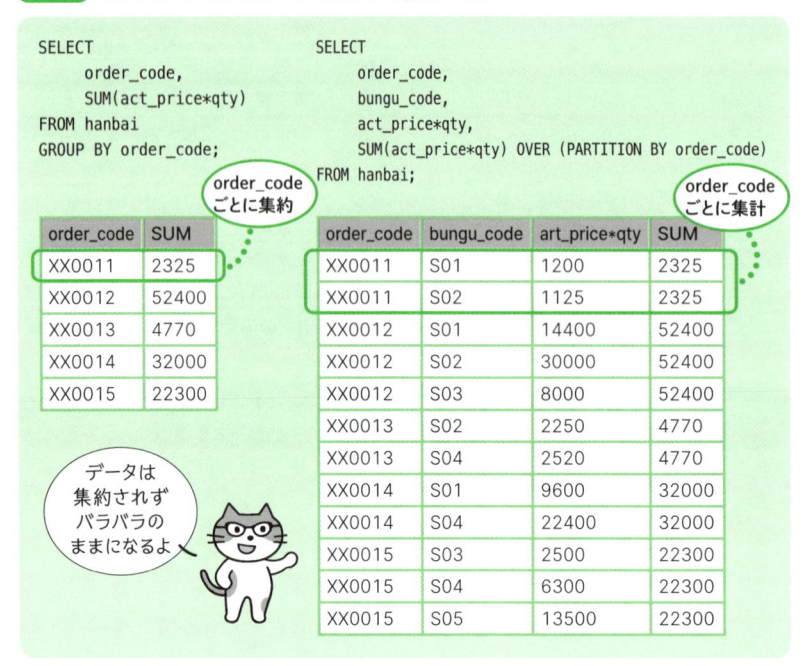

1つのSELECT文で、複数の区画を作ってそれぞれを集計したり番号を付けたりできます。以下の例では、「ROW_NUMBER() OVER (PARTITION BY order_code)」でorder_codeごとに振った連続番号を取得し、「ROW_NUMBER() OVER (PARTITION BY bungu_code)」でbungu_codeごとに振った連続番号を取得しています。連続番号を振る際の並び順は、それぞれの区画で「ORDER BY order_code, bungu_code」を指定しています 図6.14 。

全体の集計を行う PARTITION BYを使わないウィンドウ関数

 PARTITION BYって必須……だよね? 全体の集計を使いたい場合ってどうすればいいんだろう。

 必須じゃないよ。PARTITION BYが指定されていなかったら、全体を1つの区画として集計などの処理を行うことになるんだ。

● **図6.14** ROW_NUMBER()で連続番号を振る

```sql
SELECT
    order_code,
    ROW_NUMBER()
        OVER (PARTITION BY order_code ORDER BY order_code, bungu_code),
    bungu_code,
    ROW_NUMBER()
        OVER (PARTITION BY bungu_code ORDER BY order_code, bungu_code),
    act_price,
    qty
FROM hanbai;
```

❶

ROW_NUMBER() OVER (PARTITION BY order_code ORDER BY order_code, bungu_code)

XX0011	1		続き	XX0013	1
XX0011	2			XX0013	2

XX0012	1
XX0012	2
XX0012	3

❷

ROW_NUMBER() OVER (PARTITION BY bungu_code ORDER BY order_code, bungu_code)

S01	1		続き	S03	1
S01	2			S03	2
S01	3				

S02	1
S02	2
S02	3

order_code	row_number	bungu_code	row_number	act_price	qty
XX0011	1	S01	1	120	10
XX0012	1	S01	2	96	150
XX0014	1	S01	3	96	100
XX0011	2	S02	1	225	5
XX0012	2	S02	2	200	150
XX0013	1	S02	3	225	10
XX0012	3	S03	1	80	100
XX0015	1	S03	2	100	25
XX0013	2	S04	1	252	10
XX0014	2	S04	2	224	100
XX0015	2	S04	3	252	25
XX0015	3	S05	1	270	50

PARTITION BYを省略すると、全体が1つの区画として集計されます。

```
SELECT
    *,
    CONCAT(ROW_NUMBER() OVER (ORDER BY bungu_code),'/', COUNT(*) OVER ()) AS cnt
FROM bungu;
```

※ MySQL/MariaDB/PostgreSQLはROWNUMBER()の後のOVER内のORDER BYを省略可能、ただし指定しない場合、順番は保証されない。

区画別の集計とランキング　RANK、DENSE_RANK、ORDER BY

 なるほどね。OVERが入ってたらウィンドウ関数で、括弧の中にはどういう区画を作るかが書かれている。括弧の中に何もなかったら全体で1つの区画、と。

 さっきはROW_NUMBER()を使ったけど、せっかくだから順位を付けてみよう。

 ん? ORDER BYとROW_NUMBER()でいいんじゃないの?

 RANK()の場合、同率1位のようなことも面倒見てくれるんだ。

　ランキング用のウィンドウ関数にはRANK()とDENSE_RANK()があります。どちらの場合も同じ値には同じ順位がつきますが、1位、1位と続いた場合、RANK()では次の順位が3位になるのに対し、DENSE_RANK()は次が2位となります。このほか、相対順位をつける「PERCENT_RANK()」があり、これは、(RANK-1)/(総行数-1)で計算されています。

　ランキングを付ける区画はPARTITION BYで、順番の基準はORDER BYで指定します。昇順はASC、降順はDESCを指定し、省略した場合は昇順になります。次のサンプルでは、bungu_codeごとに、実売価格(act_price)が高い順に順位を付けています。

```
-- hanbaiで、商品ごとに実売価格の高い順 (RANK()とDENSE_RANK()比較)
SELECT
    *,
    RANK() OVER (PARTITION BY bungu_code ORDER BY act_price DESC)
        AS ranking1,
    DENSE_RANK() OVER (PARTITION BY bungu_code ORDER BY act_price DESC)
        AS ranking2
FROM hanbai;
```

order_code	bungu_code	act_price	qty	ranking1	ranking2
XX0011	S01	120	10	1	1
XX0012	S01	96	150	2	2
XX0014	S01	96	100	2	2
XX0011	S02	225	5	1	1
XX0013	S02	225	10	1	1
XX0012	S02	200	150	3	2
XX0015	S03	100	25	1	1
XX0012	S03	80	100	2	2
XX0013	S04	252	10	1	1
XX0015	S04	252	25	1	1
XX0014	S04	224	100	3	2
XX0015	S05	270	50	1	1

区画内の行の位置を指定する　LAG、LEAD、FIRST_VALUE、LAST_VALUE、NTH_VALUE

 順位までは、今までのSELECT文でもぎりぎりできなくはなかったと思うんだよね。自分より大きい値は何件、小さい値は何件、はカウントできなくもないから。

 まあねえ……かなり手間がかかりそうだけど。

 でも、こんどのはウィンドウ関数じゃないとかなり難しいと思うよ。**1つ前の行**や**次の行**を取得する関数だ。

　指定した位置の行の値を取得するウィンドウ関数は **表6.10** のとおりです。たとえば、LAG（列名）で、区画内の1つ前の行の値を取得できます。それぞれ、OVERの後で指定したPARTITION BYとORDER BYに従って取得します。該当する値がない場合はNULLになります。

● 表6.10 指定した位置の行の値を取得するウィンドウ関数

関数	結果
LAG()	前の行（自分がどの行に対して遅れ＝ラグがあるか）
LEAD()	後の行（自分がどの行に対してリードしているか）
FIRST_VALUE()	PARTITION BYで区切られた区画の最初の行
LAST_VALUE()	区画の、現在までの最後の行
NTH_VALUE()	区画の、これまで取得した中での順番を指定して取得、scoreの2位であればNTH_VALUE(score, 2)

```sql
--  （確認用）C0001の国語の成績
SELECT * FROM exams
WHERE student_id = 'C0001' AND subject='国語'
ORDER BY exam_no;


--  ❶各生徒の初回と直前の試験結果を並べて表示
--  （生徒数名分で確認したい場合はFROMの後で
--    「WHERE student_id IN ('C0001','C0002','C0003')」のように指定
--    または「LIMIT 10」のように出力したい件数を指定する）
SELECT
    student_id,
    subject,
    exam_no,
    score,
    LAG(score)
        OVER (PARTITION BY student_id,subject ORDER BY exam_no)
        AS last_score,
    FIRST_VALUE(score)
        OVER (PARTITION BY student_id,subject ORDER BY exam_no)
        AS first_score
FROM exams;


--  （参考❷）
--  ① 初回（FIRST_VALUE）、② 直前（LAG）、今回、③ 直後（LEAD）、
--  ④ 最新（LAST_VALUE＝今回）、⑤ 最終（降順のFIRST_VALUE）
SELECT
    student_id,
    subject,
    exam_no,
    FIRST_VALUE(score)
        OVER (PARTITION BY student_id, subject ORDER BY exam_no)
        AS v1,  -- 初回
    score, -- 今回
    LEAD(score)
```

```
        OVER (PARTITION BY student_id, subject ORDER BY exam_no)
        AS v3,           -- 直後
    LAST_VALUE(score)
        OVER (PARTITION BY student_id,subject ORDER BY exam_no)
        AS v4,    -- 最新（これまでのLAST）
    FIRST_VALUE(score)
        OVER (PARTITION BY student_id,subject ORDER BY exam_no DESC)
        AS v5    -- 最終（exam_noの逆順で1件め）
FROM exams;

-- （参考❸）
-- 各行でNTH_VALUE(exam_no, 1) ～ NTH_VALUE(exam_no, 3)を取得
-- 各student_id, subjectごとに3件めまで取得すると、
-- NTH_VALUE(exam_no, 3)も取得できる様子がわかる
SELECT
    *,
    NTH_VALUE(exam_no, 1)
        OVER (PARTITION BY student_id, subject ORDER BY exam_no)
        AS n1,
    NTH_VALUE(exam_no, 2)
        OVER (PARTITION BY student_id, subject ORDER BY exam_no)
        AS n2,
    NTH_VALUE(exam_no, 3)
        OVER (PARTITION BY student_id, subject ORDER BY exam_no)
        AS n3
FROM exams;
```

元のデータ

student_id	exam_no	subject	score
C0001	41	国語	90
C0001	42	国語	87
C0001	43	国語	79
C0001	44	国語	92
C0001	45	国語	88
：以下略、全1,730行			

❶の実行結果

student_id	subject	exam_no	score	last_score	first_score
C0001	国語	41	90	NULL	90
C0001	国語	42	87	90	90
C0001	国語	43	79	87	90
C0001	国語	44	92	79	90
C0001	国語	45	88	92	90
C0001	数学	41	93	NULL	93
C0001	数学	42	80	93	93
C0001	数学	43	83	80	93
C0001	数学	44	86	83	93
C0001	数学	45	99	86	93
C0001	英語	41	86	NULL	86
C0001	英語	42	99	86	86
C0001	英語	43	95	99	86
: 以下略、全1,730行					

❷の実行結果

student_id	subject	exam_no	v1	v2	score	v3	v4	v5
C0001	国語	45	90	92	88	NULL	88	88
C0001	国語	44	90	79	92	88	92	88
C0001	国語	43	90	87	79	92	79	88
C0001	国語	42	90	90	87	79	87	88
C0001	国語	41	90	NULL	90	87	90	88
C0001	数学	45	93	86	99	NULL	99	99
C0001	数学	44	93	83	86	99	86	99
C0001	数学	43	93	80	83	86	83	99
C0001	数学	42	93	93	80	83	80	99
C0001	数学	41	93	NULL	93	80	93	99
C0001	英語	45	86	91	84	NULL	84	84
C0001	英語	44	86	95	91	84	91	84
C0001	英語	43	86	99	95	91	95	84
: 以下略、全1,730行								

❸の実行結果

student_id	exam_no	subject	score	n1	n2	n3
C0001	41	国語	90	41	NULL	NULL
C0001	42	国語	87	41	42	NULL

次ページに続く

student_id	exam_no	subject	score	n1	n2	n3
C0001	43	国語	79	41	42	43
C0001	44	国語	92	41	42	43
C0001	45	国語	88	41	42	43
C0001	41	数学	93	41	NULL	NULL
C0001	42	数学	80	41	42	NULL
C0001	43	数学	83	41	42	43
C0001	44	数学	86	41	42	43
C0001	45	数学	99	41	42	43
C0001	41	英語	86	41	NULL	NULL
C0001	42	英語	99	41	42	NULL
C0001	43	英語	95	41	42	43
：以下略、全1,730行						

直前の値と同じだったらスペースにする　LAG、CASE、名前付きウィンドウ

 もしかしてなんだけど、直前と同じ値だったら表示しない、ってのもできる？　いや、データとしてはそういうのはどうかなってのはわかるんだけど……。

 気持ちはわかるよ。繰り返しの部分をスペース（空白）にすると見やすくなるよね。そうだな、CASEと組み合わせて書いてみよう。

examsテーブルを、student_id、exam_no、subjectで並べ替えて取得し、直前の行と同じ場合は列の値を空にします。最終的な実行結果は次のようになります。

student_id	exam_no	subject	score
C0001	41	国語	90
		数学	93
		英語	86
	42	国語	87
		数学	80
		英語	99
	43	国語	79
		数学	83

次ページに続く

student_id	exam_no	subject	score
		英語	95
	44	国語	92
		数学	86
		英語	91
	45	国語	88
		数学	99
		英語	84
C0002	41	国語	95
		数学	92
		英語	80
	42	国語	92
		数学	79
		英語	92
: 以下略、全1,730行			

　直前の値をLAG( )で取得し、一致していたらNULLを出力するには次のよう
にします。ここでは汎用性の高い検索CASE式を使っていますが、値を単純に
比較しているだけなので単純CASE式でも書くことができます。

```
-- 直前と同じ内容ならNULLにする※
SELECT
  CASE WHEN student_id = LAG(student_id)
        OVER (ORDER BY student_id, exam_no, subject) THEN NULL
        ELSE student_id END AS student_id_,
  CASE WHEN exam_no = LAG(exam_no)
        OVER (ORDER BY student_id, exam_no, subject) THEN NULL
        ELSE exam_no END AS exam_no_,
  CASE WHEN subject = LAG(subject)
        OVER (ORDER BY student_id, exam_no, subject) THEN NULL
        ELSE subject END AS subject_,
  score
FROM exams;
```

※ MariaDB 11.3で「AS student_id」のように同じ列名を使用するとエラーになるため別の名前にし
ているが、MySQLおよびPostgreSQLの場合は「AS student_id」で実行可能。

　NULLだと画面上で見づらい場合は空の文字列(''、シングルクォート2つ)に
するとよいでしょう。ただし、PostgreSQLの場合はexam_noの列で型を揃
える必要があることから、TO_CHARを使用します。
　また、同じウィンドウ指定を何度も行っていますが、これらはすべて同じ指
定にしたいので、名前付きウィンドウで書き換えました。すると、次のように
なります。

```
-- 直前と同じ内容なら空 ('') にする (MySQL/MariaDB)
SELECT
  CASE WHEN student_id = LAG(student_id)
       OVER disporder THEN ''
       ELSE student_id END AS student_id_,
  CASE WHEN exam_no = LAG(exam_no)
       OVER disporder THEN ''
       ELSE exam_no END AS exam_no_,
  CASE WHEN subject = LAG(subject)
       OVER disporder THEN ''
       ELSE subject END AS subject_,
  score
FROM exams
WINDOW disporder AS (ORDER BY student_id, exam_no, subject);
```

※SQL Server の場合、exam_noが数値型のため空文字列が0（ゼロ）になってしまうため、PostgreSQL 同様型変換が必要。TO_CHAR(exam_no,'99FM')のところをCAST(exam_no AS VARCHAR)またはFORMAT(exam_no,'D')のようにする。

```
-- PostgreSQLは型を揃える必要がある (PostgreSQL※)
SELECT
  CASE WHEN student_id = LAG(student_id)
       OVER disporder THEN ''
       ELSE student_id END AS student_id,

  CASE WHEN exam_no = LAG(exam_no)
       OVER disporder THEN ''
       ELSE TO_CHAR(exam_no,'99FM') END AS exam_no,

  CASE WHEN subject = LAG(subject)
       OVER disporder THEN ''
       ELSE subject END AS subject,
  score
FROM exams
WINDOW disporder AS (ORDER BY student_id, exam_no, subject);
```

 ウィンドウ関数は比較的新しくて、同じDBMSでも細かいバージョンによってどこまでサポートされているか、そもそもサポートされているのかどうかが異なるんだ。

勉強したいときはどうしたらいいかな。エラーのときに、自分が書き間違えたのか、そもそもサポートされていないのかがわからなそうだよ。

確実に動く文、たとえばマニュアルに出ている文で、手入力じゃなくてコピーできるもので試してみるといいよ。自分のパソコンに、最新版を入れて試すのもいいね。仮想環境を使えば、最新版へのアップデートも気軽にできるし、MariaDBとPostgreSQLの両方で試すなんてのも簡単だから、こっちでは動くけどこっちではダメとか、両方でエラー、ってところからも問題点を見つけやすくなるよ。

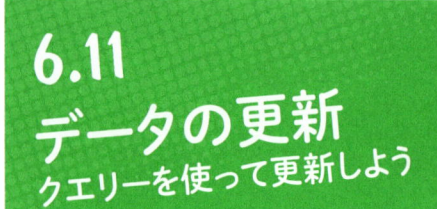

6.11
データの更新
クエリーを使って更新しよう

 SELECT文で使ったテクニックは、データを更新するときにも使えるよ！

 ああ、UPDATE文やDELETE文ではSELECT文と同じWHERE句を使うもんね。

 INSERTでも使えるんだよ。INSERT用のSELECTは、これから登録したいデータを作るときに使うんだ。

 へー！ そんなこともできるんだ。

INSERT文の基本的な書き方は次のとおりです。テーブルのところで指定した列1，列2，列3に、VALUESの値1，値2，値3を当てはめて挿入します。テーブルで指定しなかった列の値は、CREATEで定義したDEFAULT句の値（3.2節）、DEFALUT句が指定されていない場合はNULLとなります。

テーブル名の後に列名を指定しなかった場合はCREATEの定義内容に従うので、VALUESの値はCREATEでの定義順に合わせて指定する必要があります。

INSERT文の記述例

```
-- 1件のINSERT
INSERT INTO テーブル名(列名1, 列名2, 列名3) VALUES (値1, 値2, 値3);

-- 複数件のINSERT
INSERT INTO テーブル名(列名1, 列名2, 列名3)
VALUES
(値1, 値2, 値3),
(値1, 値2, 値3),
(値1, 値2, 値3);
```

```
-- 列名を省略してINSERT（テーブルの定義どおりに値を指定する）
INSERT INTO テーブル名
VALUES
(値1, 値2, 値3),
(値1, 値2, 値3),
(値1, 値2, 値3);
```

データの修正はUPDATE文で行います。基本的な書き方は次のとおりです。

```
UPDATE テーブル名 SET 列名1=値1, 列名2=値2 WHERE 条件
```

WHERE句で指定する行は1行でなくてもかまいません。UPDATEは、WHERE句で指定したデータすべてに対し同じようにデータを更新します。WHERE句を指定しなかった場合は全件が対象となります。

INSERTとSELECTによる一括登録

 SELECT結果をINSERTしたい場合は、「VALUES( )」部分をSELECT文に置き換えだけでいいよ。

 ふむふむ、じゃあまずはSELECT文の実行結果を試して、SELECTの前に「INSERT INTO テーブル名(列の指定)」を付ける、って感じで試せばいいんだね。

以下のサンプルでは、1年ごとに1月、2月、3月……という列に登録していたテーブルを元に、1か月＝1行となるような新しいテーブルを作成しています。

```
-- ❶元テーブルの確認（年次データ、phase_resultsテーブル）
-- phaseに第1期、第2期…の数字が入っており、
-- r01には1月の記録、r02には2月の記録……が保存されている
SELECT * FROM phase_results;

-- ❷（確認用）各月のみのデータを表示する
-- まだデータが入っていない月はNULLになる様子がわかる
SELECT phase, r01 FROM phase_results; -- 1月
SELECT phase, r12 FROM phase_results; -- 12月

-- ❸月次データを保存するためのテーブルを作成する。
--    期（phase）と月（month）と各月の記録（results）を登録、
--    プライマリーキーは期＋月
```

```
CREATE TABLE month_results(
    phase INTEGER NOT NULL CHECK (phase>0),
    month INTEGER NOT NULL CHECK (month BETWEEN 1 AND 12),
    results INTEGER NOT NULL,
    PRIMARY KEY(phase, month)
);

-- ❹（確認用）1月～12月のSELECT文をUNIONで結合する
-- 新しいテーブル（month_results）に合わせて「月」の数値を追加
-- NULLを除外するため、WHERE句を追加
-- 重複がないことはわかっているのでUNION ALLとした
-- ※ここでは1月、2月と12月のみだが実際は各月で作成する

SELECT phase,  1, r01 FROM phase_results WHERE r01 IS NOT NULL
UNION ALL
SELECT phase,  2, r02 FROM phase_results WHERE r02 IS NOT NULL
UNION ALL
SELECT phase, 12, r12 FROM phase_results WHERE r12 IS NOT NULL
;

-- ❺❹で作成したSELECT文を使って、month_resultsに登録
INSERT INTO month_results(phase, month, results)
SELECT phase,  1, r01 FROM phase_results WHERE r01 IS NOT NULL
UNION ALL
SELECT phase,  2, r02 FROM phase_results WHERE r02 IS NOT NULL
UNION ALL
SELECT phase,  3, r03 FROM phase_results WHERE r03 IS NOT NULL
UNION ALL
SELECT phase,  4, r04 FROM phase_results WHERE r04 IS NOT NULL
UNION ALL
SELECT phase,  5, r05 FROM phase_results WHERE r05 IS NOT NULL
UNION ALL
SELECT phase,  6, r06 FROM phase_results WHERE r06 IS NOT NULL
UNION ALL
SELECT phase,  7, r07 FROM phase_results WHERE r07 IS NOT NULL
UNION ALL
SELECT phase,  8, r08 FROM phase_results WHERE r08 IS NOT NULL
UNION ALL
SELECT phase,  9, r09 FROM phase_results WHERE r09 IS NOT NULL
UNION ALL
SELECT phase, 10, r10 FROM phase_results WHERE r10 IS NOT NULL
UNION ALL
SELECT phase, 11, r11 FROM phase_results WHERE r11 IS NOT NULL
UNION ALL
SELECT phase, 12, r12 FROM phase_results WHERE r12 IS NOT NULL
;
```

```
-- ⑥（確認用）month_resultsテーブルの内容を確認
SELECT * FROM month_results;
```

❶元のデータ

phase	r01	r02	r03	r04	r05	r06	r07	r08	r09	r10	r11	r12
1	15	14	20	30	28	41	28	49	18	59	37	30
2	30	14	20	23	20	50	13	35	9	60	55	22
3	40	23	35	35	40	48	17	56	41	36	24	30
4	55	40	61	50	60	57	45	NULL	NULL	NULL	NULL	NULL

❷の実行結果

phase	r01
1	15
2	30
3	40
4	55

phase	r12
1	30
2	22
3	30
4	NULL

❻の実行結果（❺で作成したテーブル）

phase	month	results
1	1	15
1	2	14
1	3	20
1	4	30
1	5	28
1	6	41
1	7	28
1	8	49
1	9	18
1	10	59
1	11	37
1	12	30
：中略		
4	1	55
4	2	40
4	3	61
4	4	50
4	5	60
4	6	57
4	7	45
全43行		

❹の実行結果

phase	1	r01
1	1	15
2	1	30
3	1	40
4	1	55
1	2	14
2	2	14
3	2	23
4	2	40
1	12	30
2	12	22
3	12	30

●● ほかのテーブルの値を使って更新対象を指定する

 SELECT文のいろいろな書き方をマスターすると「販売データの条件で、商品マスターの値を更新」という処理もできるようになる。

 そうだね。結合とサブクエリーを使えば、大抵の絞り込みができるって感じだったよ。

 まずは、SELECT文で対象のデータがどうなるかを確認するといいね。同じWHERE句でUPDATEも実行できるから安心だ。

〜〜〜〜〜〜〜〜

　UPDATE文のWHERE句でほかのテーブルを参照したい場合は、サブクエリーを使用します。

　以下は、hanbaiテーブルを参照して「一度に150個以上売れたことのある商品」を抽出し、該当する商品について、bunguテーブルの標準価格（std_price）を1割引き（0.9掛け）にしています。6.8節でも使用したデータです。

　以下の実行例では、UPDATE前の状態に戻せるように最初にトランザクションを開始し、最後にロールバックで元に戻しています。

```
-- （確認用）UPDATE前のデータを確認し、トランザクションを開始※
START TRANSACTION;
SELECT * FROM bungu;

-- （確認用）❶一度に150個以上売れたことのある商品の商品コードを表示
SELECT bungu_code FROM hanbai
GROUP BY bungu_code HAVING SUM(qty) >= 150;

-- （確認用）❷一度に150個以上売れたことのある商品を一覧表示
SELECT * FROM bungu
WHERE bungu_code IN (SELECT bungu_code FROM hanbai
                     GROUP BY bungu_code HAVING SUM(qty) >= 150);

-- ❸同じ検索条件で、標準価格（std_price）を1割下げる
UPDATE bungu SET std_price = std_price*0.9
WHERE bungu_code IN (SELECT bungu_code FROM hanbai
                     GROUP BY bungu_code HAVING SUM(qty) >= 150);

-- （確認用）❹UPDATE後のデータを確認し、トランザクション開始時の状態に戻す
SELECT * FROM bungu;
ROLLBACK;
```

> ※SQL ServerではBEGIN TRANSACTIONを使用。

元のデータ

bungu_code	bungu_name	std_price
S01	notebook A	120
S02	notebook B	250
S03	marker yellow	100
S04	marker red	280
S05	marker green	300

❶の実行結果

bungu_code
S01
S02

❷の実行結果

bungu_code	bungu_name	std_price
S01	notebook A	120
S02	notebook B	250

❹実行後のデータ

bungu_code	bungu_name	std_price	
S01	notebook A	108	←120*0.9になっている
S02	notebook B	225	←250*0.9になっている
S03	marker yellow	100	
S04	marker red	280	
S05	marker green	300	

●● ほかのテーブルの値を使って更新する

 SELECT文をSET句に書くこともできるんだよ。

 こんなところにもサブクエリーが！

SET句にもSELECT文を書くことができます。

以下のUPDATE文では、bunguテーブルの標準価格（std_price）を、hanbaiテーブルに記録されている実売価格（act_price）の平均値にしています。

```
-- （確認用）UPDATE前のデータを確認し、トランザクションを開始※1
START TRANSACTION;
SELECT * FROM bungu;

-- （確認用）❶実売価格の平均額を確認
SELECT bungu_code, AVG(act_price) FROM hanbai
GROUP BY bungu_code;
```

```
-- ❷標準価格を実売価格の平均額に更新※2
UPDATE bungu SET std_price = (
        SELECT AVG(act_price) FROM hanbai
        WHERE hanbai.bungu_code = bungu.bungu_code
        GROUP BY hanbai.bungu_code)
WHERE bungu_code IN (SELECT bungu_code FROM hanbai); -- ❷'

-- （確認用）❸UPDATE後のデータを確認し、トランザクション開始時の状態に戻す
SELECT * FROM bungu;
ROLLBACK;
```

※1 SQL ServerではBEGIN TRANSACTIONを使用。

※2 メインクエリーのWHERE句（❷'）はhanbaiにある商品だけを対象にするためのもの。この指定がないと、std_priceがNULLになる。std_priceにNOT NULL制約がある場合、エラーとなり更新できない。

元のデータ

bungu_code	bungu_name	std_price
S01	notebook A	120
S02	notebook B	250
S03	marker yellow	100
S04	marker red	280
S05	marker green	300

❶の実行結果

bungu_code	AVG(act_price)
S01	104.0000
S02	216.6667
S03	90.0000
S04	242.6667
S05	270.0000

❸の実行結果

bungu_code	bungu_name	std_price
S01	notebook A	104
S02	notebook B	217
S03	marker yellow	90
S04	marker red	243
S05	marker green	270

 SELECT文で覚えたテクニックは、いろんなところで使えるんだね。UPDATEで更新対象を指定するくらいだと思ってたよ。

 とくに、サブクエリーに慣れると操作の幅が広がるよね。**SELECT文が、値を1つだけ作っているのか、値のセットを一組作っているのか、列と行を持つテーブルを作っているのかを考える**のがコツなんじゃないかな。

6.12
［補講］実践的な運用の話題
トランザクションの分離レベル、デッドロック、
並列処理と分散処理

 さて、データの取得や更新のいろんなバリエーションを見てきたところで改めてトランザクションについて見ておくことにしよう。

ここでは、第1章で簡単に触れたトランザクションについて、実際のデータベースシステムではどのような観点から実現されているか、および大規模データの高速化に用いられる技術である並列処理と分散処理について解説します。

●● トランザクションの分離レベル

 トランザクションっていうのは複数の処理をひとまとまりとする考え方で、全体が成功したらコミット、そうじゃない場合はロールバックで元に戻せるんだよね。

 そう。さっきは学習用にデータを試しに更新して戻ってって用途で使ったけど、トランザクションはあくまで同時実行を制御するためにある。標準SQLではこの同時実行制御を、どの程度行うかをトランザクションの**分離レベル**として定義しているよ。

 分離レベル?

 他の処理からどの程度分離させるか、ってことなんだけど、一番厳しいのは、トランザクションが始まる前か、完全に終わった後の、どちらかの状態だけを他の人に見せる状態。これが完全に分離された状態でSERIALIZABLE（直列化可能）と定義されている。

 うん、それがトランザクションでしょ?

259

理想はそうだよね。標準SQLの既定値はこれだし、ほとんどのDBMS
が対応しているよ。でもこれは厳し過ぎて、どうしてもパフォーマンスが
落ちてしまうんだ。そこで、どんな状態のデータを読み取るかに着目して
3段階のレベル、つまり合計4種類の分離レベルが設けられていて、
DBMSはパフォーマンスとの兼ね合いで既定値が調整されている。

 現実はいろいろなんだね。

 さらに、トランザクションが同時に行われたとき（並列トランザクション）
に起こり得る「正常ではない状態」について、3つの現象を定義してい
る。ちょっとしたパズル感覚だけど、用語だけでも眺めておこうか。

標準SQLで設けられている**トランザクション分離レベル**（*transaction isolation level*、
トランザクション隔離性水準）は次の4種類があります。

- **READ UNCOMMITTED** →現象❶Dirty Read現象／ 図6.15 表6.11 ①

  最も低水準な状態。他のトランザクションがコミットする前の変更を読み取るこ
  とが可能。ロールバックした場合、確定されていない値を読んでしまうことになる

- **READ COMMITTED** →現象❷Non-repeatable Read現象／ 図6.15 表6.11 ②

  他のトランザクションがコミットした変更のみを読み取ることができる。データ
  の一貫性が保たれるが、同じトランザクションの中でデータを再読み込みした場
  合に、別のトランザクションがコミットした結果を読んでしまう可能性がある。
  PostgreSQL、SQL Serverのデフォルト分離レベル

- **REPEATABLE READ** →現象❸Phantom現象／ 図6.15 表6.11 ③

  トランザクションで書き換えようとしているデータだけではなく、トランザクシ
  ョン内で読み取った値についても他のトランザクションから変更されないように
  する。MySQL/MariaDBのデフォルト分離レベルである[8]。Dirty Read現象、Non-
  repeatable Read現象は防ぐことができるが、クエリーの再読み込みの際に発生
  しうるPhantom現象は防ぐことができない。これは、トランザクション内でクエ
  リーを実行して複数の値を取得した後に、別のトランザクションがクエリーの実
  行結果に影響を与えうるデータに変更を加えた場合に起こる現象

- **SERIALIZABLE**

  トランザクションが完全に分離されており、いかなる順番・いかなるタイミング
  で実行しても結果が同じになる最も安全な状態。MySQL/MariaDB、SQL Server
  の場合はトランザクション開始前に SET TRANSACTION ISOLATION LEVEL
  SERIALIZABLE; を実行することで有効化される。PostgreSQLの場合はトラン
  ザクション開始時に BEGIN TRANSACTION ISOLATION LEVEL
  SERIALIZABLE; のように指定する

---

8 内部エンジンにInnoDBを使用している場合（デフォルト設定）。

● **図6.15**　トランザクション分離レベル

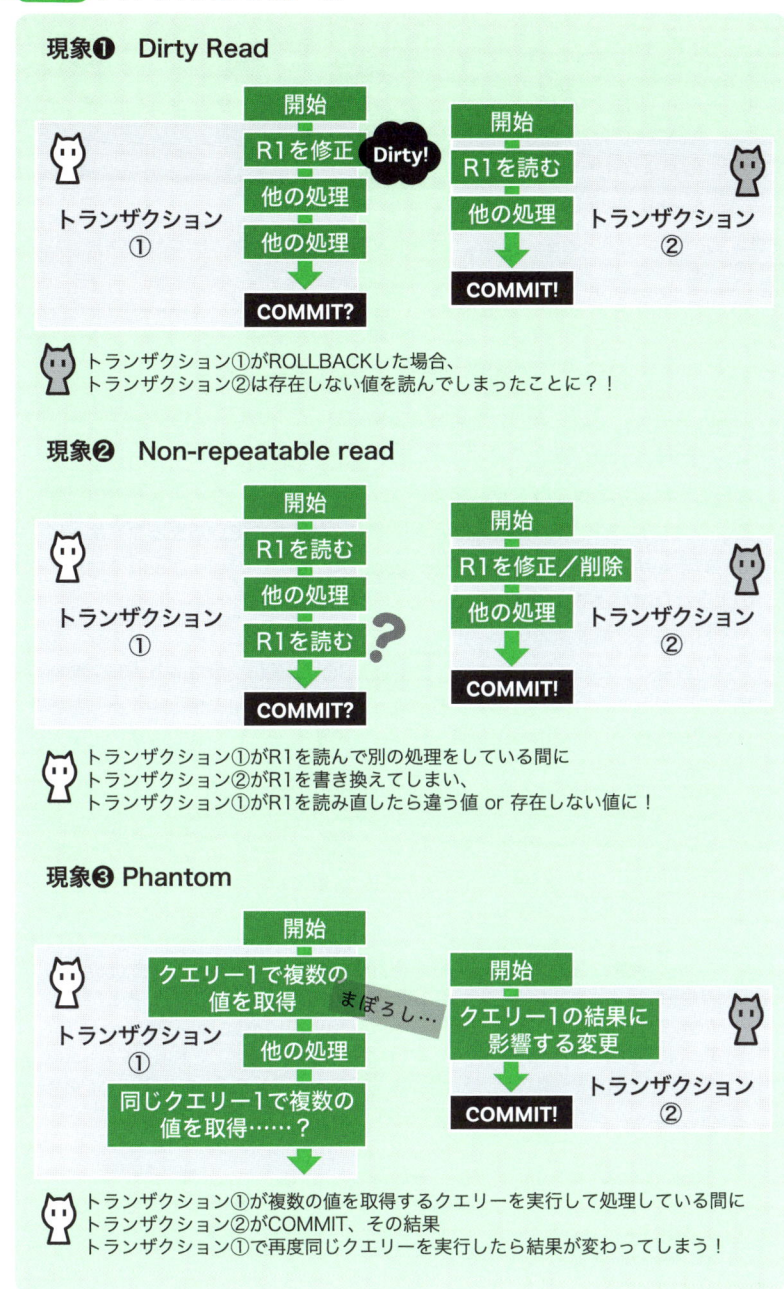

現象❶　**Dirty Read**

トランザクション①がROLLBACKした場合、
トランザクション②は存在しない値を読んでしまったことに？！

現象❷　**Non-repeatable read**

トランザクション①がR1を読んで別の処理をしている間に
トランザクション②がR1を書き換えてしまい、
トランザクション①がR1を読み直したら違う値 or 存在しない値に！

現象❸　**Phantom**

トランザクション①が複数の値を取得するクエリーを実行して処理している間に
トランザクション②がCOMMIT、その結果
トランザクション①で再度同じクエリーを実行したら結果が変わってしまう！

● 表6.11 4種類のトランザクション分離レベル

分離度	レベル※	発生する可能性の有無		
		現象❶	現象❷	現象❸
低	READ UNCOMMITTED	有	有	有
↑	READ COMMITTED	無	有	有
↓	REPEATABLE READ	無	無	有
高	SERIALIZABLE	無	無	無

※ 標準SQLではトランザクション開始前にSET TRANSACTIONで指定する（対応と実装方法はDBMSによって異なる）。

Column

クラウドで利用できるおもなデータベース

　自分で管理しているサーバーやクライアントPCにソフトウェアをインストールして使うのではなく、ネットワークで接続することでサーバーのさまざまな機能を利用する**クラウドサービス**でも、さまざまなデータベースが利用できるようになっています。たとえば、企業で広く利用されているクラウドサービスであるAWS（*Amazon Web Services*）、Microsoft Azure、Google Cloudでは以下のようなDBMSが利用可能です。

　それぞれ一定期間あるいは一定量まで無料で利用できるサービスがあり、学習用の環境としても活用できます。ただし、SQL以外にクラウドサービスの利用方法そのものについても理解する必要があるため、情報を集めやすい、あるいは本番環境として採用予定のあるサービスを選択することをお勧めします。

- **AWS** URL https://aws.amazon.com/jp/products/databases/
リレーショナルデータベースでは、MySQLやPostgreSQLと互換性がある「Amazon Aurora」、また、NoSQLデータベース（p.17）ではキーバリューストアの「Amazon DynamoDB」、MongoDB互換のドキュメント指向データベース「Amazon DocumentDB」などがある

- **Azure** URL https://azure.microsoft.com/ja-jp/product-categories/databases/
リレーショナルデータベースでは、Microsoft SQL Serverと互換性がある「Azure SQL Database」や「Azure Database for MySQL」や「Azure Database for PostgreSQL」、NoSQLデータベースではキーバリューストアやドキュメント指向データベースほか複数のデータモデルを管理できる「Azure Cosmos DB」などがある

- **Google Cloud** URL https://cloud.google.com/products/databases
データベースエンジンとしてMySQLとPostgreSQLが選択できる「Cloud SQL」、NoSQLデータベースではキーバリュー型の「Cloud Bigtable」、ドキュメント指向データベースの「Firestore」などがある

デッドロック

 いろいろあるもんだね……。

 他にもいろいろな細かい不整合のパターンが考察されているし、DBMSも不整合を起こさないしくみを用意している。そしてね、トランザクション処理は複数レコードをロックしたいというという性質上、デッドロックが発生しやすいという問題があるんだ。

 デッドロック、なんとなく聞いたことがある言葉。

 データベース以外でも使われている用語だね。データベースの場合、お互いに使いたいデータをロックし合って動けなくなることをデッドロックと言うんだ。

　複数のトランザクションがお互いに終了待ちとなってしまう状態を**デッドロック**（*deadlock*）といいます　図6.16　。

　一般に、トランザクションの分離レベルを高くすると、ロックする範囲が広くなることからデッドロックが発生しやすくなります。

　デッドロックが発生すると、関連する処理がすべて停止してしまうため、DBMSはデッドロックを検出すると１つまたは複数のトランザクションをエラーにして**ロールバック**させることで処理を続行します。

● 図6.16 デッドロック

AとBを更新したい
まずAをロック！

？

Bを使って
Aを更新しよう
まずBをロック！

並列処理と分散処理

 さて、もう一つ、こんどはシステム全体のパフォーマンスを上げるための並列処理と分散処理の話。

 分散処理は聞いたことがあるよ。たくさんのサーバーで処理するやつだ。

そのとおり！ DBMSに限られた話題じゃないけど、よく出てくる言葉だから確認しておこう。

　並列処理（*parallel processing*）は、複数の処理を同時に実行することで、システムの効率を向上させる技術で、DBMSに限らずさまざまなソフトウェアで活用されています[9]。

　また、DBMSによっては大規模なデータ操作を伴うクエリーを実行する際に、複数のCPUを効率的に使うため、内部でクエリーを分割して同時に実行することがあります。この、クエリーの分割による並列処理は、**パラレル実行**（*parallel execution*）やパラレルクエリー（*parallel query*）とも呼ばれています。

　さらに、大規模なデータを扱うシステムの場合、複数のサーバーで処理を行う**分散データベース**（*distributed database*）技術が使われることがあります。パラレル実行は分散データベースにおいても活用されており、どのサーバーにどのデータを配置するかというパーティショニング（*partitioning*）が重要になってきます。

 大規模なデータベースシステムを導入していこうという人はこういったことも考慮する必要があるんだね。SELECT文も変わってくるのかな。

 基本的には同じだよ。同じであるべきだ。もちろん、効率の良さは意識する必要がある。だから、DBMS側の実行計画（p.235）を見るのも参考になるはずだ。だけど、効率のためにデータの構造を変えたくなったら注意信号だ。

 事実と違うものにしちゃうのはダメということだね。

 現実の方も一緒に変える、つまり、システムの効率アップにつながることならむしろ良いことだけどね。現実と乖離させてしまったら、それは、使えない・使ってもらえないシステムになってしまう。

 どっちも理解していることが大事だね。

9　コンピューター処理において、並列（*parallel*）は複数の処理を独立した状態で同時に行うことを指すのに対し、並行（*concurrent*）は擬似的な同時進行も含まれています。たとえば、シングルCPUで複数の処理を短い時間で切り替えながら行う場合は並行、マルチCPUでそれぞれのCPUを使って処理を行う場合は並列です。ただし、文脈によっては同じ意味で使われていることもあります。

6.13
[補講]関係演算
集合論から見たSQL

 ここでちょっと関係理論の話をしておこう。数学で習った**ベン図**(*Venn diagram*)って覚えてる?

 覚えてるよ。丸をちょっと重ねて描いて、和や共通を表していた図だね。

 そうそう! その図だよ。和や共通っていうのは「集合演算」という、集合論で使う演算なんだけど、リレーショナルデータベースの大元がその集合論なんだ。どうつながっているか、説明するね。

リレーショナルデータベースは、E.F.Coddによる**関係モデル**に基づいて作られました。関係モデルのベースは**関係理論**(*relation theory*)、関係理論は、**集合論**(*set theory*)を元に発展させた理論です。関係理論では、これまで見てきたように、**値と値の関係**(*relation*)によってデータの構造を定義し、**関係の組**(*tuple*)を、数学でいう**集合**(*set*)として扱うことで、さまざまな処理を行います。

関係理論では、**関係演算**(*relation calculus*)と呼ばれる8種類の演算が定義されています。

ある性質を持った値の集まりを集合といい、集合操作の基本は、**和**(*union*)、**共通**(*intersect*)、**差**(*difference*)です。さらに、それぞれの要素(集合に属する値)を組み合わせる**直積**(*direct product*)があります **図6.17** 。

集合演算に、行を取り出す**選択**(*selection*)と、列を取り出す**射影**(*projection*)、表同士の**結合**(*join*)、および**商**(*division*)の4つを追加したのが関係演算です **図6.18** 。

● 図6.17 4つの集合演算

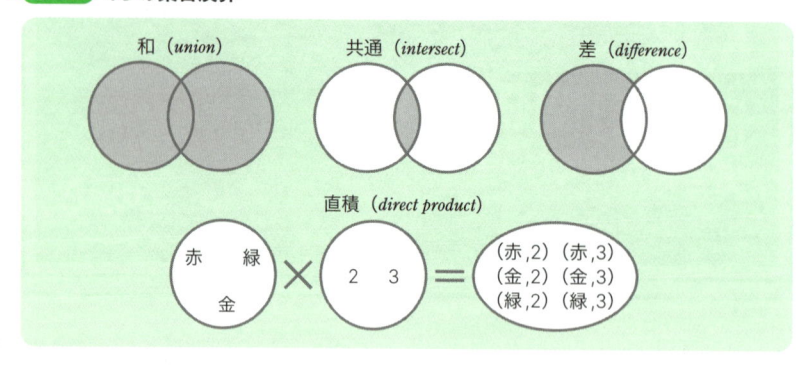

● 図6.18 集合演算と関係演算

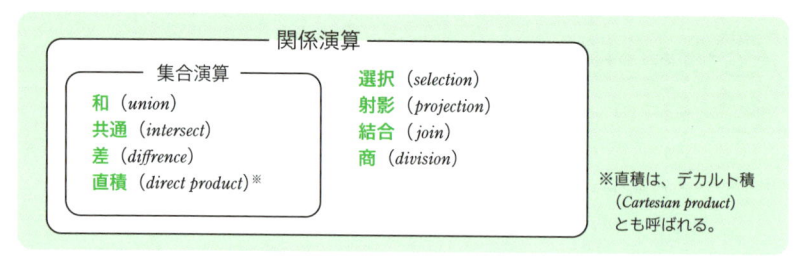

和 UNION、UNION ALL

 まず、元々の**集合演算**にある**和**、**差**、**共通**、**直積**を見ていこう。たとえば**和**というのは**UNION**のことだよ。

 それぞれの演算をSELECT文でどう実現するかという話だね。

〜〜〜〜〜〜

　2つまたは3つ以上の集合の全要素を集めることを、和（*union*）といいます。SQLの和演算は**UNION**で行います。重複行をそのまま残す場合は**UNION ALL**とします（6.5節）。

　要素の重複がある集合を**マルチ集合**（*multi-set*）といいます。集合の要素は、重複しないのが基本であり、関係理論でも、集合と同じように、タプル（リレーショナルデータベースの行に相当）の重複はありません。これは、一つのタプルが一つの事実を表している、という考え方に則しています。その一方で、リレーショナルデータベースの表は重複データのあるマルチ集合を前提としています。

SQLでは、DISTINCTで重複を除去したり、UNIONとUNION ALLのように、重複の有無を指定したりできるようになっています[10]。以下は6.5節で使用したmentorテーブルとstaffテーブルによるサンプルです。

```
-- UNIONによる和演算（重複を残す場合はUNION ALLを使用）
SELECT name, tel FROM staff
UNION
SELECT name, tel FROM mentor;
```

　集合の和や差を求める場合、それぞれの集合が**和両立**（*union compatibility*）でなければなりません **図6.19**。和両立とは、属性（列）の個数が等しく、かつ、ドメインが等しいことをいいます。リレーショナルデータベースの場合、列の個数が同じで、データ型に互換性があれば和を求めることができます。

● **図6.19**　和両立とは

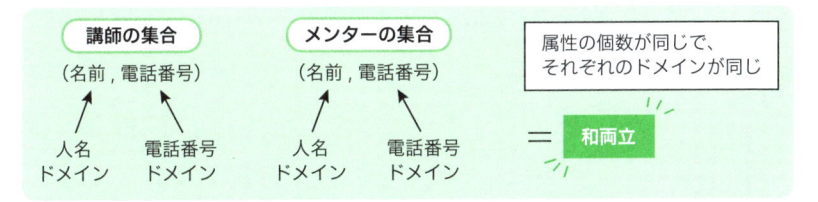

差　EXCEPT、EXCEPT ALL、NOT EXISTS、OUTER JOIN

　2つの集合で、1つめの集合にはあるけれど、2つめの集合にはないというのが**差**（*difference*）です。

　SQLの差演算は**EXCEPT**（6.9節）で行います。使い方はUNIONと同じで、重複行をそのまま残す場合は**EXCEPT ALL**とします。DBMSがEXCEPTに対応していない場合は[11]外部結合（6.4節）またはサブクエリー（6.8節）を使います。

```
-- EXCEPTによる差演算
SELECT name, tel FROM staff
EXCEPT
SELECT name, tel FROM mentor;
```

10　後述する差演算のように、サブクエリーを使用する場合は重複が残せないので、どうしても重複を残したい場合は識別用の列を設けるなどの対処が必要です。

11　MariaDBは10.3から、MySQL 8.0.31から対応。

```
-- 外部結合によるEXCEPT
SELECT staff.name, staff.tel FROM staff
LEFT OUTER JOIN mentor
    ON staff.name=mentor.name AND staff.tel=mentor.tel
WHERE mentor.name IS NULL;

-- サブクエリーによるEXCEPT
SELECT name, tel FROM staff
WHERE NOT EXISTS (
    SELECT * FROM mentor
    WHERE staff.name = mentor.name AND staff.tel=mentor.tel);
```

共通　INTERSECT、INTERSECT ALL、INNER JOIN

　2つまたは3つ以上の集合で、同じ要素を求めるのが**共通**（*intersection*）です。共通は、和と差から求めることができます **図6.20** 。

● **図6.20** 和と差で共通を求める

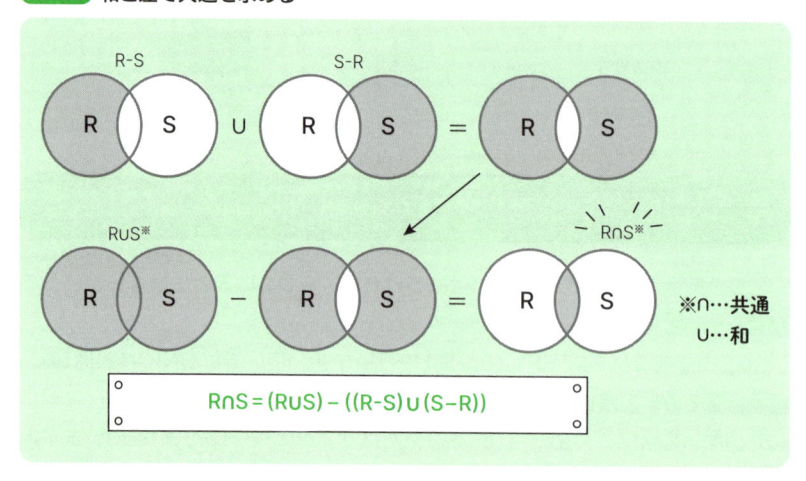

$$R∩S = (R∪S) - ((R-S)∪(S-R))$$

※∩…共通
∪…和

　標準SQLでは、共通の演算として**INTERSECT**（6.9節）が規定されています。これも、UNIONやEXCEPTのように、重複行をそのまま残すには**INTERSECT ALL**とします。DBMSがINTERSECTに対応していない場合は[12]内部結合（6.4節）やサブクエリー（6.8節）を使用します。

12　MariaDBは10.3から、MySQL 8.0.31から対応。

```
-- INTERSECT
SELECT name, tel FROM staff
INTERSECT
SELECT name, tel FROM mentor;

-- JOIN (INNER JOIN) によるINTERSECT
SELECT staff.name, staff.tel FROM staff
JOIN mentor ON staff.name=mentor.name
            AND staff.tel=mentor.tel;

-- サブクエリーによるINTERSECT
SELECT name, tel FROM staff
WHERE EXISTS (
    SELECT * FROM mentor
    WHERE staff.name = mentor.name AND staff.tel=mentor.tel);
```

直積　CROSS JOIN

　2つまたは3つ以上の集合を掛け合わせるのが**直積**（*direct product*）です。i列×m行の表と、j列×n行の表の直積は、(i+j)列×(m×n)行の表となります。

　直積は、**CROSS JOIN**で行います。JOINを使わない場合、FROM句に複数のテーブルを指定し、結合条件を書かなければ直積となります。

```
SELECT * FROM 学生マスター CROSS JOIN 専攻科目;
-- 通常は、SELECT句で必要な列を指定したり（射影）、WHERE句で条件を加えたり
-- （選択）する
```

学生マスター

code	name
P1	一郎
P2	次郎

専攻科目

code	subject
P1	歴史
P1	哲学
P2	物理

実行結果

code	name	code	subject
P1	一郎	P1	歴史
P1	一郎	P1	哲学
P1	一郎	P2	物理
P2	次郎	P1	歴史
P2	次郎	P1	哲学
P2	次郎	P2	物理

関係演算で追加された演算

 和、差、共通、直積は集合論からある演算。次は、関係演算で追加された演算だ。

 メモしておいたよ。選択、射影、結合、商、だね。

 そのとおり! 選択はWHERE句、射影はSELECT句、結合はJOINだ。

 残るは「商」だけど、これって割り算?

 ちょっと違和感があるよね。これはサブクエリーでできるよ。「選択」から1つずつ見ていこう。

選択 WHERE

表から、「ある条件を満足させる行」を選び取るのが選択 (selection) です。SQLでは、WHERE句で条件を指定することに該当します 図6.21 。

● 図6.21 選択演算とは

射影 SELECT

属性の部分集合から別の表を作ることを射影 (projection) といいます 図6.22 。つまり、表から一部の列を取り出すということで、SELECT句で列を指定することに該当します。なお、射影した結果から重複を取り除きたい場合は、DISTINCTを指定します。

```sql
SELECT DISTINCT 商品コード, 単価 FROM 仕入伝票;
```

● **図6.22** 射影演算とは

「仕入伝票テーブルから、商品コードと単価を射影する」
　　　　　　　　　　　　　‖
（注番, 日付, 商品コード, 単価, 数量）というリレーションから
（商品コード, 単価）という、新たなリレーションを作る

結合　JOIN

　共通の属性（列）を使って、2つのリレーション（表）から、新しいリレーションを作ることを**結合**（*join*）といいます **図6.23**。結合演算は、**JOIN** で行います。

● **図6.23** 結合演算とは

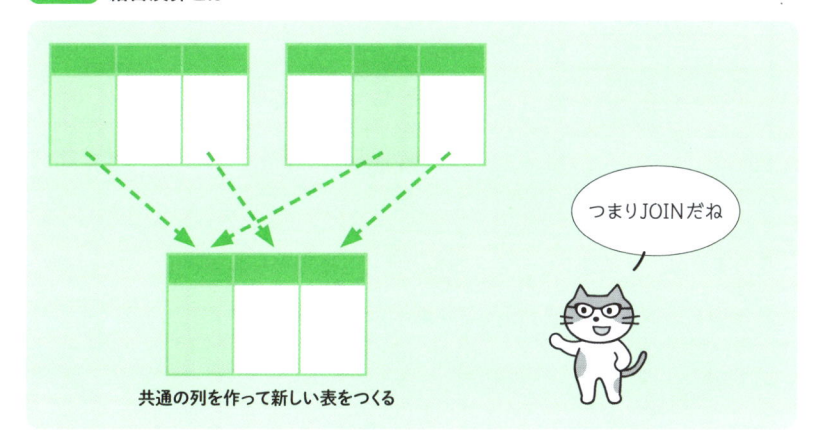

共通の列を作って新しい表をつくる

　なお、結合は、直積と選択で求めることもできます。FROM句で複数のテーブルを指定し、WHERE句で結合条件を指定する、というもので、JOINがDBMSに広く実装される以前はこの方法で結合演算が行われていました。

```
SELECT * FROM 学生マスター JOIN 専攻科目
ON 学生マスター.code = 専攻科目.code;
```

商 サブクエリー

　商(*division*)は、一方の表が他方の表を完全に含む要素だけを取り出す演算です。たとえば、お店とそこで買える商品を登録した「品揃えリスト表」と、ほしい商品を登録した「ほしい物リスト表」があったとします。「品揃えリスト÷ほしい物リスト」で、ほしい物すべてが購入できるお店の表を得ることができます **図6.24** 。

● **図6.24** ほしい物をすべて揃えているお店を探す

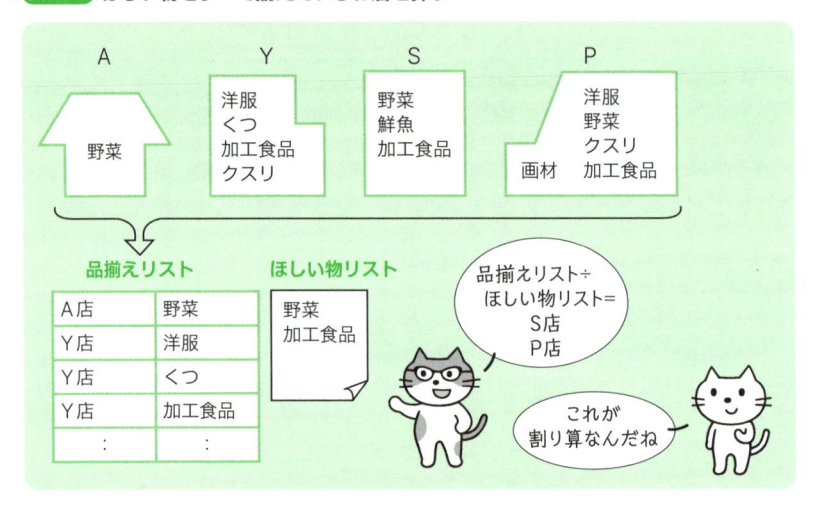

　商の演算は、サブクエリーを2つ組み合わせて実現します。

```sql
SELECT DISTINCT 店名 FROM 品揃えリスト AS S1
WHERE NOT EXISTS(
    SELECT * FROM ほしい物リスト
    WHERE NOT EXISTS(
        SELECT * FROM 品揃えリスト AS S2
        WHERE S1.店名 = S2.店名
        AND S2.商品 = ほしい物リスト.商品));
```

 図6.17 を見ながら考えたら、SQLって集合演算のようなことをやっていたんだな、というのがわかったよ。

 順番がないのも集合論だからだろうね。集合には順序はないもんね。

第7章

ケーススタディー
DB設計&
SELECT文の組み立て方

フクロウ塾のデータを使ったケーススタディーです。

7.1節では、氏名フィールドの検討とコース管理の見直しを通じ、DBMSで何をどこまで管理するかについて検討します。

7.2節ではCROSS JOINや外部結合を用いた集計、7.3節ではCASE式によるデータ整形、7.4節ではサブクエリーとウィンドウ関数の活用例として、最高得点者、前回の試験結果との比較、および同じ中学校なのに別の校舎に通っている生徒のリストを作成します。

7.1
フクロウ塾のDB設計
ER図、フィールド&書式、DBに持たせるルール

 まだ仮の状態だけど、うちの塾のテーブルは今どうなっているのかな?

 全体としては、校舎を管理する「branch_master」テーブル、そしてちょっと迷ったんだけど、コースも「course_master」でテーブルを作ったよ。そして、生徒を管理する「students」と、選択コースを管理する「courses」、試験結果を保存する「exams」テーブルだ。

 うん。コースと校舎は今後変更するかもしれないし、単なる選択肢のバリエーションってことじゃなく、管理対象だからそれぞれテーブルを設けるってことだね。

フクロウ塾で使用しているテーブルの構成は **図7.1** のER図のとおりです。

● **図7.1** **フクロウ塾のER図(簡易版)**※

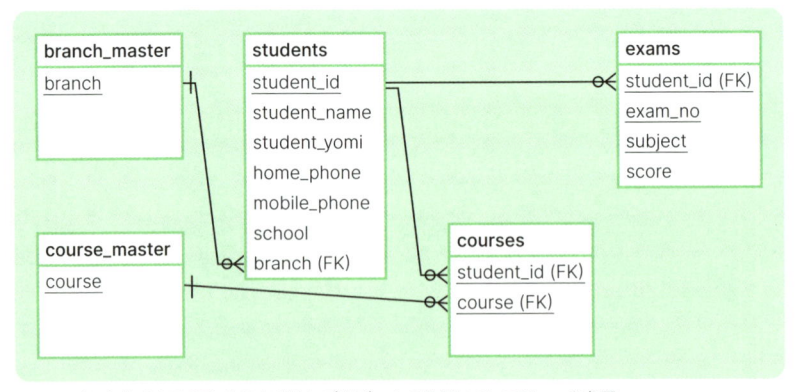

※ テーブルを作成するSQL文およびサンプルデータの登録についてはp.xを参照。

生徒管理のメインは「students」テーブルで、氏名などを登録する。入塾時に校舎を決めて、この校舎は生徒ごとに1つで必須ということだから、studentsテーブルに校舎用のbranchの列を設けたよ。

 1対多で0はナシ、でももし入塾とは別のタイミングで校舎を決めるなら、校舎は別テーブルだね。

 それから、繰り返し項目なのかな？って迷ったのは電話番号だったよね。でも、フクロウ塾では保護者との連絡用に1つは絶対に必要だけど、後は、サブで生徒の携帯番号を登録するだけだからそれぞれ列を設けた。

 うん。携帯の方は任意で、あってもなくてもいいからNULL可にしたんだ。たとえば、保育園や小さい子を預かるような施設だったら、連絡先を優先順位付きで複数管理する必要があるはずだから、この場合は別テーブルだよね。

 そうだね。そして、試験科目は3科目で、コース選択とは無関係に受験する。国語コースと、科目としての国語は意味合いが違うのかなと思って、「course_master」は参照せずに、ただ、CHECK制約で3科目のいずれかを入力できるようにしている。たとえば、君の塾が英語コースと数学コースだけになったとしても、試験科目は3つだもんね。

本節では、住所や氏名に代表される「複数の値を組み合わせて作られている文字項目」について検討し、続いて、フクロウ塾のコース管理の見直しおよびDBMSで何をどこをまで管理するかについて再検討します。まず、「氏名」フィールドについて検討していきましょう。

氏名フィールドの検討と文字列の書式

 氏名について、もやもやしていることがあるんだ。姓と名って分けなくていいの？

 迷いどころだね。でも塾の生徒の場合、姓と名を分ける必要はとくにないんじゃないかな。

氏名や住所は、複数の属性の組み合わせでできている文字列ではありますが、セットで成り立っている値という側面もあります。「分ける必要があるか」を検

討しましょう。

　とくに、氏名の場合、姓ごとに集計するような要件がないのであれば分割するメリットはありません。むしろ、ミドルネームがあった場合の入力や、姓と名を表記する順番が人によって異なるという場合に扱いにくくなります 図7.2 。

　住所については、都道府県だけ分ける、建物名だけ分ける、などのスタイルがあります。顧客向けの配送業務があり都道府県ごとに料金が異なる場合や、都道府県別に統計を取りたいような場合は住所を分けて登録した方がよいでしょう。また、郵便番号と住所の整合性を保つためには、郵便番号で確定できるところまでで分けるという方法があります[1]。

● 図7.2 　**氏名を姓と名で入力すべきか、検討する**

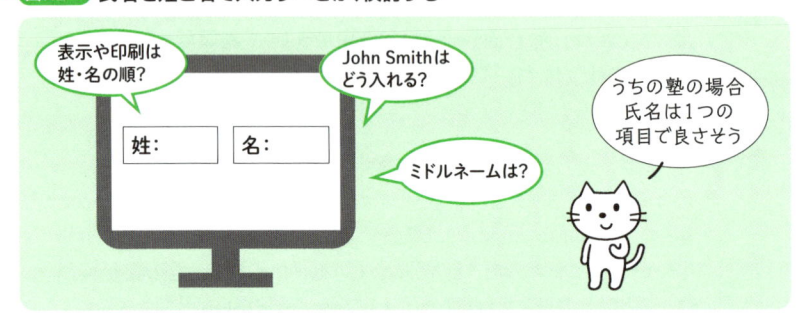

氏名に常にスペースを入れたい場合のCHECK制約

 フクロウ塾の場合、氏名を分けるメリットはとくにないと思ったんだけど、講師にとっての利便性って面があったよ。姓と名がはっきり分かれている方が生徒の名前を把握しやすいんだ。姓と名の間にスペース（空白）を入れて入力するってルールを設定できるといいんだけど。

 「文字列の中にスペースが最低1つはあること」くらいなら、CHECK制約で実現できるよ。今回の場合なら、CHECK制約で名前は「スペースを含んだ文字列」と設定すればいいんだ。

 ふむふむ。そうすれば「藤倉 ネコ太」や「森 茶太郎」はOKだけど、「森茶太郎」はダメってことになるんだね。

---

[1] 郵便番号と住所には関数従属があるためどちらかを参照にするという考え方もありますが、登録時に別途照合するだけでデータベースとしては管理していないところも多いでしょう。この判断は住所と郵便番号の管理がどこまで重要かによります。

ただこれは簡易的なもので、たとえば「森 茶 太 郎」のように空白をいくつも入れている場合もOKってなってしまうけどね。でも、「John Puppy Smith」みたいな名前にも対応できるよ。このくらいでどうかな。

 そうだね。逆に、分かち書き（単語などの区切りにスペースを挟む）しない方が一般的な国の子の場合には申し訳ないけど、許容範囲だと思うし現実的かな。

「スペースを含む文字列」は、LIKE（あいまい検索）用のパターンでは「%_ _%」で表すことができます（6.2節）。

「_」は任意の1文字、「%」は0文字以上の何らかの文字列という意味なので「何か1文字、スペース、何か1文字」というパターンは「_ _」、この前後には文字が入っても入らなくてもよいので、名前全体としては「%_ _%」となります。

```
CREATE TABLE students (
    student_id CHAR(5) NOT NULL PRIMARY KEY,
    student_name VARCHAR(255)
                NOT NULL CHECK(student_name LIKE '%_ _%'),
    student_yomi VARCHAR(255)
                NOT NULL CHECK(student_yomi LIKE '%_ _%'),
    home_phone VARCHAR(255) NOT NULL,
    mobile_phone VARCHAR(255),
    school VARCHAR(255) NOT NULL,
    branch VARCHAR(255) NOT NULL,
    FOREIGN KEY (branch) REFERENCES branch_master (branch)
);
```

※ 実行するには先に branch_master を作成する必要があります。branch_master の定義はサンプルを参照（sampledb, sampledb2共通。p.x, p.274）。

マスターを追加すべきか検討する　コースの再検討❶

 実はね、本当はコースのところが実情と違っているんだよ。

 ああ、難易度で分かれているんだったね。

 そうなんだ。うちのコースは、国語、英語、数学の3種類ってわけじゃなくて、難易度ごとに国語S、国語N、国語Rのようにそれぞれ3コースに分かれているんだ。アトミックではない、ってことで列を分けるべきなのかな。でもちょっと大げさな気もする。

 コースとは別に、科目単位、あるいは、難易度別に何か処理があるの

なら、やっぱり別にするべきだ。そうではなくて、単なるバリエーショ
ンならcourse_masterの登録を9件にするだけでいいかもしれない。

 科目別ねえ……。あ、そうそう、コースは複数の科目から選択できる
けど、同じ科目で複数のコースは選択できないよ。国語Rと英語Nを
選択することはできても、国語Rと国語Nは選択できない。あと、い
ずれは英文法という科目を増やしてスーパー英文法コースを作る予定
もある。

 なるほど、それなら科目とコースに分けた方がよさそうだ。

まず、科目ごとに複数のコースがあり、生徒は1科目につき1つのコースを
選択することがわかりました。コース名は現状は科目と難易度を組み合わせた
ものとなっていますが、今後のルールはわかりません。
　そこで、次のようなcourse_masterを考えます。

```
-- フクロウ塾のcourse_master、subject_master(案):

-- コース用の科目を管理するためのマスターテーブル (subject_master)
-- 生徒はこのリストにある科目で契約し、契約している科目用のコースを選ぶ
-- （3科目契約している生徒は、国語のコースからどれか1つ、
--   英語のコースからどれか1つ、数学のコースからどれか1つ選択)
CREATE TABLE subject_master (
    course_subject VARCHAR(255) NOT NULL,
    PRIMARY KEY (course_subject)
);
INSERT INTO subject_master VALUES
('国語'),('英語'),('数学'); -- ここに'英文法'が追加される予定


-- コースを管理するためのマスターテーブル
-- それぞれのコースは、どの科目用のコースなのかが決まっている
-- （「国語R」コースは「国語」という科目用のコース)
CREATE TABLE course_master (
    course VARCHAR(255) NOT NULL,
    course_subject VARCHAR(255) NOT NULL,
    PRIMARY KEY (course),
    FOREIGN KEY (course_subject)
        REFERENCES subject_master (course_subject)
);

INSERT INTO course_master(course, course_subject) VALUES
    ('国語R', '国語'),('国語N', '国語'),('国語S', '国語'),
    ('英語R', '英語'),('英語N', '英語'),('英語S', '英語'),
    ('数学R', '数学'),('数学N', '数学'),('数学S', '数学');
    -- ここに('スーパー英文法', '英文法')が追加される予定
```

subject_master テーブルが加わって、course_master から参照するんだね。

 うん。今までの列名の付け方でいうと subject にしたいところだけど、exams の方で試験科目の subject があるからコース用の科目という意味で course_subject にしたよ。この場合、exams テーブルの方は exam_subject としてしっかり区別した方が明確になる。

 たしかにそうだね。

 でも、subject_master や course_master を使うのはデータを登録するときくらいだけど、exams の subject は SELECT 文でよく使うから短いままにしておくよ。

●● 複合キーで選択可能なコースを制限する　コースの再検討❷

 次に、選択コースを登録する courses テーブルを、student_id と course ではなく student_id、course、course_subject の3列にするんだね。この3つで複合キーだ。

 いや、それだと、生徒が複数の course_subject を選べることになってしまうし、そもそも course から course_subject がわかるんだから、正規形から外れてしまうよ（複合キーの一部に関数従属するのは部分関数従属で第2正規形違反）。course_subject はキーを作るために入れるんだけど、主キーは student_id と course_subject の複合キーだ。

 そういうことになるのか。ちなみに student_id と course でも選択コースは特定できる、つまり識別子になるよね？

 うん。student_id と course、student_id と course_subject が候補キーだ。ただ、成績によって選択コースを変えることはあっても、選択科目を変えることはあまりない。だよね？

 そうだね。科目数を変えるのは、支払いとかいろんなところに影響するのでそう気軽には変えないよ。

 その辺を考えると、主キーはやっぱり student_id と course_subject だ。でも、student_id と course も候補キーだから、UNIQUE 制約を付けておこう。

ここでの会話を反映させると、新しいcoursesテーブルは次のようになります。

```
-- フクロウ塾の新しいcoursesテーブル(案)
CREATE TABLE courses (
    student_id CHAR(5) NOT NULL,
    course_subject VARCHAR (255) NOT NULL,
    course VARCHAR (255) NOT NULL,
    PRIMARY KEY (student_id, course_subject),
    UNIQUE (student_id, course),
    FOREIGN KEY (student_id) REFERENCES students(student_id),
    FOREIGN KEY (course_subject) REFERENCES subject_master(course_subject),
    FOREIGN KEY (course) REFERENCES course_master(course)
);
```

 ちなみに、生徒はまず科目を決めて、それからコースを決めるから別テーブルにするという考え方もあるよね。

 うちの塾の場合は、科目だけ決めてコースは未定ってことはないね。コースは本人の希望と成績の兼ね合いで選ぶから、面談が必要なんだ。ちょうどいいコースがない場合はそもそもその科目の契約はなしになる。

 もしコースが未定って状態があるとしたらcourseがNULLになってしまうから、別のテーブルで管理した方がいいかもしれないって思ったんだ。これは、第6正規形にも通じる考え方だね。

 どこまでもNULLを排除するんだね。

 NULLが生じるってことは、違う構造のものが混ざっていることを示唆している。「科目だけ選んだ生徒」と「科目に加えてコースも選んだ生徒」はデータとしては異なるものだ。でも今回は同時に選ぶから、いったんこれで先に進もう。

●● データベースでルールを管理するかを検討する コースの再検討❸

 そういえば、品川校は英語と数学のみって話だったね(2.7節)。

 そうそう、校舎のスペースの関係で、品川校は英語Sと数学Sのみなんだ。

なるほど、校舎ごとに開催しているコースが違うんだね。

 3科目3種類やっているのは新宿校だけなんだ。渋谷は国語Rがなくて、池袋は3科目ともNとSのみ、品川は英語Sと数学Sのみだよ。

校舎	国語のコース	英語のコース	数学のコース
新宿	R、N、S	R、N、S	R、N、S
渋谷	N、S	R、N、S	R、N、S
池袋	N、S	N、S	N、S
品川		S	S

 これはけっこうやっかいだぞ。生徒は校舎を選ぶけど、それぞれの校舎で開催されているコースには制限があるんだね。

 うん。3科目ともRコースにしたいなら自動的に新宿校にしてもらうし、Nコースなら新宿/渋谷/池袋のどれでも対応できるから通いやすいところを選んでもらってるんだ。

 面談って、それも含まれていたのか！

データベースで管理する場合　コースの再検討❸-Ａ

 校舎とコースの関係をDBMSで管理しようと思った場合、そのためのマスターが必要だ。仮にこれを「branch_course_master」とするね。

 branchとcourseのみのテーブルで、この2列で複合キーだね。

 うん。そして、コース選択を管理するcoursesテーブルからbranch_course_masterを参照するには、coursesテーブルにstudent_idだけじゃなくて、branchも必要ってことになる。

 「student_id、branch、course」や「student_id、branch、course_subject」がキーになるのかなって思ったけど、主キーは「student_id、course_subject」のままだね。

 そうだね、そこは変わらない。ちなみに「student_id、branch、course」や「student_id、branch、course_subject」でもデータの特定はできる、でもそれは「branch」がなくてもできる、そういうキーは「スーパーキー」って呼ばれてるよ。候補キーの候補、みたいな存在だね（p.283の 図7.4 を参照）。

branchをcoursesテーブルに追加するけど、studentsテーブルにも
branchがあるっていうのはもやっとするなあ。

 第2正規形に反しちゃってるもんね。だから、student_idとbranchの
組み合わせをcoursesテーブルから参照するという形にしないといけ
ない。ドメインキー正規形だね。

これまでの要件を加味してテーブルを作成します。

まず、コースと校舎の関係を管理するためのテーブル（branch_course_
master）を追加しました。このテーブルをcoursesテーブルから参照するに
は、coursesテーブルにbranch列が必要です 図7.3 。

● 図7.3 フクロウ塾のコース選択ルール検討 A

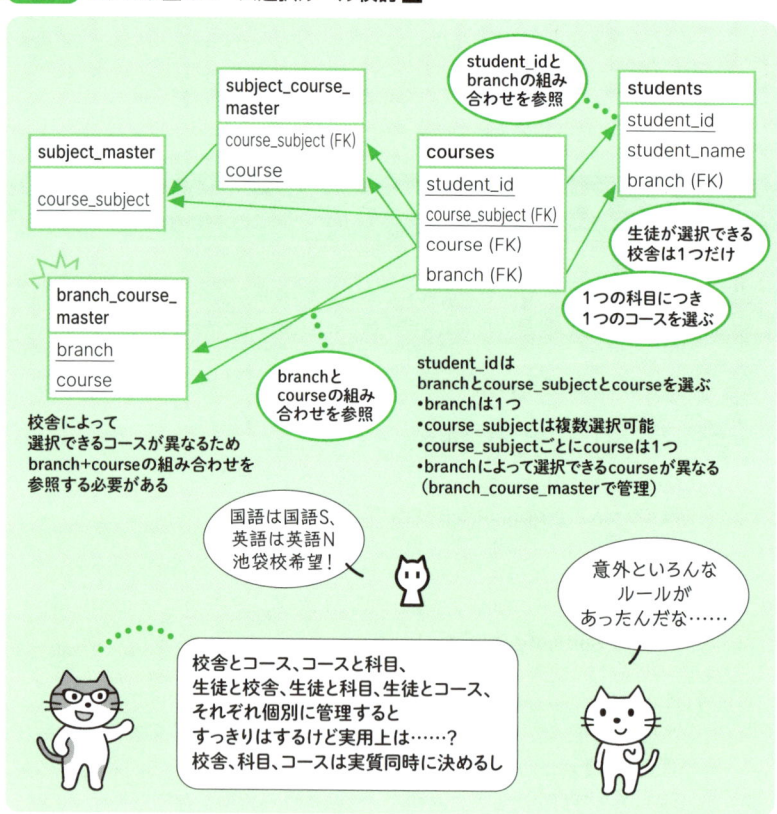

　ところで、生徒は入塾時に校舎を1つ選ぶので、branchはstudent_idごとに決まります（関数従属）。studentsテーブルにbranchがあるのはこのためです。したがって、branchテーブルをcoursesテーブルに追加した状態というのは、coursesテーブルの主キーの一部であるstudent_idとbranchの部分関数従属がある状態であり、第2正規形に反しています。その一方で、「校舎とコース」「コースと科目」「生徒と科目」「生徒とコース」「生徒と校舎」の制約は満たすことができる状態となりました（ドメインキー正規形）。

　ちなみに、行を特定できる組み合わせのことを**スーパーキー**（*super key*）といいます。スーパーキーの中で、行を特定するのに必須ではない列を取り除いたものが**候補キー**です。coursesテーブルには「student_id, course_subject」「student_id, course」という候補キーが存在します。「student_id, branch, course」は一見すると候補キーですが、branchがなくてもデータが特定できるのでスーパーキーではありますが候補キーではありません **図7.4** 。

● **図7.4** スーパーキー、候補キー、主キー

courses	couses テーブルのスーパーキー
student_id	student_id, course_subject ……候補キー、主キー
course_subject (FK)	student_id, course ……候補キー
course (FK)	student_id, branch, course
branch (FK)	student_id, branch, course_subject
	student_id, branch, course, course_subject

 coursesテーブルがだいぶ大きくなったなあ。でもcoursesテーブルで、student_idとbranchとcourseがいっぺんにわかるのは、案外便利かもしれない。

 結果としてそうなっちゃったね。でも、便利そうだからって1つのテーブルに入れたわけじゃなくて、参照関係をきちんとするために入れたんだってことは忘れないでね。この**参照制約が大事**なんだ。

 そうだね。ここは忘れないようにしないとね。

 ちなみに、フクロウ塾は生徒ごとに校舎が決まっているけど、コース選択のときに「国語Sはこの校舎で受ける」っていう決め方をするのなら、studentsテーブルからbranchが消えるよ。

 なるほど、テーブルの設計でどういう運営なのかがわかるんだ。おもしろいね。

データベースでは管理しない場合　コースの再検討**❸**-**B**

 ただね、そもそもの話に戻ると、これらすべてをデータベースで管理しなくちゃいけないものなのだろうか、ってことをもう一度考えた方がいいとは思うんだ。コースの選択は面談で決めてるんだよね？

 そうだね。あくまで本人の希望が一番だけど、正直なところ、成績のこともあるし、校舎も考慮しないといけない。生徒自身は友達と一緒に通うのが主目的なんてこともあるよ。

 そうやって受講生が校舎や選択コースを選ぶとき、あるいはそれを受け付けるときは、branch_course_masterにあたる表を、パンフレットやホームページで確認しているはずなんだ。

 うん。少なくとも受け付ける側は絶対に確認している。

 それってつまり、選択が不可能なものはデータベースに登録する前の段階で弾かれてるんだよね。だから、branch_course_masterを作ったり、courseにbranchやcourse_subjectまで入れて管理する必要があるのかは、ちょっと考えた方がいいかもしれない。

フクロウ塾のコース選択ルールをデータベースに入れるために、さまざまなマスターを加えましたが、これらの選択ルールは登録前の段階で十分吟味されているはずの内容です。

また、先ほどの参照制約はデータ登録時には問題ありませんが、校舎とコースの同時変更が不可能なケースが発生する可能性があります。この場合、一度コースの登録を削除し、校舎を変更してからコースを再登録という手順が必要となります。生徒が校舎を変更する頻度はそう高くないとは思われるものの、このような煩雑な操作は好ましくないでしょう。

これらを踏まえ、また、十分検討されているデータが登録されることを考慮すると、DBMSで「校舎とコース」の関係まで管理する必要はないかもしれません **図7.5** 。

● 図7.5　フクロウ塾のコース選択ルール検討 B

谷内 ミケさんは
渋谷校で3科目の契約、
選択コースは
国語S、英語S、数学Sで
登録

要件を満たしてないと
そもそも受け付けない
よね

うん。
面談して
決めてるし

 データを登録する側、人間の側が吟味して注意して……ってのをやらないといけないというのは、データベースを使う上では避けたいことだ。でも、そもそも面談で検討して排除されているものをデータベース側でも排除するために、テーブルを増やして列を増やして、という対処が正しいかっていうと……。

 それはたしかに疑問だね。うちの塾には要らない措置かもしれないってことだ。

 そういうことだね。

 え、じゃあこの作業は無駄？

 気づかずにやらなかったことと、考えた上で止めたことは違うから、意味はあるんだよ。問題点がわかっていれば入力画面などでフォローすることもできるし、運営を考える上でのヒントにもなるはずだ。フクロウ塾の場合はそういうことはなかったけど、元々矛盾をはらんだルールで業務が進められていたなんてケースもあるからね。

 たしかに、今回のルールを考えている中で、そもそも校舎を1つで固定するのではなく、自由に選べるようにするのはどうかな、っていうアイディアも浮かんだよ。

Column

NULLとCHECK制約

前述したように、CHECK制約は、括弧の中がFALSE（偽）になったときだけエラーになります。「不明」の場合はエラーにならない点に注意してください。

以下は、CHECK制約の項で取り上げたexamsテーブルの定義です。

```
CREATE TABLE exams (
  student_id CHAR(5) NOT NULL,        ※SQL Serverの場合はRESTRICTの代わりに
  exam_no integer NOT NULL,               NO ACTIONを使用(p.81)。
  subject VARCHAR(255) NOT NULL CHECK (subject='国語'
              OR subject='数学' OR subject='英語'),
  score INTEGER NOT NULL CHECK(0 <= score AND score <= 100),
  PRIMARY KEY (student_id, exam_no, subject),
  FOREIGN KEY (student_id) REFERENCES students (student_id)
    ON DELETE RESTRICT ON UPDATE CASCADE
);
```

試験の結果は誰が何の科目を受けて何点だったのかを記録するという想定なのですべての列に「NOT NULL」が設定されており、さらに、科目を入れるsubjectと得点を入れるscoreにはCHECK制約が設定されています。

以下は、scoreの列に「NOT NULL」がなかったケースです。わかりやすくするために /* ～ */ でコメントアウト(p.29)しました。

```
CREATE TABLE exams (
  student_id CHAR(5) NOT NULL,        ※SQL Serverの場合はRESTRICTの代わりに
  exam_no integer NOT NULL,               NO ACTIONを使用(p.81)。
  subject VARCHAR(255) NOT NULL CHECK (subject='国語'
              OR subject='数学' OR subject='英語'),
  score INTEGER /* NOT NULL */ CHECK(0 <= score
                                  AND score <= 100),
  PRIMARY KEY (student_id, exam_no, subject),
  FOREIGN KEY (student_id) REFERENCES students (student_id)
    ON DELETE RESTRICT ON UPDATE CASCADE
);
```

上記の設定でscoreがNULLの場合、CHECK制約の「0 <= score」と「score <= 100」は「不明」となります。したがって、scoreがNULLのデータは登録可能です。

NULLを禁止するのであれば「NOT NULL」を付けるのが簡単ですが、もしCHECK制約でNULLも合わせて禁止するのであれば「CHECK((score IS NOT NULL)AND(0 <= score AND score <= 100))」のように指定します。

なお、PRIMARY KEYが指定されている列は常にNULLが禁止となります。examsテーブルの場合、student_idとsubjectがPRIMARY KEYなので、この2つの列は「NOT NULL」が指定されていなくてもNULLが禁止されます（PRIMARI KEYの設定⇒3.4節）。

ざっとデータを登録してみたよ。このデータでいろいろ試してみよう。

最初に想定した（p.274の **図7.1**）students（生徒）、courses（生徒が受講しているコース）、exams（試験結果）、あとはbranch_master（校舎）、course_master（コース）の5つだね。

　本節からは、sampledb（p.x）のフクロウ塾のデータを用いて、SELECT文の活用例を見ていきます。

　まず本節では塾全体の情報を校舎と受講科目に着目したデータ抽出を、**JOIN** と**集約関数**、そして **CROSS JOIN** と**外部結合**を使って行います。続く7.3節では生徒のプロフィールに着目して CASE 式による抽出とデータの整形、そして、7.4節ではサブクエリーとウィンドウ関数を用いて、より複雑な条件に合致する生徒の抽出を行います。

●● 校舎別×科目別の人数　COUNT

校舎ごとの情報を見てみたいね。

まずは人数かな。手始めに校舎別、次にコース別でカウントしてみよう。

校舎別の人数はstudentsで、選択コース別の方はcoursesからわかるね。

　件数を数えるには COUNT 関数を使用します。❶は students テーブルで

287

branchごと、❷coursesテーブルでcourseごとの件数、❸はstudentsテーブルとcoursesテーブルをJOINで結合して、それぞれの件数を求めています。確認しやすくするため、❸ではORDER BYで並べ替えも行いました。

```sql
-- ❶校舎別の人数（students）
SELECT
    branch,
    COUNT(*)
FROM students
GROUP BY branch;

-- ❷コース別の人数（courses）
SELECT
    course,
    COUNT(*)
FROM courses
GROUP BY course;

-- ❸校舎別・コース別の人数（studentsとcoursesのJOIN）
SELECT
    students.branch,
    courses.course,
    COUNT(*)
FROM students
JOIN courses ON students.student_id = courses.student_id
GROUP BY students.branch, courses.course
ORDER BY students.branch, courses.course;
```

branch	COUNT(*)
品川	17
新宿	47
池袋	21
渋谷	35

course	COUNT(*)
国語	71
数学	104
英語	108

branch	course	COUNT(*)
品川	数学	16
品川	英語	14
新宿	国語	37
新宿	数学	39
新宿	英語	43
池袋	国語	9
池袋	数学	20
池袋	英語	17
渋谷	国語	25
渋谷	数学	29
渋谷	英語	34
全11行		

受講人数と平均点　COUNT、AVG、DISTINCT

 各校舎の平均点もわかるかな。試験（exams）テーブルと組み合わせてAVGをとればいいんだよね。人数も出したいから、……あれ? 人数が増えちゃった。student_idの件数でいいはずなのに。

 それだと試験を受けた子の延べ人数になっちゃってるよ。重複を取り除くならDISTINCTが必要だ。

　平均を求めるにはAVG関数を使用します。❶はstudentsとcourseにexamsテーブルを加えて、branch・courseごとの平均点を求めました。

　❷では生徒の人数を求めるためにCOUNT(students.student_id)を入れましたが、同じ生徒が何度も試験を受けているため結果が「延べ人数」となっています。受講生の人数としたい場合は重複を取り除くDISTINCTが必要です（❸）。

```
-- ❶校舎別平均点
SELECT
    branch,
    course,
    AVG(score)
FROM students
JOIN courses ON students.student_id = courses.student_id
JOIN exams ON students.student_id = exams.student_id AND cou
rses.course = exams.subject
GROUP BY students.branch, courses.course
ORDER BY students.branch, courses.course;

-- ❷校舎別の人数と平均点（試験を受けた述べ人数）
SELECT
    branch,
    course,
    COUNT(students.student_id),
    AVG(score)
FROM students
JOIN courses ON students.student_id = courses.student_id
JOIN exams ON students.student_id = exams.student_id
        AND courses.course = exams.subject
GROUP BY students.branch, courses.course
ORDER BY students.branch, courses.course;

-- ❸校舎別の人数と平均点
SELECT
```

```
    branch,
    course,
    COUNT(DISTINCT students.student_id),
    AVG(score)
FROM students
JOIN courses ON students.student_id = courses.student_id
JOIN exams ON students.student_id = exams.student_id
            AND courses.course = exams.subject
GROUP BY students.branch, courses.course
ORDER BY students.branch, courses.course;
```

branch	course	AVG(score)
品川	数学	87.7895
品川	英語	89.0294
新宿	国語	61.6776
新宿	数学	63.8446
新宿	英語	64.5429
池袋	国語	78.5000
池袋	数学	80.8421
池袋	英語	79.4938
渋谷	国語	79.3171
渋谷	数学	80.4028
渋谷	英語	77.0060
全11行		

branch	course	COUNT (❷の例)	AVG (score)
品川	数学	76	87.7895
品川	英語	68	89.0294
新宿	国語	183	61.6776
新宿	数学	193	63.8446
新宿	英語	210	64.5429
池袋	国語	44	78.5000
池袋	数学	95	80.8421
池袋	英語	81	79.4938
渋谷	国語	123	79.3171
渋谷	数学	144	80.4028
渋谷	英語	166	77.0060
全11行			

branch	course	COUNT (❸DISTINCTの例)	AVG (score)
品川	数学	16	87.7895
品川	英語	14	89.0294
新宿	国語	37	61.6776
新宿	数学	39	63.8446
新宿	英語	43	64.5429
池袋	国語	9	78.5000
池袋	数学	20	80.8421
池袋	英語	17	79.4938
渋谷	国語	25	79.3171
渋谷	数学	29	80.4028
渋谷	英語	34	77.0060
全11行			

DISTINCTの存在を忘れていたよ。気をつけないといけないね。

 シンプルな方法で件数を数えて見比べる習慣をつけておくと良いかも。

●● 受講していない生徒❶ CROSS JOIN、EXCEPT

 校舎別の情報でいうと、「受講していない生徒」を知りたいんだけどできるかな。

 受講していない生徒ってどういうこと?

 国語と数学は選択しているけど英語は選択してない子、のようなリストがほしいんだ。受講を勧めるかの検討材料だから、名前、校舎、科目が出るといいな。

 なるほどね。「いない」リストを作るのなら、「差」を使ってみようか。

 すべての組み合わせから現状の組み合わせを引くという引き算だね!

　EXCEPTで「全受講生×全コースの組み合わせ」から「受講中の組み合わせ」の差を求めることができます。全受講生×全コースの組み合わせはCROSS JOINで作成します。結果を見やすくするため、ORDER BYを使用しています。

```
-- Ⓐ全受講生×全コースとⒷ受講中の組み合わせの差（EXCEPT）
SELECT -- 全受講生×全コース
    students.student_id,
    students.student_name,
    students.branch,
    course_master.course
FROM students
CROSS JOIN course_master
EXCEPT
SELECT -- Ⓑ受講中の組み合わせ
    students.student_id,
    students.student_name,
    students.branch,
    courses.course
FROM students
JOIN courses ON students.student_id = courses.student_id
ORDER BY student_id, course;
```

student_id	student_name	branch	course
C0002	山村 つくね	池袋	国語
C0005	相馬 瑠璃	池袋	国語
C0005	相馬 瑠璃	池袋	英語
C0006	麻生 鈴	渋谷	国語
C0007	井坂 ライカ	新宿	数学
C0008	入江 あおい	新宿	国語
C0008	入江 あおい	新宿	英語
C0010	春日 ゆず	新宿	国語
C0012	古賀 晩白柚	渋谷	数学
C0013	池田 千代	池袋	国語
C0013	池田 千代	池袋	英語
: 以下略、全77行			

受講していない生徒❷ CROSS JOIN、LEFT OUTER JOINまたはNOT EXISTS

 「差」は外部結合やサブクエリーでも求められるんだっけ。

 そうだね。この場合は CROSS JOIN で全組み合わせを作って、それに対して、外部結合（LEFT OUTER JOIN）かサブクエリーでNOT EXISTSを使うんだ。

　外部結合の場合とサブクエリーを使った例を示します。サブクエリーでは存在の確認だけをしているので、SELECT 1としていますが、SELECT *でも結果は共通です。

```
-- ❶CROSS JOINとの外部結合
SELECT
    students.student_id,
    students.student_name,
    students.branch,
    course_master.course
FROM students
CROSS JOIN course_master
LEFT OUTER JOIN courses
  ON students.student_id = courses.student_id
 AND course_master.course = courses.course
WHERE courses.course IS NULL
ORDER BY student_id, course;
```

```
-- ❷CROSS JOINとNOT EXISTS
SELECT
    students.student_id,
    students.student_name,
    students.branch,
    course_master.course
FROM students
CROSS JOIN course_master
WHERE NOT EXISTS (
    SELECT 1
    FROM courses
    WHERE students.student_id = courses.student_id
    AND course_master.course = courses.course
)
ORDER BY student_id, course;
```

※ 実行結果はEXCEPTを使った場合と共通。

 CROSS JOINで総当たり表をつくることを思いつけば、あとは、「存在しない」でNOT EXISTS、またはEXCEPTで引き算だね。

 うん。ちなみに「受講していない科目がある」ってだけでいいなら「受講科目数が３より少ない」で求められる。具体的にはcoursesテーブルで「GROUP BY student_id HAVING COUNT(course) < 3」、該当する受講生は64名だよ。

メンターの人数❶　JOINとDISTINCT

 たしか、講師(staff)とメンター(mentor)も一応作ったよね(6.5節)。

 メンターってのは自習室にいる学生スタッフ、だったっけ?

 うちの塾は担任スタイルで講師が年間の学習プランを考えたりするから、データベースでどうこうすることはあまり想定していないんだけど、メンターが増えてきたら管理もいろいろ考えたいんだ。

 イメージを見ただけだから参照キーなどは入れていないけど、メンターは校舎に紐付ける想定だったね。いまは各校2名ずつの登録だ。

 そう! 各校舎の情報に、受講生の人数とメンターの人数を出したら、手薄になっちゃってる校舎がわかって便利そうな気がするんだ。やってみるよ!

　今回は、p.288で作成した「校舎別の人数」を元に、studentsテーブルとmentorテーブルを組み合わせて件数を数えます。

　どちらのテーブルでも1つの校舎に複数の受講生、複数のメンターが存在することからDISTINCTで重複を除去する必要があります。

　COUNTを2回使っているので列名にそれぞれ「受講生数」「メンター数」という別名（p.47）を付けていますが必須ではありません。また、確認しやすくするため、ORDER　BYも使用しています。

```
-- ❶校舎別の人数 (students) ※再掲
SELECT
    branch,
    COUNT(*)
FROM students
GROUP BY branch;

-- ❷校舎別の受講生とメンターの人数
SELECT
    students.branch,
    COUNT(DISTINCT student_id) AS 受講生数,
    COUNT(DISTINCT mentor_no) AS メンター数
FROM students
JOIN mentor ON students.branch = mentor.branch
GROUP BY students.branch
ORDER BY students.branch;
```

branch	COUNT(*)
品川	17
新宿	47
池袋	21
渋谷	35

branch	受講生人数	メンター人数
品川	17	2
新宿	47	2
池袋	21	2
渋谷	35	2

メンターの人数❷　JOINとLEFT OUTER JOIN

 DISTINCTを忘れなければ大丈夫って感じだね。

 それだけじゃないよ。実はさっきのSELECT文には少し問題がある。さっきのやり方だとメンターがいない校舎があると、結果の行から消えてしまうんだ。JOINできないからね。

 それはまずい。今でもメンターがいない日には講師がフォローに入ったりしてるんだよ。

 こういうときは、外部結合をつかわないといけないんだ。

 メンターがいない場合はNULLになるんだっけ? 件数はどうなるの?

 COUNT(列名)の場合はNULLは除外されるよ。DISTINCTを付けてもそれは同じ。

 ちなみに、メンターだけ登録されているって場合はどうなるんだろう。

 フクロウ塾は校舎をbranch_masterで管理するし、新設校なら最初はどっちもゼロだったり、メンターだけ先に登録なんてことはあるかもしれないね。……ってことなら、正解はbranch_masterを基準にstudentsとmentorを外部結合、だ。

　メンターがいない校舎を考慮する場合、外部結合を使い「students LEFT OUTER JOIN mentor」のように指定するか、branch_masterを使ってstudentsとmentorそれぞれを外部結合とします。

　以下は、テストのために、mentorテーブルから池袋のメンターを削除、また、branch_masterに上野を追加してstudentsとmentorの内部結合と外部結合、そしてbranch_masterを基準にした外部結合を試すサンプルです。なお、元の状態に戻せるように最初にトランザクションを開始し、最後にロールバックで元に戻しています。

　「メンターあたりの受講生数」を計算したい場合、別名を使っている場合でも「受講生数/メンター数」ではなく「COUNT(〜) / COUNT(〜)」という式を加えます(❹)。同じSELECT文の中では別名が利用できないためです。また、外部結合を使う場合COUNTの結果がゼロになる可能性があるため、「NULLIF(COUNT(DISTINCT mentor_no), 0)」のようにゼロの場合は

NULLになるようにします。ゼロの割り算（ゼロ除算）はエラーとなりますが、
NULLは計算結果がNULLとなるだけでエラーにはなりません。

```sql
-- ❶テスト用に池袋のメンターを削除、上野校を追加
--    元に戻したいためトランザクションを開始してから実行※
START TRANSACTION;
DELETE FROM mentor WHERE branch = '池袋';
INSERT INTO branch_master (branch) VALUES ('上野');

-- ❷内部結合（JOIN）の場合
SELECT
    students.branch,
    COUNT(DISTINCT student_id) AS 受講生数,
    COUNT(DISTINCT mentor_no) AS メンター数
FROM students
JOIN mentor ON students.branch = mentor.branch
GROUP BY students.branch
ORDER BY students.branch;

-- ❸外部結合（JOIN）の場合
SELECT
    students.branch,
    COUNT(DISTINCT student_id) AS 受講生数,
    COUNT(DISTINCT mentor_no) AS メンター数
FROM students
LEFT OUTER JOIN mentor ON students.branch = mentor.branch
GROUP BY students.branch
ORDER BY students.branch;

-- ❸branch_masterを基準とした外部結合（JOIN）の場合
SELECT
    branch_master.branch,
    COUNT(DISTINCT student_id) AS 受講生数,
    COUNT(DISTINCT mentor_no) AS メンター数
FROM branch_master
LEFT OUTER JOIN students ON branch_master.branch = students.branch
LEFT OUTER JOIN mentor ON branch_master.branch = mentor.branch
GROUP BY branch_master.branch
ORDER BY branch_master.branch;

-- ❹メンター1人あたりの人数を追加
SELECT
    branch_master.branch,
    COUNT(DISTINCT student_id) AS 受講生数,
    COUNT(DISTINCT mentor_no) AS メンター数,
    COUNT(DISTINCT student_id) /
    NULLIF(COUNT(DISTINCT mentor_no), 0) AS メンターあたりの人数
FROM branch_master
```

```
LEFT OUTER JOIN students ON branch_master.branch = students.branch
LEFT OUTER JOIN mentor ON branch_master.branch = mentor.branch
GROUP BY branch_master.branch
ORDER BY branch_master.branch;

-- ❺元に戻す
ROLLBACK;
```

※ SQL Server では BEGIN TRANSACTION を使用。

branch	受講生数	メンター数
品川	17	2
新宿	47	2
渋谷	35	2

branch	受講生数	メンター数
品川	17	2
新宿	47	2
池袋	21	0
渋谷	35	2

branch	受講生数	メンター数
上野	0	0
品川	17	2
新宿	47	2
池袋	21	0
渋谷	35	2

branch	受講生数	メンター数	メンターあたりの人数
上野	0	0	NULL
品川	17	2	8.5000
新宿	47	2	23.5000
池袋	21	0	NULL
渋谷	35	2	17.5000

 もし branch_master がない場合は完全外部結合だろうね。これはどちらかというと「おかしなデータを探す」という用途になるかもしれない。students は新宿、mentor では西新宿が使われている、とかね。

 マスターテーブルを参照するという形で管理していない場合はそういうケースも起こり得るってことだね。

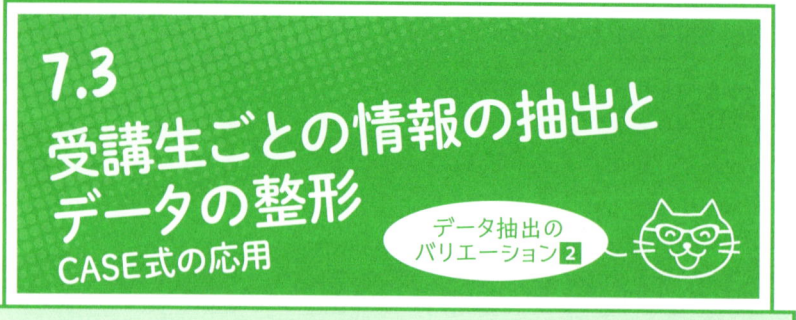

7.3 受講生ごとの情報の抽出とデータの整形
CASE式の応用

データ抽出の
バリエーション 2

 あとは生徒のプロフィールかな?

 IDと名前、校舎、選択コース、試験を受けた回数と平均点で一覧が
ほしいかな。コースは国語・数学・英語で横に並べて、受講してる
場合は「o」、してない場合は空白なら見やすそう。

 OK、CASE式で少しずつ組み立てながらやってみよう。

　本節では、CASE式を使って生徒と受講科目および受講科目ごとの平均点を
「人間にとって読みやすい形」となるように整えます。

　まず、シンプルなCASE式を試し、次に、速度面での改良を織り込んだSELECT
文に変更します。自分が意図したとおりになっているかを確認する方法の例も
示します。

　最後に、受講科目ごとの平均点を追加します。ここでは前節同様、外部結合
(OUTER JOIN)を活用します。

生徒と受講科目の表示❶ CASE式

 まずはコースだけやってみよう。

 あ! 最初に見たサンプルだね。いけるよ!

　SELECT 〜 FROM students;で値を取得、国語・数学・英語という列を
追加して、国語がcoursesテーブルにあれば'o'(小文字のオーを使用)を、な
い場合は''(空の文字列)を出力、以下数学と英語も同様に出力する、という

SELECT文は以下のようになります。

```
-- 受講科目を横に並べる（CASE式）
SELECT
    student_id,
    student_name,
    branch,
    CASE WHEN student_id
        IN (SELECT student_id FROM courses WHERE course = '国語')
        THEN 'o' ELSE '' END AS 国語,
    CASE WHEN student_id
        IN (SELECT student_id FROM courses WHERE course = '数学')
        THEN 'o' ELSE '' END AS 数学,
    CASE WHEN student_id
        IN (SELECT student_id FROM courses WHERE course = '英語')
        THEN 'o' ELSE '' END AS 英語
FROM students
ORDER BY student_id;
```

student_id	student_name	branch	国語	数学	英語
C0001	谷内 ミケ	渋谷	o	o	o
C0002	山村 つくね	池袋		o	o
C0003	北川 ジョン	新宿	o	o	o
C0004	上野 おさむ	新宿	o	o	o
C0005	相馬 瑠璃	池袋		o	
C0006	麻生 鈴	渋谷			
C0007	井坂 ライカ	新宿	o		o
C0008	入江 あおい	新宿		o	
C0009	九十九 つぶ	渋谷	o	o	o
C0010	春日 ゆず	新宿		o	o
	:以下略、全120行				

生徒と受講科目の表示❷ JOIN+CASE式

 さっきのやり方で基本的には問題ない。意図もわかりやすいしね。た だ、速度面でちょっと不安が出てくるかもしれないんだ。

 速度?

 studentsテーブルのデータ1件につきSELECT文を実行する、って いう構造になってるでしょ。

 あー、なんとなく不安になってくるね。

100件や200件くらいならどうということはないよ。ただ、先にJOIN
をして整形するという方法もあるから、それでやってみようか。CASE
式の練習だよ。

---

　studentsテーブルとcoursesテーブルを結合し、CASE式で整形してみま
しょう。まず、単純にJOINを行い、国語・数学・英語という列を作ります。
コースを選択していない（coursesに登録がない）受講生の存在を考慮する場合、
JOINではなくLEFT OUTER JOINにする必要があります。

```
--  （JOIN版）受講科目を横に並べる（CASE式）
-- ❶JOINの結果を確認
SELECT
    students.student_id,
    student_name,
    branch,
    course
FROM students
LEFT OUTER JOIN courses
ON students.student_id = courses.student_id
ORDER BY students.student_id;

-- ❷国語、数学、英語の列を作成し'o'を表示する
SELECT
    students.student_id,
    student_name,
    branch,
    CASE WHEN course = '国語' THEN 'o' ELSE '' END AS 国語,
    CASE WHEN course = '数学' THEN 'o' ELSE '' END AS 数学,
    CASE WHEN course = '英語' THEN 'o' ELSE '' END AS 英語
FROM students
LEFT OUTER JOIN courses
ON students.student_id = courses.student_id
ORDER BY students.student_id;
```

　実行結果は、以下のとおりです 図7.6❶ 。

● 図7.6 　❶❷の変更

❶JOINの結果をそのまま出力

student_id	student_name	branch	course
C0001	谷内 ミケ	渋谷	国語
C0001	谷内 ミケ	渋谷	数学
C0001	谷内 ミケ	渋谷	英語
C0002	山村 つくね	池袋	数学
C0002	山村 つくね	池袋	英語
C0003	北川 ジョン	新宿	国語
C0003	北川 ジョン	新宿	数学
C0003	北川 ジョン	新宿	英語
C0004	上野 おさむ	新宿	国語
: 以下略、全283行			

1行にまとめたい
1行にまとめたい
1行にまとめたい
…

student_idで
グループ化するのが
次のステップ

❷国語、数学、英語の列を作成し'o'を表示する

student_id	student_name	branch	国語	数学	英語
C0001	谷内 ミケ	渋谷	o		
C0001	谷内 ミケ	渋谷		o	
C0001	谷内 ミケ	渋谷			o
C0002	山村 つくね	池袋		o	
C0002	山村 つくね	池袋			o

国語の最大は o、
数学は o、英語は o

国語の最大は ""、
数学は o、英語は o

　受講生1人につき最大3件のデータが生成されている様子がわかります。これを受講生1人につき1行にまとめる、というのが次のステップです。

　受講生1人につき1行にするため、GROUP BY student_idでグループ化します。
　各科目には'o'または''（空の文字列）が入っていることから、いずれか大きい方の値を取得すれば良いので、MAXでCASE式全体（CASE〜END）を囲みます 図7.6 ❷ 。
　また、student_nameを表示したい（SELECT句に追加したい）ので、GROUP BYに追加します（6.6節、p.210）。完成したSELECT文は以下のようになります。

```
-- ❸ (JOIN版) 受講科目を横に並べる (CASE式)
SELECT
    students.student_id,
    student_name,
    branch,
    MAX(CASE WHEN course = '国語' THEN 'o' ELSE '' END) AS 国語,
    MAX(CASE WHEN course = '数学' THEN 'o' ELSE '' END) AS 数学,
    MAX(CASE WHEN course = '英語' THEN 'o' ELSE '' END) AS 英語
FROM students
LEFT OUTER JOIN courses
ON students.student_id = courses.student_id
GROUP BY students.student_id, student_name, branch
ORDER BY students.student_id;
```

student_id	student_name	branch	国語	数学	英語
C0001	谷内 ミケ	渋谷	o	o	o
C0002	山村 つくね	池袋		o	o
C0003	北川 ジョン	新宿	o	o	o
C0004	上野 おさむ	新宿	o	o	o
C0005	相馬 瑠璃	池袋	o		
:以下略、全120行					

　なお、coursesにある場合は'o'（小文字のオーを使用）を、ない場合は'x'（小文字のエックスを使用）とした場合、小さい方の値である'o'を出力したいので、以下のようなSELECT文になります。

```
-- 参考 (JOIN版) 受講科目を横に並べる (CASE式) oとxで出力した場合
SELECT
    students.student_id,
    student_name,
    branch,
    MIN(CASE WHEN course = '国語' THEN 'o' ELSE 'x' END) AS 国語,
    MIN(CASE WHEN course = '数学' THEN 'o' ELSE 'x' END) AS 数学,
    MIN(CASE WHEN course = '英語' THEN 'o' ELSE 'x' END) AS 英語
FROM students
LEFT OUTER JOIN courses
ON students.student_id = courses.student_id
GROUP BY students.student_id, student_name, branch
ORDER BY students.student_id;
```

student_id	student_name	branch	国語	数学	英語
C0001	谷内 ミケ	渋谷	○	○	○
C0002	山村 つくね	池袋	×	○	○
C0003	北川 ジョン	新宿	○	○	○
C0004	上野 おさむ	新宿	○	○	○
C0005	相馬 瑠璃	池袋	×	○	×
：以下略、全120行					

●● SELECT文が自分の意図したとおりに組み立てられているか確認する

 コンパクトになったね。でも、MAXとMINの使い方がイメージと違うし、なんかちょっと不安。

 ワンステップずつ進めていくと、その都度確認できるんだけど、出力を加工すると「それっぽい姿」になっているだけで正しくできたように見えちゃいがちだよね。たとえばさっきのSELECT文でもGROUP BYだけ入れてMAXを入れ忘れたり、MAXとMINを間違えたりしてても、整形する方の目的が果たせていると合っているように見えちゃうんだ。

 どうやって確認すればいいんだろう。

 たとえば、件数を見ておく、なんて方法があるね。整形後の各科目の選択人数がcousesと一致していれば合っていそうだな、とか。

 あのSELECT文でさらにCOUNT……？ そこで間違えちゃいそうだよ。

 VIEWを作ればいいんだよ。

　完成したSELECT文の前にCREATE VIEW ビュー名 ASを付けてビューを作成し、科目別の件数を数えてみましょう。件数が異なっている場合、加工の仕方を間違えている可能性があると考えることができます。

```
-- 先ほどのSELECT文でmeibo01というビューを作成する※
CREATE VIEW meibo01 AS
SELECT
    students.student_id,
    student_name,
    branch,
    MAX(CASE WHEN course = '国語' THEN 'o' ELSE '' END) AS 国語,
```

```
      MAX(CASE WHEN course = '数学' THEN 'o' ELSE '' END) AS 数学,
      MAX(CASE WHEN course = '英語' THEN 'o' ELSE '' END) AS 英語
FROM students
LEFT OUTER JOIN courses
ON students.student_id = courses.student_id
GROUP BY students.student_id, student_name, branch
ORDER BY students.student_id;
```

※ 何度か試している場合は先に「`DROP VIEW IF EXISTS meibo01;`」で削除してから実行する。

```
-- 元データの件数を確認 (students, courses)
SELECT COUNT(*) FROM students;
SELECT course, COUNT(*) FROM courses GROUP BY course;

-- SELECTで抽出した結果の件数を確認
-- studentsの件数と一致するはず
SELECT COUNT(*) FROM meibo01;
-- coursesの科目別件数と一致するはず
SELECT COUNT(*) FROM meibo01 WHERE 国語='o';
SELECT COUNT(*) FROM meibo01 WHERE 英語='o';
SELECT COUNT(*) FROM meibo01 WHERE 数学='o';
```

COUNT(*)
120

course	COUNT(*)
国語	71
数学	104
英語	108

COUNT(*)
120

COUNT(*)
71

COUNT(*)
108

COUNT(*)
104

●● 生徒×受講科目ごとの平均点　LEFT OUTER JOIN、CASE式

 じゃあ平均点を追加しよう。ベースはできてるからあとはexamsテーブルを足すだけって感じだよ。

 ふむ。JOINでexamsテーブルを足して、あ、試験受けていない子がいるかもしれないから LEFT OUTER JOIN だね。そして試験科目はcourseじゃなくてsubjectだけどやることは同じ、平均点だからAVGにするのか。

 その調子!

さっきはCASE式の中で「'o'か空白」ってしたけど今度はどうするんだろう。

 この場合だとNULLにしてAVGの計算から外すようにするんだ。

 計算から除外してもらえるの、地味に便利だね。

```sql
-- 各科目の受講の有無に平均点を追加
SELECT
    students.student_id,
    student_name,
    branch,
    MAX(CASE WHEN course = '国語' THEN 'o' ELSE '' END) AS 国語,
    MAX(CASE WHEN course = '数学' THEN 'o' ELSE '' END) AS 数学,
    MAX(CASE WHEN course = '英語' THEN 'o' ELSE '' END) AS 英語,
    AVG(CASE WHEN subject = '国語' THEN score ELSE NULL END) AS
国語平均点,
    AVG(CASE WHEN subject = '数学' THEN score ELSE NULL END) AS
数学平均点,
    AVG(CASE WHEN subject = '英語' THEN score ELSE NULL END) AS
英語平均点
FROM students
LEFT OUTER JOIN courses
ON students.student_id = courses.student_id
LEFT OUTER JOIN exams
ON students.student_id = exams.student_id
GROUP BY students.student_id, student_name, branch
ORDER BY students.student_id;
```

student_id	student_name	branch	国語	数学	英語	国語平均点	数学平均点	英語平均点
C0001	谷内 ミケ	渋谷	o	o	o	87.2000	88.2000	91.0000
C0002	山村 つくね	池袋		o	o	93.2500	91.5000	86.5000
C0003	北川 ジョン	新宿	o	o	o	80.6000	76.0000	72.0000
C0004	上野 おさむ	新宿	o	o	o	54.6000	53.2000	61.4000
C0005	相馬 瑠璃	池袋		o		77.7500	79.7500	79.2500
C0006	麻生 鈴	渋谷		o	o	46.8000	56.4000	51.6000
C0007	井坂 ライカ	新宿	o		o	79.8000	76.4000	76.0000
: 以下略、全120行								

　結果を確認したい場合、たとえば、student_idを絞り込んで比較する、という方法があります。examsテーブルだけで集計して比較するのがわかりやすいでしょう。

```
--  （確認用）受講生を絞り込んで平均点を表示
SELECT subject, AVG(score) FROM exams
WHERE student_id = 'C0001'
GROUP BY subject;

--  （確認用）受講生を絞り込んで平均点を表示
SELECT student_id, subject, AVG(score) FROM exams
GROUP BY student_id, subject;
```

 確認は大事だね。

 最近だと生成AIでSELECT文を作ることができるけど、そのSELECT文が文法的に正しくて実行もできるっていうのと、そのSELECT文が自分の意図とあっているかは別の話だからね。

 確認の仕方がわからないときはどうしたらいいかな。

 受講生数名分を出してみて電卓で確認してもいいし、なんなら表計算ソフトで計算したっていいと思うよ。

 表計算……Excel使っちゃうの?

 データを見ながら自由に加工してみる、なんてのはExcelの得意分野でしょ。

 たしかに。つまり目的と用途が違うってことだね。

 データの管理はDBMSで、あと、多少苦労してもスパッとほしいデータを取れるSELECT文を作っておけば「いつでもだれでもどんなときでも」確実な実行結果を得られるってのが重要なんだ。

7.4 複雑な条件に合致する受講生の抽出
サブクエリーとウィンドウ関数の活用

データ抽出の
バリエーション③

 「ほしいのはこんなデータ!」とSELECT一発で宣言できるといいんだけど、いざ書こうとすると難しいね。

 そうだね。複雑な条件指定になりそうなときは、SELECT文を分解して、想定どおりの結果が出ているかを確認しながら書くといいよ。

　この節では、サブクエリーやウィンドウ関数の活用例として、以下のリストを作成します。なお、本節のSQL文は特別記載がないものについてはsampledbおよびsampledb2)の両方で実行できます。サンプルデータについては、p.xを参照してください。

- 最高得点者のリスト（選択コース別の集計）
- 前回の記録との比較（前回よりも10点以上点数が下がった生徒）
- 学校別、校舎別のリスト（同じ中学校なのに別の校舎に通っている生徒など）

●● 最高得点者のリスト　サブクエリーの場合

 試験で、最高得点だった生徒のリストはどうやって作ればいいかな。

 サブクエリーかウィンドウ関数だね。まず、サブクエリーの方で作ってみよう。

 この場合、最高得点のリストを作って（サブクエリー）、試験結果の得点がサブクエリーと一致しているもの、って手順になるのかな。

 そのとおり! 結果を確認しながら進めてみよう。

　ここでは、まず、❶examsテーブルを使って試験の回（exam_no）と科目（subject）ごとの最高得点を確認し、❷第41回を例に、どの生徒が出てきてほしいかを確認しています。

　最終的なSELECT文では、❸生徒の氏名を出すためにstudentsテーブルとexamsテーブルを結合したうえで、❶のSELECT文をサブクエリーとして結合しています。examsテーブルと、examsテーブルから作成した導出表（best_score）の結合なので、簡単にUSING(exam_no, subject, score)と指定していますが、各列を丁寧に書く場合は「exams.exam_no = best_score.exam_no AND ……」のように各列を比較してANDで結びます。

```
-- ❶（確認用）回/科目ごとの最高得点
-- （後でサブクエリーで使用するため、MAX(score)にscoreという名前を付けた）
SELECT exam_no, subject, MAX(score) AS score
FROM exams
GROUP BY exam_no, subject;

-- ❷（確認用）たとえば、第41回の最高得点者を❶で得た値で確認
-- （このようなデータを各回の各教科について表示したい）
SELECT
  exam_no, subject, score, students.student_id, student_name
FROM exams
JOIN students ON exams.student_id=students.student_id
WHERE exam_no=41 AND ((subject='国語' AND score=99)OR
                      (subject='数学' AND score=99)OR
                      (subject='英語' AND score=100))
ORDER BY exam_no, subject;

-- ❸各回/科目ごとの最高得点者（サブクエリー）※
SELECT
  exam_no, subject, score, students.student_id, student_name
FROM students
JOIN exams ON students.student_id=exams.student_id
JOIN (  -- ❶のテーブルと結合
    SELECT exam_no, subject, MAX(score) AS score
    FROM exams
    GROUP BY exam_no, subject
) best_score
USING(exam_no, subject, score)
ORDER BY exam_no, subject;
```

※ SQL Serverの場合（USING句を使わない場合）最初のSELECTを下記に、
　SELECT exams.exam_no, exams.subject, exams.score, students.student_id,
　student_name
　USINGの行を下記に置き換える。
　ON exams.exam_no = best_score.exam_no AND exams.subject = best_score.
　subject AND exams.score = best_score.score

最高得点者のリスト　ウィンドウ関数の場合

 ウィンドウ関数の場合、どうやって考えていけばいいんだろう。

 最高得点という列を加えて、得点と最高得点が一致するデータを抽出すればいいかな。FROM句のSELECT文、つまりサブクエリーでウィンドウ関数を使うんだよ。

❶では、ウィンドウ関数を使って、試験結果とともにそれぞれの回の最高得点を取得しています。ここではASを使って最高得点の列にbest_scoreという名前を付けました。

❷では、❶をFROM句に使用して、WHERE句でscoreが最高得点（best_score）と一致するデータに絞り込んでいます。これは、SELECT句で生成している列はWHERE句では使えないという制限があるためです。WHERE句で絞ったデータを対象に集計などを行い、SELECTで列を選択する、という順番で処理が行われるのがその理由です（p.199）。FROM句でSELECT文を使う場合、何らかの名前を付ける必要があるので、ここでは「best」という名前を付けました。

❸では、氏名（student_name）を取得するために、❷のbestとstudentsテーブルを結合しています。このような場合でもUSING句を使って「JOIN students USING (student_id)」のように指定できます。

なお、❶の段階で生徒の氏名も取得し、❷で絞り込むことも可能です（難易度別コースサンプル）。

```sql
-- ❶試験結果と、各回/科目の最高得点（ウィンドウ関数）
-- 最高得点の列にbest_scoreという名前を付けている
SELECT *,
    MAX(score) OVER (PARTITION BY exam_no, subject)
        AS best_score
    FROM exams;

-- ❷各回/科目ごとの最高得点で絞り込み（ウィンドウ関数、サブクエリー）
-- FROMにサブクエリーを書く場合は導出表（サブクエリーで作られる表）に
-- 名前を付ける必要があるため、ここではbestという名前を付けている
SELECT *
FROM (SELECT *,
        MAX(score) OVER (PARTITION BY exam_no, subject)
            AS best_score
        FROM exams
    ) best -- 導出表の名前
```

```
WHERE score = best_score;

-- ❸各回/科目ごとの最高得点者 (❷とstudentsのJOIN)
-- 表示列をサブクエリーのときと同じ並びに整えた
SELECT
  exam_no, subject, score, students.student_id, student_name
FROM (SELECT *,
          MAX(score) OVER (PARTITION BY exam_no, subject)
            AS best_score
          FROM exams
      ) best -- 導出表の名前
JOIN students ON best.student_id = students.student_id
WHERE score = best_score;
```

内部結合と外部結合の検討 難易度別コースの最高得点❶

 これって、難易度別のコースだったらどうなるかな。

 試験は選択コース外の科目も受けてるけどその場合はどうしたい?

 除外でいいかな。各コースでのトップを確認したいだけだから。

 「国語Nコースの国語の試験トップは誰か」だね。やってみよう。

コース別の最高得点者を集計するにあたって、「試験科目と選択コースの科目が一致すること」を条件とします。

ここで、集計対象となる試験結果が何件あるのかを確認しておきましょう 図7.7 。今回は、選択コースの科目と一致する試験だけを対象とするので、内部結合(INNER JOIN)を使用します。なお、ここでのサンプルはフクロウ塾のデータベース設計を変更した後のsampledb2で試すことができます。

最高得点の確認 難易度別コースの最高得点❷

 難易度ごとに最高得点を確認しておこうか。

 そうだね。条件が増えてきたから、慎重に進めていきたいな。

- **図7.7** 結合結果の件数を確認する

```
-- ❶（確認）examsテーブルの件数
SELECT count(*)                                    ➡ 1730 件
FROM exams;

-- ❷試験科目と同じ科目を受講している生徒の結果に限定
SELECT count(*)
FROM exams
JOIN courses ON exams.student_id=courses.student_id
               AND exams.subject=courses.course_subject;

                                                   ➡ 1383 件

--   （NG例）結合条件が足りなかった場合
SELECT count(*)
FROM exams
JOIN courses ON exams.subject=courses.course_subject;

                                                   ➡ 163290 件

--   （参考1）コース別に集計するが、試験結果は全件使いたい場合は外部結合を使用
SELECT count(*)
FROM exams
LEFT OUTER JOIN courses ON exams.student_id=courses.student_id
                          AND exams.subject=courses.course_subject;

                                                   ➡ 1730 件

                                              examsと同じ件数になる

--   （参考2）除外されるデータは「courses.course_subject」がNULLになる
SELECT count(*)
FROM exams
LEFT OUTER JOIN courses ON exams.student_id=courses.student_id
                          AND exams.subject=courses.course_subject
WHERE courses.course_subject IS NULL;

                                                   ➡ 347 件

                                       ➡ 1383+347 = 1730 件
```

　次に、各回/科目の最高得点を、選択コース別で求めてみます。計算の対象は **図7.7** の❷と同じJOINを使用しています。抽出結果は試験5回×3科目×難易度別3種類のコースで45件となります。

```
--   （確認用）回/科目ごとの最高得点
SELECT exam_no, subject, course, MAX(score) AS score
FROM exams
JOIN courses ON exams.student_id=courses.student_id
              AND exams.subject=courses.course_subject
GROUP BY exam_no, subject, course
ORDER BY exam_no, subject, course;
```

exam_no	subject	course	score
41	国語	国語N	84
41	国語	国語R	66
：中略			
42	国語	国語N	82
42	国語	国語R	70
42	国語	国語S	99
：以下略、全45行			

氏名の取得　難易度別コースの最高得点❸

この後だけど、ウィンドウ関数でそれぞれの最高得点を一緒に取得して、最高得点と一致したデータに絞り込む、と進めるわけだけど、今回は、先に氏名も表示して、材料をすべて揃えてから絞り込むことにしてみよう。

3つのテーブルのJOINだね。

　先ほどは、「最高得点を取った生徒の試験結果」を作ってから、studentsテーブルと結合して氏名を出力しましたが、今回は先にSELECT文で氏名まで取得してみましょう。

　❶はexams、courses、studentsの結合です。❷は❶にウィンドウ関数で回/科目/コース別の最高得点を集計した列をbest_scoreという名前で追加しています。どちらも、最初にCOUNT(*)で確認した1,383件となります。

```
-- ❶試験番号、科目、コース、得点、ID、氏名を取得
SELECT exam_no, subject, course, score,
       students.student_id, student_name
FROM exams
JOIN courses ON exams.student_id=courses.student_id
            AND exams.subject=courses.course_subject
JOIN students ON exams.student_id=students.student_id
ORDER BY exam_no, subject, course, student_id;

-- ❷❶にそれぞれの最高得点を表示（回/科目/コース別）
SELECT exam_no, subject, course, score,
       students.student_id, student_name,
       MAX(score) OVER(PARTITION BY exam_no, subject, course)
       AS best_score
```

```
FROM exams
JOIN courses ON exams.student_id=courses.student_id
              AND exams.subject=courses.course_subject
JOIN students ON exams.student_id=students.student_id
ORDER BY exam_no, subject, course, student_id;
```

❶の実行結果

exam_no	subject	course	score	student_id	student_name
41	国語	国語N	84	C0003	北川 ジョン
41	国語	国語N	75	C0007	井坂 ライカ
41	国語	国語N	64	C0009	九十九 つぶ
41	国語	国語N	79	C0011	泉 観音
41	国語	国語N	74	C0021	白山 猫太
:中略					
42	国語	国語N	69	C0003	北川 ジョン
42	国語	国語N	82	C0007	井坂 ライカ
42	国語	国語N	71	C0009	九十九 つぶ
:以下略、全1,383行					

❷の実行結果（各回の最高得点）

exam_no	subject	course	score	student_id	student_name	best_score
41	国語	国語N	84	C0003	北川 ジョン	84
41	国語	国語N	75	C0007	井坂 ライカ	84
41	国語	国語N	64	C0009	九十九 つぶ	84
41	国語	国語N	79	C0011	泉 観音	84
41	国語	国語N	74	C0021	白山 猫太	84
:中略						
42	国語	国語N	69	C0003	北川 ジョン	82
42	国語	国語N	82	C0007	井坂 ライカ	82
42	国語	国語N	71	C0009	九十九 つぶ	82
:以下略、全1,383行						

最高得点者のリスト完成　難易度別コースの最高得点❹

 さて、仕上げだよ。「最高得点と同じ点数」で絞り込もう。

 WHEREに追加すればいいんだね。

 ……といきたいところなんだけど、やっぱりFROM句に移動だ。ウィン

ドウ関数に限った話ではないんだけど、SELECT文は、「FROMとJOINで素材となるデータを集める、WHERE句で絞る、SELECT句で必要な列を選ぶ」という順番で処理されているから、SELECT句での演算、たとえば単純な足し算や文字列操作、CASE式やウィンドウ関数による計算結果などはWHERE句からは参照できないんだよ。WHERE句の結果に対して行ってる処理だからね。

 なるほどね。ちなみにORDER句は?

 ORDER句は最後だからSELECT句で生成した値、たとえば集計結果も使用できるよ。

```
-- 各回/科目/コースごとの最高得点者
SELECT exam_no, subject, course, score,
       student_id, student_name
FROM (SELECT exam_no, subject, course, score,
      students.student_id, student_name,
      MAX(score) OVER(PARTITION BY exam_no, subject, course)
      AS best_score
    FROM exams
    JOIN courses ON exams.student_id=courses.student_id
                AND exams.subject=courses.course_subject
        JOIN students
            ON exams.student_id=students.student_id
        ) best
WHERE score = best_score
ORDER BY exam_no, subject, course, student_id;
```

exam_no	subject	course	score	student_id	student_name
41	国語	国語N	84	C0003	北川 ジョン
41	国語	国語R	66	C0077	宍戸 犬太郎
41	国語	国語R	66	C0084	佐藤 茜
41	国語	国語S	98	C0057	平 チャイ
41	数学	数学N	85	C0083	柏原 ミズキ
41	数学	数学N	85	C0097	外川 きみ
41	数学	数学R	65	C0113	羽田野 ミイ
41	数学	数学S	99	C0057	平 チャイ
:中略					
42	国語	国語N	82	C0007	井坂 ライカ
42	国語	国語N	82	C0069	戸田 五月
42	国語	国語R	70	C0112	今井 緑
42	国語	国語S	99	C0012	古賀 晩白柚
:以下略、全73行					

前回の記録との比較　前回よりも10点以上点数が下がった

 ウィンドウ関数を使うと、前回の記録との比較、みたいなこともできるんだよね。

 うん、できるよ。

 それなら前回より極端に成績が下がった子を出すこともできるかな。

 そうだね、テストの成績に、初回と直前の試験結果も並べて表示したときのSELECT文を加工してみようか。

❶は6.10節で作成したSELECT文です。ウィンドウ関数を使って、examsテーブルの各行に、各生徒の、同じ科目の直前の結果（LAG(score)）と初回受験時の結果（FIRST_VALUE(score)）を並べて表示しています。

❷は、❶を加工して、scoreが「直前の結果 -10以下」のデータを絞り込んでいます。WHEREで「LAG(score)」の値を使用したいので、FROM句に❶のSELECT文を移動しています。なお、FROM句の導出表（SELECT文の結果）には名前を付ける必要があるため、「e1」としています。

```sql
-- ❶各生徒の初回と直前の試験結果を並べて表示（再掲）
SELECT
    student_id,
    subject,
    exam_no,
    score,
    LAG(score)
        OVER (PARTITION BY student_id,subject ORDER BY exam_no)
        AS last_score,
    FIRST_VALUE(score)
        OVER (PARTITION BY student_id,subject ORDER BY exam_no)
        AS first_score
FROM exams;

-- ❷❶を使って、scoreが(last_score - 10)以下のデータに絞り込む
-- (「SELECT * FROM (❶のSELECT文) e1 WHERE…」という形になっている)
SELECT * FROM (
    SELECT
        student_id,
        subject,
        exam_no,
```

```
        score,
        LAG(score)
            OVER (PARTITION BY student_id,subject
                ORDER BY exam_no) AS last_score,
        FIRST_VALUE(score)
            OVER (PARTITION BY student_id,subject
                ORDER BY exam_no) AS first_score
    FROM exams ) e1
WHERE score <= (last_score - 10);
```

 なんだ、あっさりできちゃった。そうだ、氏名もほしいよ。

 そうだね。ほかには?

 選択コースもほしいかな……。該当する科目のコースを選択していない場合はそれがわかるようにできる?

 選択コーステーブルのコース科目 (courses.course_subject[2]) と試験科目が一致するかどうかで見れば良いかな。選択していない場合も出したいなら外部結合 (OUTER JOIN) だね。

 最終的な表示はexamsテーブル全件ではなく、最新の第45回だけでもいいかなって思ってるんだ。その場合は2つのSELECT文のどっちで絞り込むべきなんだろう。

 今回の場合はメインクエリーの方だね。FROM句のサブクエリーはウィンドウ関数で「前回」や「初回」を取得しようとしているから、こっちは全件がないとだめだ。

 ああそうか、最後のWHERE句の方で絞るんだね。

 そういうことだね。

———～～～～～———

　先ほどのSELECT文に、❶氏名を追加するためのJOIN句と、❷コースを追加するためのJOIN句、そして、❸第45回だけを表示するためのWHERE句を追加すると以下のようになります。なお、表示順を見やすくするためにORDER BYも追加しています。

———～～～～～～～～～～～～———

2　7.1節で追加したフィールド。追加前のデータベース (sampledb) を使用する場合はコース名 (courses.
course) を使用すると同様な指定が可能。

```sql
-- ❶氏名を追加する
-- ❷コースを追加する、コースを選択していない場合はそれがわかるようにする
-- ❸第45回だけ表示する
SELECT
    students.branch,
    COALESCE(course, '(なし)') AS course,
                    -- ❷ （courseがNULLの場合に '(なし)' と表示）
    students.student_id,
    student_name, -- ❶
    exam_no,
    subject,
    score,
    last_score,
    first_score
FROM(
        SELECT
            student_id,
            subject,
            exam_no,
            score,
            LAG(score)
                OVER(PARTITION BY student_id, subject
                    ORDER BY exam_no) AS last_score,
            FIRST_VALUE(score)
                OVER(PARTITION BY student_id, subject
                    ORDER BY exam_no) AS first_score
        FROM exams
    ) e1
    JOIN students
    ON  e1.student_id = students.student_id -- ❶
    LEFT OUTER JOIN courses
    ON  e1.student_id = courses.student_id  -- ❷
AND e1.subject = courses.course_subject       -- ❷※1
WHERE
    score <= (last_score - 10)
AND exam_no = 45   -- ❸
ORDER BY
    branch,
    subject,
    CASE
        WHEN courses.course IS NULL THEN 1  -- ❷※2
        ELSE 0
    END,
    course,
    students.student_id,
    exam_no;
```

※1 sampledb の 場 合 は「AND e1.subject=courses.course」。

※2 course がNULLの場合「(なし)」と表示しているが、それとは無関係に、取得したcourse がNULLの場合は最後になるよう調整、NULL以外の場合の並べ替えのため改めてcourse を指定している。MySQL/MariaDB の場合はCASE〜END の部分を「courses.course IS NULL ASC」、PostgreSQLの場合、デフォルトでNULLが末尾なので「courses.course」と入れるのみでも良い。

branch	course	student_id	student_name	exam_no	subject	score	last_score	first_score
品川	数学S	C0017	来栖 麻呂	45	数学	82	95	80
品川	英語S	C0033	信濃 豪	45	英語	82	98	84
品川	英語S	C0087	鶴川 ノエル	45	英語	84	95	96
新宿	国語N	C0007	井坂 ライカ	45	国語	75	85	75
新宿	国語R	C0108	岸田 アルト	45	国語	50	62	34
新宿	国語S	C0014	伊藤 ラテ	45	国語	88	100	94
新宿	（なし）	C0028	杉本 アジ	45	国語	50	61	51
新宿	数学N	C0022	駒田 萌黄	45	数学	72	82	61
: 以下略、全27行								

●● 同じ中学校に通っている生徒

 フクロウ塾のデータって中学校が入っているのがおもしろいね。必要なものなの？

 うちの塾は成績の幅が広いから、中学校の学習進度もまちまちなんだよね。それに合わせてカリキュラムを組むってほどではないけど、講師はその辺を気にかけたりすることはあるかな。

 なるほどね。

 そういえば、同じ中学校から通っている子がそれぞれ何人いるかってのはわかるかな。これはなんとなくウィンドウ関数なのかなって思うんだけど。

 そうだね、ウィンドウ関数か相関サブクエリーだ。見てみようか。

次のサンプルでは、studentsテーブルに、同じ中学校（school）に通っている生徒の人数の列を加えています。ウィンドウ関数で「school」ごとの人数をCOUNT関数で集計し、cntという列名としました。参考情報として、生徒の氏名と校舎を追加しています。

この後の相関サブクエリーによるサンプルと実行結果を比べやすいように、ORDER BYで表示順を指定しています。

```
-- それぞれの生徒に、同じ中学校の子が何人いるか（ウィンドウ関数）
SELECT
    student_id,
    student_name,
    school,
    branch,
    COUNT(*) OVER (PARTITION BY school) AS cnt
FROM students
ORDER BY student_id; -- 表示を見比べるためにORDER BYを指定
```

実行結果（共通）

student_id	student_name	school	branch	cnt
C0001	谷内 ミケ	港第五中学校	渋谷	3
C0002	山村 つくね	三毛猫学院中学校	池袋	1
C0003	北川 ジョン	新宿第六中学校	新宿	2
C0004	上野 おさむ	足立第三中学校	新宿	1
C0005	相馬 瑠璃	大和猫東中学校	池袋	2
C0006	麻生 鈴	シマリス中学校	渋谷	1
C0007	井坂 ライカ	新宿第二中学校	新宿	1
：以下略、全120行				

　同じ処理をサブクエリーで実行したのが以下です。サブクエリーで、メインクエリーの中学校と一致するデータを絞り込んで件数を数えています。このような、メインクエリーの値を参照して実行するサブクエリーを相関サブクエリーといいます（6.8節）。

　実行結果は、先ほどのウィンドウ関数による実行結果と同じです。

```
-- それぞれの生徒に、同じ中学校の子が何人いるか（相関サブクエリー）
SELECT
    student_id,
    student_name,
    school,
    branch,
    (
        SELECT COUNT(*)
        FROM students s2
        WHERE s1.school = s2.school
    ) AS cnt
FROM students s1
ORDER BY student_id; -- 表示を見比べるためにORDER BYを指定
```

複数の子が通っている中学校のリスト

 さっきは生徒の方に着目したけど、中学校の方を基準に「複数の子が通っている中学校」を知りたいな。あと、その中学校に通っている生徒の一覧がほしいな。

 ウィンドウ関数で作ったリストであれば、さっき「前回の記録との比較」で作成したSELECT文と同じ要領で作れるね。ウィンドウ関数を使わない書き方の場合は、GROUP BYとHAVINGで複数の子が通っている中学校のリストを作るところがポイントになる。

ウィンドウ関数を使う場合は 図7.8 のようになります。p.317と同じ方法で、FROM句に先ほどのSELECT文をそのまま書いています。結果を見やすくするために中学校で並べています。

● 図7.8 複数の子が通う中学校とそこに通う生徒一覧

```
SELECT student_id, student_name, branch, school FROM (
    SELECT
        student_id,
        student_name,
        school,
        branch,
        COUNT(*) OVER(PARTITION BY school) AS cnt
    FROM students
) tmp WHERE cnt>1
ORDER BY school;
```

※実行結果は、この後の❷と共通。

サブクエリーの場合、たとえば 図7.9 のような方法があります。まず確認のため❶複数の子が通っている中学生のリストを作ります。図7.9 の❷-1では、❶とstudentsテーブルをJOINで結合しています。図7.9 の❷-2では、studentsテーブルから「IN（❶で取得した中学校のリスト）」という条件で抽出しています。❷-1、❷-2ともに、先ほどのサンプル同様、中学校で並べ替えました。

● **図7.9** サブクエリーで同じ結果を得る

```sql
-- ❶複数の子が通っている中学校
--  （SELECT句のCOUNT(*)は参考用で、❷では使用しない）
SELECT school, COUNT(*)
FROM students
GROUP BY school
HAVING COUNT(*) > 1
ORDER BY school;

-- ❷-1 それぞれの中学校の生徒一覧（JOINによる結合）
SELECT student_id, student_name, branch, s1.school
FROM students s1
    JOIN(
            SELECT school
            FROM students
            GROUP BY school
            HAVING COUNT(*) > 1
        ) AS s2
    ON s1.school = s2.school
ORDER BY school;

-- ❷-2 それぞれの中学校の生徒一覧（INによる抽出）
SELECT student_id, student_name, branch, school
FROM students s1
WHERE s1.school IN (
    SELECT school
    FROM students
    GROUP BY school
    HAVING COUNT(*) > 1
)
ORDER BY school;
```

❶の実行結果

school	COUNT(*)
いすみ美々猫中学校	2
メインクーン中学校	2
世田谷第八中学校	2
中央第三中学校	2
中央第六中学校	2
令花中学校	3
千代田第七中学校	2
：以下略、全26行	

❷の実行結果

student_id	student_name	branch	school
C0034	月本ひばり	池袋	いすみ美々猫中学校
C0085	地井エル	池袋	いすみ美々猫中学校
C0041	緑川タヌキ	池袋	メインクーン中学校
C0051	塩野りぼん	池袋	メインクーン中学校
C0099	熊本ピア	渋谷	世田谷第八中学校
C0120	左近するめ	新宿	世田谷第八中学校
C0062	遠藤ジョージ	渋谷	中央第三中学校
: 以下略、全72行			

同じ中学校で別の校舎に通っている生徒のリスト

 同じ中学校から来ている子は同じ校舎に通ってるって漠然と思っていたけどそうとも限らないのかな。たとえば、同じ中学校から来ているのに違う校舎に通っている、という抽出はできる？

 試してみよう。これはサブクエリーで「同じ中学校に通っている子の校舎」のリストを作って、リストに含まれているかどうかで見るのが良さそうだ。

　先ほどの「同じ中学校に通っている生徒のリスト」では、「いすみ美々猫中学校」に通っている2名はどちらも池袋校舎でしたが、「世田谷第八中学校」に通っている2名は渋谷校と新宿校に分かれていました。このような、「同じ中学校だが別の校舎に通っている生徒がいる生徒」のリストを作成します。

　実行例では、サブクエリー（相関サブクエリー）で同じ中学校に通っている生徒の校舎のリストを作り、「branch <> ANY（リスト）」で「校舎がそのリストのいずれかと異なる」という条件を指定しています。サブクエリーの中でDISTINCTを指定して重複を取り除いていますが、DISTINCTを使用しなくても同じ結果となります。

　結果を見やすくするために、中学校別に並べた後、校舎で並べています。

```
SELECT student_id, student_name, school, branch
FROM students s1
WHERE
    s1.branch <> ANY(
        SELECT DISTINCT s2.branch
        FROM students s2
```

```
        WHERE s2.school = s1.school
    )
ORDER BY school, branch, student_id;
```

student_id	student_name	school	branch
C0120	左近 するめ	世田谷第八中学校	新宿
C0099	熊本 ピア	世田谷第八中学校	渋谷
C0019	洗足 柿の介	大和猫中央中学校	新宿
C0015	関 アプリ	大和猫中央中学校	池袋
C0108	岸田 アルト	板橋第三中学校	新宿
C0079	織田 茶々	板橋第三中学校	池袋
C0070	佐伯 鯖	港第三中学校	新宿
C0077	宍戸 犬太郎	港第三中学校	新宿
C0078	秋谷 桜	港第三中学校	新宿
C0116	木村 幸水	港第三中学校	新宿
C0012	古賀 晩白柚	港第三中学校	渋谷
C0061	越野 カシス	港第二中学校	品川
C0095	軽部 みかん	港第二中学校	品川
C0010	春日 ゆず	港第二中学校	新宿
:以下略、全24行			

 おつかれさま! これで、かなりのことができるようになったんじゃないかな。

 そうだね! まずは**データベースの設計をきちんとする**こと、そして、**SELECT文ではデータの集合を操作していると意識する**こと。

 そして、**NULLに注意する**こと。これは設計とSELECT文の両方に言えることだね。

 SELECT文が複雑になりそうな場合も、1つ1つ確かめながら組み立てていけばいいということもわかったよ。これで、フクロウ塾の事業が拡大してもきちんと対応していけそうだ。

 楽しみだね! ますますの発展を祈っているよ。

著者プロフィール

西村 めぐみ Nishimura Megumi

1990年代、生産管理ソフトウェアの開発およびサポート業務/セミナー講師を担当。その後、書籍および雑誌での執筆、PCおよびMicrosoft Officeのeラーニング教材作成/指導、新人教育にも携わる。おもな著書は『図解でわかるLinuxのすべて』（日本実業出版社）、『シェルの基本テクニック』（IDGジャパン）、『[新版 zsh&bash対応] macOS×コマンド入門 ──ターミナルとコマンドライン、基本の力』（技術評論社）など。

❀ **装丁・本文デザイン**
西岡 裕二

❀ **カバー＆本文イラスト**
Yuzuko

❀ **編集・DTP**
森井一三（スタジオ・キャロット）
酒徳葉子（技術評論社）

標準SQL＋データベース入門
── RDBとDB設計、基本の力
[MySQL/PostgreSQL/MariaDB/SQL Server対応]

2024年10月5日　初版　第1刷発行

● **著者** ……………… 西村 めぐみ

● **発行者** ………… 片岡 巌

● **発行所** ………… 株式会社技術評論社
東京都新宿区市谷左内町21-13
電話 03-3513-6150　販売促進部
　　 03-3513-6158　法人営業課
　　 03-3513-6177　第5編集部

● **印刷／製本** ……… 日経印刷株式会社

● **お問い合わせ**

本書に関するご質問は記載内容についてのみとさせていただきます。本書の内容以外のご質問には一切応じられませんのであらかじめご了承ください。なお、お電話でのご質問は受け付けておりませんので、書面または小社Webサイトのお問い合わせフォームをご利用ください。

〒 162-0846
東京都新宿区市谷左内町21-13
㈱技術評論社
『標準SQL＋データベース入門』係
URL https://gihyo.jp/book/
（技術評論社Webサイト）

ご質問の際に記載いただいた個人情報は回答以外の目的に使用することはありません。使用後は速やかに個人情報を廃棄します。

NULL →3.3節, 3.4節, 6.3節

不明、未定、適用外などの理由で「列に入れるべき値がない」場合はNULL（ヌル、ナル）という特別な値を使用する。NULLを大小比較や演算の対象にした場合、結果はすべてNULLになる。

NULLを使って計算したらその結果はNULL!

等号不等号でも判定できない

- 列の値としてNULLを許容するかどうかはテーブル設計で指定
- NULLを可能としなければいけない場合、テーブル設計に問題があることが多い

比較演算子 →6.2節

演算子	説明
=, <>	等しい、等しくない※1
>, <	より大きい、より小さい
>=, <=	より大きいか等しい（以上）、より小さいか等しい（以下）
IS, IS NOT	NULLかどうか※2

※1 等しくない（<>）は「!=」も使用可能。
※2 ⓂⓂⓅ値 IS TRUEのような判定も可能。

- 数値や文字列は比較演算子で大小の比較や一致不一致を指定可能。条件が複数ある場合はANDとORで組み合わせる（( )で優先順位を調整可能）
- NULLかどうかはIS NULL, IS NOT NULLでのみ判定可能 →6.3節

比較演算子のおもな使い方

意味	例
値1以上	`SELECT ～ WHERE 列名 >= 値1;`
値1以上かつ値2以下	`SELECT ～ WHERE 列名 >= 値1 AND 列名 <= 値2;`
（同上）	`SELECT ～ WHERE 列名 BETWEEN 値1 AND 値2;`
値1, 2, 3のいずれか	`～ WHERE 列名 = 値1 OR 列名 = 値2 OR 列名 = 値3;`
	`～ WHERE 列名 IN (値1, 値2, 値3);`
NULLではない	`SELECT ～ WHERE 列名 IS NOT NULL;`

数値や日時の計算 →6.2節

- +, −, *, /による四則演算のほか、ROUNDによる四捨五入などの関数がある。関数のサポートはDBMSによって異なる
- 現在の日時はⓂⓂⓅNOW()やLOCALTIMEで取得可能。日付と時刻を別に取得したい場合はCURRENT_DATEとCURRENT_TIME、Ⓢ現在の日時をGETDATE()、日付や時刻はCAST(GETDATE() AS DATE)またはCONVERT(DATE, GETDATE())で変換
- 日時から日付や時刻を取り出す関数は標準SQLはⓂⓂⓅEXTRACT()だが、ⓂⓂDAY(), HOUR(), ⓅTO_CHAR()のような型変換も使える

よく使う数値や日時の計算

用途	MySQL/MariaDB	PostgreSQL	SQL Server
四捨五入	`ROUND(数値)`, `ROUND(数値, 桁数)`	`ROUND(数値)`, `ROUND(数値, 桁数)`	`ROUND(数値, 桁数)`
商（整数除算）	`数値 DIV 数値`	`DIV(数値, 数値)`	整数同士の場合整数除算
余り	`数値 MOD 数値`, `数値 % 数値`	`MOD(数値, 数値)`	`数値 % 数値`
日時から「日」を取り出す	`EXTRACT(DAY FROM 日時)`	`EXTRACT(DAY FROM 日時)`	`DATEPART(DAY, 日時)`
経過日数	`TIMESTAMPDIFF(単位, 開始日, 終了日)` `TIMESTAMPDIFF(DAY, 開始日, 終了日)`	`AGE(開始日, 終了日)` `EXTRACT(DAY FROM(AGE(開始日, 終了日))`	`DATEDIFF(単位, 開始日, 終了日)` `DATEDIFF(DAY, 開始日, 終了日)`

文字列関連 →6.2節

- LIKEで任意の1文字「_」と任意の文字列「%」を使ったパターン検索が可能
- ⓂⓂはREGEXPで、Ⓟで～（チルダ記号）で正規表現による検索が可能、ⓈはLIKEで[ ]と[^]による範囲指定が可能
- 標準SQLでもSIMILAR TOで正規表現が定義されたがあまり使われていない
- 演算子以外にも各DMBSでパターン検索やパターンに基づく変換などを行う関数、全文検索を行う手段などが用意されている

例「A」から始まる5文字（=文字「A」+任意の4文字）
- ⓂⓂⓅⓈ `SELECT ～ WHERE 列名 LIKE 'A____';`
- ⓂⓂ `SELECT ～ WHERE 列名 REGEXP '^A.{4}$';`
- Ⓟ `SELECT ～ WHERE 列名 ~ '^A.{4}$';`

正規表現の^は先頭、$は末尾、. は任意の1文字{回数}は直前パターンの繰り返しを表している

例「A～C」から始まる文字列
- ⓂⓂⓅⓈ `SELECT ～ WHERE 列名 LIKE 'A%' OR 列名 LIKE 'B%' OR 列名 LIKE 'C%';`
- ⓂⓂ `SELECT ～ WHERE 列名 REGEXP '^[A-C].*$';`
- Ⓟ `SELECT ～ WHERE 列名 ~ '^A.{4}$';`
- Ⓢ `SELECT ～ WHERE 列名 LIKE '[A-C]%'`

正規表現で使用できる記号 ⓂⓂⓅ

記号	説明
.	任意の1文字
[…]	括弧内のいずれかの文字に一致。[^ …]でその否定
*	直前のパターンの0回以上の繰り返し
+	直前のパターンの1回以上の繰り返し
?	直前のパターンの0回か1回の繰り返し
ab|cde|fg	「ab」または「cde」または「fg」という文字列
^	文字列の先頭
$	文字列の末尾
{n}	直前のパターンのn回の繰り返し
(abc){2,3}	文字列「abc」の2回以上3回未満の繰り返し

おもな文字列関数

用途	MySQL/MariaDB/PostgreSQL	SQL Server
文字列の長さ	`CHAR_LENGTH(文字列)`	`LEN(文字列)`
文字列の位置	`POSITION(文字列1 IN 文字列2)`	`CHARINDEX(文字列1 文字列2)`
文字列の一部を取り出す	`SUBSTRING(文字列, 開始位置, 文字数)`	（←と同様）
文字列の一部を置換	`REPLACE(文字列, 対象文字列, 置換文字列)`	（←と同様）
空白を取り除く	`TRIM(文字列)`, `LTRIM(文字列)`, `RTRIM(文字列)`	`LTRIM(文字列)`, `RTRIM(文字列)`
文字列の連結	`CONCAT(文字列1, 文字列2, 文字列3 …)` `CONCAT_WS(区切り文字, 文字列1, 文字列2, 文字列3 …)`	（←と同様）